Raum und Natur 3

Wasserversorgung und Umweltschutz in der Chemischen Industrie

– dargestellt am Beispiel der BASF Ludwigshafen –

VERÖFFENTLICHUNGEN
DER AKADEMIE FÜR RAUMFORSCHUNG UND LANDESPLANUNG

Forschungs- und Sitzungsberichte
Band 79
Raum und Natur 3

Wasserversorgung und Umweltschutz in der Chemischen Industrie

- dargestellt am Beispiel der BASF Ludwigshafen -

(Die Ansprüche
der modernen Industriegesellschaft an den Raum, 3. Teil)

Forschungsberichte des Ausschusses „Raum und Natur"
der Akademie für Raumforschung und Landesplanung

GEBRÜDER JÄNECKE VERLAG · HANNOVER · 1973

Zu den Autoren dieses Bandes

Karl Christian Behrens, Prof. Dr. oec., Diplom-Kaufmann, Diplom-Handelslehrer, 65, Direktor des Instituts für Markt- und Verbrauchsforschung der Freien Universität Berlin, Träger der Wilhelm-Vershofen-Medaille für Verdienste um die Marktforschung.

Joachim Heinrich Schultze, Prof. Dr. rer. pol., Dr. phil. nat., 69, ehemals Direktor des 1. Geographischen Instituts der Freien Universität Berlin, ist Ordentliches Mitglied der Akademie für Raumforschung und Landesplanung.

Hans-Jürgen Geßner, Dr. rer. pol., Diplom-Kaufmann, 36, Wissenschaftlicher Assistent am Institut für Markt- und Verbrauchsforschung der Freien Universität Berlin.

ISBN 3 7792 5071 3
Alle Rechte vorbehalten · Gebrüder Jänecke Verlag Hannover · 1973
Gesamtherstellung: Gebrüder Jänecke, Druck- und Verlagshaus GmbH, Hannover
Auslieferung durch den Verlag

INHALTSVERZEICHNIS

		Seite
Karl Christian Behrens, *Joachim Heinrich Schultze,* *Berlin*	Vorwort	VII
Joachim Heinrich Schultze, *Berlin*	Genese und Wandlung der Badischen Anilin- und Soda-Fabrik AG (BASF)	1
Hans-Jürgen Geßner, *Berlin*	Wasserversorgung und Umweltschutz in der Chemischen Industrie — dargestellt am Beispiel der Badischen Anilin- und Soda-Fabrik AG (BASF), Ludwigshafen am Rhein	5

Mitglieder des Forschungsausschusses „Raum und Natur"

Prof. Dipl.-Ing. Friedrich Gunkel, Berlin, Vorsitzender
Prof. Dipl.-Met. Hans Schirmer, Offenbach, Geschäftsführer
Prof. Dr. Ernst Wolfgang Buchholz, Stuttgart
Prof. Dr. Klaus-Achim Boesler, Berlin
Dr. Hans Horst, Koblenz
Prof. Dr. Arthur Kühn, Hannover
Prof. Dr. Otto Sickenberg, Hannover
Dr. Fritz Schnelle, Offenbach
Prof. Dr. Joachim Heinrich Schultze, Berlin
Prof. Dr. Friedrich Zimmermann, Braunschweig

Der Forschungsausschuß stellt sich als Ganzes seine Aufgaben und Themen und diskutiert die einzelnen Beiträge mit den Autoren. Die wissenschaftliche Verantwortung für jeden Beitrag trägt der Autor allein.

Vorwort

Präzision und Disposition der Forschungsaufgabe

Der Forschungsausschuß „Raum und Natur" der Akademie für Raumforschung und Landesplanung hat sich seit Jahren dem Grundthema „Die Ansprüche der modernen Industriegesellschaft an den Raum" gewidmet. Dabei interessieren den Ausschuß insbesondere Art, Ausmaß und Veränderlichkeit der Anforderungen. Es wurde auch näher erläutert, was unter der „modernen Industriegesellschaft" verstanden werden kann, und es wurde unterstrichen, daß „die heutigen Anforderungen ... nicht frei im Raum schalten können, sondern (daß sie) ... die real vorhandenen Raumstrukturen berücksichtigen und sich mit den übernommenen Strukturen der Kulturlandschaft in der einen oder anderen Weise auseinandersetzen müssen"[1]. Als Modellgebiet hat sich der Forschungsausschuß das Gebiet der Rhein-Neckar-Ballung einschließlich ihres gebirgigen Rahmens von den Höhen des Pfälzer Waldes bis in den Buntsandstein-Odenwald hinein ausgewählt[2]. Im Laufe der Jahre stieß der Forschungsausschuß mehrfach auf die Anforderungen der Badischen Anilin- und Sodafabrik AG an das Modellgebiet und ebenso auf erhebliche Auswirkungen der Fabrik auf dieses Gebiet. Nach einigen Vorbereitungen wurde die Ludwigshafener Fabrik am 24. November 1967 vom Ausschuß besichtigt. Wir hörten einen Vortrag des Vorstandsmitgliedes Professor Dr.-Ing. WALTER LUDEWIG, an den sich eine Diskussion anschloß. Es folgte eine Werkbesichtigung mit Herrn Direktor HAISCH und anderen Herren. Auf Grund dieses Besuches in Ludwigshafen erörterte der Ausschuß die ihn interessierenden Fragen und beantragte bei der Akademie einen Forschungsauftrag mit dem Thema

„Die Anforderungen der Badischen Anilin- und Sodafabrik an den Raum, unter besonderer Berücksichtigung der Standortorientierung des Unternehmens einschließlich seiner produzierenden Zweigniederlassungen."

Dabei bat der Ausschuß zugleich, diese Untersuchung angesichts ihrer Vielseitigkeit und ihres wahrscheinlichen Umfanges an zwei Wissenschaftler zu geben: an den Betriebswirtschaftler Professor Dr. K. CHR. BEHRENS und an den Geographen Professor Dr. Dr. J. H. SCHULTZE. Die Akademie hat diese Aufträge erteilt und in der Begründung gesagt:

„Es wird ein Manuskript erwartet, welches in umfassender Weise die Anforderungen an den Raum darlegt."

Diese Formulierungen bedürfen einiger Erläuterungen, die Fragen einer gewissen Präzision. Was sind das für Anforderungen? Um welchen Raum handelt es sich eigentlich? Und was heißt „Die BASF"? Um welche Betriebe handelt es sich dabei?

1. Bei der Frage nach den Anforderungen geht es um den Bedarf der Fabrik bzw. der Fabriken an Land, Wasser, Luft, Rohstoffen und Energie, ebenso sehr aber auch um die Beschäftigten und Mitarbeiter nach Zahl, Eignung und Wohnbedürfnissen. Bei diesen

---

[1] Die Ansprüche der modernen Industriegesellschaft an den Raum (Raum und Natur 1). Forschungs- und Sitzungsberichte der Akademie für Raumforschung und Landesplanung, Hannover 1967, S. XIV.
[2] J. H. SCHULTZE in Raum und Natur 1, 1967, S. 1 ff.

Raumanforderungen wird es sich empfehlen, umzudenken und diese Anforderungen in Standortfaktoren auszudrücken. Es wird sich auch zeigen, daß nicht alle Raumanforderungen in Zahlen zu fassen sind, sondern daß die anthropogene Komponente — die im Betriebe Beschäftigten z. B. bei der Arbeitsannahme und der Wohnweise — neben rationalen Motiven auch durchaus emotionale Motive erkennen läßt.

2. Welcher Raum ist gemeint? Man wird vorläufig nicht fehl gehen, wenn man als „Raum" das Modellgebiet des Forschungsausschusses wählt: Jene 3 917 qkm von der Haardt bis in den Sandstein-Odenwald und von Germersheim im Süden bis Worms im Norden. Das darf aber keineswegs eine starre Festlegung des Untersuchungsraumes bedeuten, sondern man wird im Zuge der Untersuchung sehen müssen, welche Räume außerhalb des Modellgebietes wir für unsere Fragen gegebenenfalls noch zu überprüfen haben. Wichtig ist für den Raum die Feststellung einer dichten Besiedlung mit 1 673 000 Einwohnern (1961), d. h. mit einer Einwohnerdichte von 427 E/qkm (BRD 226 E/qkm). Innerhalb des Modellgebietes liegt das Werk in der nördlichen Oberrheinniederung (naturräumliche Haupteinheit 222).

3. Was heißt „Die BASF?" Hier besteht Klarheit, daß unser Auftrag den Fabrikkomplex in Ludwigshafen a. Rh. meint. Außerdem war zu prüfen, welche „Zweigniederlassungen" noch in die Betrachtung einbezogen werden könnten oder müßten. Die Geschäftsberichte sprechen von

— der Gruppe (dem Konzern),
— der (eigentlichen) BASF-AG,
— den Beteiligungsgesellschaften.

Die Firma definiert selbst, daß zur BASF-Gruppe die Badische Anilin- und Soda-Fabrik AG und alle Gesellschaften gehören, an denen sie mittelbar oder unmittelbar mit mindestens 50 % beteiligt ist.

Zweckmäßigerweise konzentrieren wir uns zunächst auf die Raumanforderungen und auf die wesentlichen Standortqualitäten des Fabrikkomplexes in Ludwigshafen a. Rh.

Diese Untersuchung des Ludwigshafener Komplexes, des Kernes aller Anlagen der Badischen Anilin- und Soda-Fabrik AG, wird keineswegs sämtliche Fragen klären können. Das ergibt sich schon aus den zwei folgenden, leicht einzusehenden Charakteristika:

1. Unser Objekt verändert sich unter unseren Augen andauernd und schnell. Es liegt im Wesen der modernen Großchemie, daß sie ihre Verfahrensweisen und damit ihre Betriebsanlagen fast laufend verändert. Abbau und Verschrottung, Umbau und Neubau sind alltäglich zu registrieren. Die BASF ist — um es mit den Worten des Vorstand-Vorsitzers, Professor TIMM, zu sagen — „expansiv, dynamisch", sie ist der Kern in einem „Netz dezentraler Produktionsstätten". Mit diesem „Netz" sind die Werke des Konzerns, der BASF-Gruppe, gemeint, die sich bis nach Indien und Japan und in Amerika von Kanada bis nach Argentinien ausbreiten.

2. Die Produktion im Ludwigshafener Kern ist sehr vielseitig; sie liefert etwa 5 000 verkaufsfähige Erzeugnisse. Diese Vielseitigkeit bedeutet zugleich, daß hier nicht eine, sondern eine Vielzahl von Fabriken steht. Man kann sie zu fünf Produktionsgruppen zusammenfassen; jede der fünf stellt ihre eigenen Anforderungen an den Raum, und dies bedeutet, daß die Anforderungen in den jeweils fünf Fällen verschieden groß und verschiedener Art sein können. So wäre es denn theoretisch möglich, daß auf jede gestellte Frage u. U. fünf verschiedene Antworten gegeben würden. Das ist praktisch aber sehr sel-

ten der Fall. Statt dessen gibt es — wenn überhaupt — nur eine Antwort, ein Resultat als Summe der Teilergebnisse. Ein solches Summenresultat ist nicht unbedingt vorteilhaft, weil seine Zusammensetzung aus Teilresultaten unbekannt bleibt.

Für den Gang der Untersuchungen hatte der Forschungsausschuß Schwerpunkte gesetzt. Als Stichworte für die Raumanforderungen wurden folgende Punkte genannt:

1. Wasserversorgung und Abwässerbeseitigung.
2. Die Energieversorgung (Kohle, Gas, Öl, Strom).
3. Die Rohstoffversorgung.
4. Die Bereitstellung des erforderlichen Baulandes (Raumprogramm, Geländebeschaffung).
5. Herkunft und Beschaffung von Arbeitskräften.

Diese einzelnen Fragepunkte ließen sich nicht immer scharf voneinander trennen. Es zeigte sich vor allem, daß zwischen Punkt 2 und Punkt 3 gewisse enge Verbindungen bestehen.

Die Arbeitsverteilung ergab, daß Herr BEHRENS sich des Punktes 1 annahm, der sich um einige Gesichtspunkte erweiterte; als Mitarbeiter wurde Herr Dipl.-Kfm. Dr. HANS-JÜRGEN GESSNER tätig. Herr SCHULTZE übernahm die Untersuchung der Fragen 2 bis 5. Als Mitarbeiter für die Punkte 2 und 3 war Herr Diplom-Geograph GERHARD WAGNER tätig, für die Punkte 4 und 5 Fräulein SIGRUN HÖLZNER (jetzt Assessorin, Dr. rer. nat.). Während der Untersuchungen ergab sich auch der Wunsch, die obengenannten Schwerpunkte an einigen Stellen zu erweitern: z. B. die Punkte 3 und 5 um die Charakterisierung des Verkehrs sowie um das Pendlerproblem nach räumlichem Ausmaß und zahlenmäßigem Umfang.

Zu den ersten Besprechungen und Themensetzungen kamen wir fünf im Januar 1968 in Ludwigshafen a. Rh. zusammen. Seither sind die Mitarbeiter jeweils mehrfach wochenlang in Ludwigshafen a. Rh., Mannheim und an anderen Plätzen tätig gewesen; ihnen oblag die Sammlung, Sichtung und erste Zusammenfassung des Materials. Dazu haben unsere Mitarbeiter auch eigene Beobachtungen angestellt, Auskünfte eingeholt, Berichte gesichtet und spezielles Schrifttum studiert. Wiederholt wurden Fragenkataloge aufgestellt und mit den Herren der BASF abgestimmt. Diese Tätigkeit im Raum Ludwigshafen a. Rh. fand dann ihren Niederschlag in umfangreichen Berichten der Mitarbeiter, für die wir ihnen aufrichtig danken. Während der Verarbeitung haben wir in Berlin untereinander laufend Kontakt gehalten, wenngleich das auch nicht immer in dem Umfang gelang, den wir alle uns wünschten.

Die von uns erstellten Manuskripte zeigen in ihrer jetzt vorliegenden Fassung, inwieweit wir zum Ziele gekommen sind, und inwieweit das nicht der Fall ist. Nicht jede Einzelfrage hat sich endgültig klären lassen. Die Arbeit ist dabei — und das dürfen wir besonders betonen — ermöglicht worden durch das Entgegenkommen, das wir bei der BASF fanden. Unser Dank gilt insbesondere Herrn Professor LUDEWIG als Mitglied des Vorstandes, Herrn Direktor HAISCH und seinem Nachfolger, Herrn KÜHNER, als Direktor der Abteilung Bauwesen sowie einer größeren Zahl leitender Herren aus anderen Abteilungen der BASF, wie dem Zentralbüro, der Abteilung Sicherheitswesen und der Energieabteilung. Wertvolle Unterstützung fanden wir auch im Firmenarchiv bei Herrn Dr. WOLF und seinen Mitarbeitern.

Karl Christian Behrens   *Joachim H. Schultze*

Genese und Wandlungen der BASF

von

Joachim Heinrich Schultze, Berlin

Zum besseren Verständnis der folgenden Kapitel wollen wir nicht sogleich die Raumanforderungen der Gegenwart erörtern, sondern erst einen Überblick über die Geschichte der Werke im Ludwigshafener Kern gewinnen. Zunächst stellt sich die Frage, welches wohl die Ursachen der Werksgründung waren, und weiter die Frage, weshalb das Unternehmen gerade an dieser Stelle, unmittelbar nördlich der Stadt Ludwigshafen, entstand. Die Anlage der BASF fällt in das sechste Jahrzehnt des vorigen Jahrhunderts; sie erfolgte demnach noch vor der Reichsgründung in einer Periode des Entstehens verschiedener großer chemischer Fabriken in Deutschland. Die Chemischen Werke vorm. Weiler-ter-Meer entstanden 1861, die Farbenfabriken vorm. Bayer & Co. 1863; beide waren im Rheinland. Ebenfalls 1863 entstanden die Farbwerke Höchst und 1865 nun die BASF. Deren Wurzeln lagen in zwei Firmen in Mannheim, in denen Leuchtgas und Anilinfarben hergestellt wurden.

Aber wie kam die Badische AG in die bayerische Pfalz, und das noch dazu in einer Zeit der Kleinstaaterei in Deutschland? Es wirkt eigenartig, daß die Badische AG auf bayerischem Boden entstand. Diese Gründung hatte ihre Vorgeschichte. Als maßgebende Unternehmerpersönlichkeit läßt sich der Mannheimer Friedrich Engelhorn erkennen. Er wollte von der Stadt Mannheim ein Fabrikgelände von 13 oder 14 ha in den „Großen Neuwiesen" am südlichen Neckarufer erwerben. Jedoch lehnte der Große Bürgerausschuß, wahrscheinlich inspiriert von den eine Konkurrenz fürchtenden kleineren chemischen Werken Mannheims, das Gesuch ab. Erst nach dieser Ablehnung sah sich Engelhorn in der Umgebung um und sicherte sich einen Komplex von 14 ha unmittelbar nördlich der damals noch kleinen Stadt Ludwigshafen. Daß er so schnell zum Ziele kam, erklärt sich aus zwei anderen günstigen Konstellationen: In der bayerischen Kultur- und Wirtschaftspolitik hatte König Maximilian II. soeben einen grundsätzlichen Wandel geschaffen, der König und seine Ratgeber förderten die Chemie und die Naturwissenschaften an den Universitäten, und gleichzeitig wurde die Konzessionspolitik insbesondere gegenüber chemischen Werken entgegenkommend gehandhabt. So wurde die Konzession für die BASF schnell gegeben. Die zweite günstige Konstellation lag in der Bedeutung Mannheims als Sitz des Bankhauses Ladenburg, das in der damaligen Zeit eines der kapitalkräftigsten in Deutschland war. Der derzeitige Inhaber Seligmann Ladenburg beschaffte das für die junge AG notwendige Kapital von $1^1/_2$ Mio. Gulden und übernahm den Vorsitz des Verwaltungsrates. Ladenburg, 24 Jahre älter als Engelhorn, der im Gründungsjahr der BASF 44 Jahre zählte, muß sich für das junge Unternehmen tatkräftig interessiert haben[1]. Engelhorn begann sogleich nach der schnell erteilten Konzession mit dem Bau der Fabrik am Rheinufer flußabwärts von Ludwigshafen, nicht weit von dem Dorf Friesenheim auf dem Gelände des Hemshofes. Diese Standplatzwahl war eine Flucht auf freies Gelände, eine Gründung auf der „grünen Wiese". Bei dieser Vereinigung günstiger Umstände mit großer Tatkraft denkt man unwillkürlich an die Ablehnung, die Carl Zeiss in seiner Vaterstadt

---

[1] G. WOLF 1970, S. 12 ff.

Weimar 1846 erfuhr, als er dort eine feinmechanische Werkstätte mit wenigen Arbeitskräften errichten wollte. So wurde Zeiss veranlaßt, nach Jena zu gehen, wie Engelhorn veranlaßt wurde, in das bayerische Ludwigshafen zu ziehen. Die junge Fabrik wurde somit zwischen dem Rheinufer und der Landstraße von Ludwigshafen a. Rh. nach Friesenheim (der heutigen Carl-Bosch-Straße) errichtet. Zwischen dem Stromufer und der zu errichtenden Fabrik zog flußparallel ein Damm, der Hochwasserschutz gewährte. Der schmale Landstreifen zwischen dem Rhein und dem Hochwasserdamm durfte — übrigens bis in die 1930er Jahre hinein — nicht bebaut werden. Die Fabrik entstand damit westlich vom Hochwasserdamm in einer recht klaren Anordnung der Produktionsräume für Schwefelsäure-, Sulfat-, Soda- und Farbstoffherstellung. Bald rauchten hier vier hohe und zwei kleinere Schornsteine. Am weitesten landeinwärts, damit an der Landstraße nach Friesenheim, entstanden auch die ersten Wohnhäuser für Arbeiter. Einige Apparaturen zur Produktion von Chemikalien wurden in Schuppen oder Wohngebäuden untergebracht.

Die „Anforderungen an den Raum" ließen sich zu erheblichem Teil voll decken: der Baugrund war eben, hochwassergeschützt und zugleich tragfähig, da in geringer Tiefe Kiese lagen. Wasser konnte dem Strom leicht entnommen werden, die Abwässer leitete man ohne Schwierigkeiten ebenfalls in den Fluß ein. Die Verkehrslage am Fluß war von Anfang an ausgesprochen günstig, zumal der Rhein damals schon mit Schiffen von ca. 600 t befahren wurde. Außerdem war der Anschluß an die Pfälzische Eisenbahn leicht herzustellen und damit eine direkte Verbindung mit dem Saarland und mit Frankreich zu gewinnen.

Seit jenem Anfangsstadium entwickelten sich einige Teile der Produktion sprunghaft, während andere relativ gleichmäßig voranschritten oder auch allmählich ausschieden.

In dieser beständigen Entwicklung hat es nur eine, allerdings eine sehr ernste und tiefgreifende Zäsur gegeben: die Unterbrechungen von 1943 bis 1950 durch Explosionen, Bombenzerstörungen und Demontage. Außerhalb dieser schweren Krise gingen die Entwicklungen neuer Großverfahren, die Produktion neuer Stoffe, das Ausscheiden bisheriger Produkte gleitend ineinander über.

Immerhin bleibt es wünschenswert, die Entwicklung des Werkes der Übersichtlichkeit halber in einige Perioden zu gliedern. Nach dem Vorschlag von S. HÖLZNER lassen sich vier Epochen unterscheiden, deren jede ihr Schwergewicht im Vorherrschen bestimmter Verfahrensarten und damit auch in der Herstellung bestimmter Produkte hat. Die Entwicklung begann mit der Epoche der künstlichen Farben seit 1855. Man verfolgte in Ludwigshafen a. Rh. die gleichen Ziele, denen sich auch andere chemische Fabriken jener 1860er Jahre widmeten. Im Katalog zur Weltausstellung in Paris war 1900 zu lesen: „Der Betrieb der Fabrik geht aus von den Ergebnissen der Teer-Destillation ... und verwandelt dieselben in die Zwischen- und Endprodukte der Farbenindustrie ... Der erste bedeutende Erfolg der BASF auf dem Gebiet der organischen Farbstoffe war die ... in die Technik eingeführte künstliche Darstellung des wichtigen und unentbehrlichen Krappfarbstoffs des Alizarins." Nach Erlaß des Deutschen Patentgesetzes war es die BASF, die das erste deutsche Teerfarbstoff-Patent 1877 für Methylen-Blau erhielt. Große Erfolge konnte die BASF später mit den synthetischen Farbstoffen Rhodamin (1887), Indigo (1897) und mit Indanthren (1901) erzielen.

An die Epoche der Farben schloß sich die der großen Hochdruck-Synthesen an. Diese ergab sich „auf dem völlig neuen Gebiet der katalytischen Verfahren in der anorganischen und organischen Chemie". Es gelang, bisher für unmöglich gehaltene Synthesen bei der Anwendung hoher Temperaturen und der gleichzeitigen Anwendung hoher Drucke vorzunehmen. Eine der bekanntesten und zugleich für die BASF charakteristischen Hochdrucksynthesen ist die von Haber-Bosch zur Gewinnung von Ammoniak. 1913 wurde die erste große Fabrik für dieses Verfahren in Oppau (Ludwigshafen-Nord) errichtet; ihm folgte vier Jahre später, 1917, während des Ersten Weltkrieges, die Errichtung des großen Werkes in Leuna durch die BASF. Das Haber-Bosch-Verfahren wurde in den zwanziger Jahren und z. T. auch noch später weiter verbessert, die Drucke von 200 auf 350 at gesteigert. Die BASF hat sich dieser und anderer Hochdrucksynthesen besonders angenommen, und so konnte 1929 das Bergius-Verfahren zur Hydrierung von Kohle, Teeren und Ölen zu flüssigen Kohlenwasserstoffen eingeführt werden. An die Epoche der großen Hochdrucksynthesen schließt sich die Epoche der Kunststoffe an. Sie geht aus von der Synthese von Kohlenwasserstoff aus Kohlenoxyd und Wasserstoff, wodurch bei Hochdruck Methanol gewonnen wird. Umfangreiche Entwicklungsarbeiten wurden von der BASF durchgeführt, so daß die Firma als der größte europäische Kunststoffproduzent gilt. Unter Professor REPPE eröffneten sich der Firma neue Wege zur Herstellung von Kunststoffprodukten. Sie gehen von Azetylen und Äthylen aus, d. h., daß die „Reppe-Chemie den Aufbau zahlreicher organischer Verbindungen aus einfachen Bausteinen" ermöglicht und daß sie damit zu den aussichtsreichsten Zweigen der modernen technischen Chemie gehört.

Vor einigen Jahren begann die Petrochemie eine neue, nach ihr zu benennende Epoche zu eröffnen. Bei der Petrochemie handelt es sich um das Auffinden neuer Verfahren zur Herstellung bekannter Basisprodukte wie Äthylen und Azetylen. Bisher war Rohbenzin der vielbenutzte Ausgangsrohstoff. Da Rohbenzin evtl. knapper (und teurer) wird, erwecken andere Erdölderivate das Interesse der technischen Großchemie. Die BASF benötigt nunmehr, angesichts der Einstellung auf die Petrochemie, als Rohstoffe außer Erdöl auch Erdöl-Destillate sowie Erdgas in großen Mengen. Unter diesem Gesichtspunkt will auch der Erwerb von 95 % des Kapitals der Wintershall A.G., die die genannten Rohstoffe liefern kann, gesehen werden. Zwei wesentliche Zubringer sind die Raffinerien auf der Friesenheimer Insel — gegenüber dem Stammwerk am Rhein gelegen — und in Godorf — bei Wesseling zwischen Bonn und Köln gelegen —, die der 50prozentigen Beteiligungsgesellschaft Rheinische Olefinwerke GmbH. gehört. Von beiden Raffinerien führen Rohrleitungen (Pipelines) zum Ludwigshafener Werk. Die Nennung der vier Epochen soll, um es noch einmal zu unterstreichen, keineswegs bedeuten, daß es sich etwa um abgeschlossene Perioden handelt. Mehrfach ist zu sehen, wie diese Epochen ineinander übergehen oder parallel zueinander verlaufen. Der Weg zu einem neuen Produkt oder zu einer neuen Verfahrenstechnik geht fast immer von der Forschung aus. Es folgt die Entwicklung chemotechnischer Verfahren und auf diese die Investition im Aufbau von Großanlagen. Solche Aufbauten verursachten häufig eine Änderung in den Anforderungen der Fabrik an den Raum.

Dazwischen gab es harte Rückschläge, die ernstesten unter ihnen durch Gewalteinwirkung. Diese Rückschläge waren
— die Explosion in Oppau 1921,
— die Explosion am 29. Juli 1943,
— die Bombenzerstörungen im Zweiten Weltkrieg. Von 1 470 Fabrikgebäuden blieben 61 % der Gebäude teilbeschädigt stehen, 39 % gingen in Totalverlust. 400 000 m³ Trümmerschutt waren der Rest von zwei Dritteln des Werkes.
Der Gesamtschaden wurde mit fast 400 Millionen Reichsmark angegeben[2]);
— die Explosion vom 28. Juli 1948 mit über 200 Toten, 3 000 Verletzten, Sachschaden 80 Mio. DM.

---
[2]) BASF-Bericht über die Neugründung 1952/53, S. 27.

Der Neuaufbau wurde durch eine Kette von Behinderungen sehr erschwert. So wurde die IG Farbenindustrie AG, die die Position der deutschen Großchemie auf dem Weltmarkt stärken sollte und 1925 gegründet worden war, als wichtige Dachorganisation der deutschen chemischen Großindustrie durch die alliierte Ausnahmegesetzgebung aufgelöst. Die Badische Anilin- und Sodafabrik wurde auf diese Weise wieder zu einem selbständigen Unternehmen gemacht. Es ist daher verständlich, daß die Werksleitung zunächst an eine weitgreifende Umorganisation ging, die u. a. jene Abteilungen ganz oder teilweise neu aufbauen mußte, die seit 1925 von der IG in Frankfurt a. M. wahrgenommen worden waren (Einkauf, Verkauf, Export, Teil des Rechnungswesens). Das Werke wurde in 23 neue Planbezirke gegliedert. Kenner versicherten damals, daß das Werk sehr an Übersichtlichkeit und an einer Verbesserung der Dispositionsmöglichkeiten gewonnen habe. Man bemühte sich, neu aufzubauen, und vermied es tunlichst, einen bloßen Wiederaufbau des alten Werkes durchzuführen. Aber der Neuaufbau ließ sich sehr schleppend an. Die französische Militärregierung war zwar durchaus daran interessiert, bestimmte Produkte, wie z. B. technische Stickstoffe, in bestimmten Mengen zu erhalten — aber der übrige Neuaufbau interessierte sie im Grunde sehr wenig. Trotzdem war es vorgeschrieben, für jede Beschaffung von Produkten und für jede Ingangsetzung einer bestimmten Produktion jeweils erst die Genehmigung der Militärregierung einzuholen. Dazu verlangten die Finanzen des Werkes größte Sparsamkeit. Es fehlte an Vorprodukten, es fehlte an Arbeitskräften, wenn diese aus anderen Besatzungszonen hätten kommen müssen. In diese schleppend langsame Zeit des Neuaufbaues fiel die Explosionskatastrophe vom Juli 1948, die zu allem (obengenannten) Elend auch noch erhebliche finanzielle Einbußen bedeutete; denn auf Anordnung der Militärregierung waren lediglich die Installationen des Werkes bis zu 80 % versichert, jedoch die Gebäude überhaupt nicht. Eine erneute Blockierung des Neubaues brachten die Demontagen, die von den Alliierten im Petersberger Abkommen vereinbart waren, und die ab November 1949 durchgeführt wurden. Sie betrafen insbesondere im Oppauer Werksteil Installationen zur Herstellung von synthetischem Ammoniak und Methanol. Die Demontagen wurden am 30. Juni 1950 beendet. Und nun konnte die Werksleitung schneller und großzügiger als bisher den Neuaufbau durchführen. Die Leistungen dieses Aufbaues und Einzelheiten der Firmengeschichte aus den fünfziger und sechziger Jahren vorzuführen ist aber nicht Aufgabe dieser Untersuchung[3]). Wegweisend wichtig ist die Tatsache, daß 1952 sowohl der umschlossene Fabrikraum wie das Volumen der Produktion wieder die Größe von 1938 erzielt hatten. Bedeutete das nun, daß die Anforderungen an den Raum die gleichen wie vor dem Kriege waren? Wir werden das in den folgenden Abschnitten zu prüfen haben. Eine annähernde Gleichheit der Anforderungen von 1938 und 1952 oder 1955 ist kaum anzunehmen, weil so vieles neu gebaut wurde und weil zahlreiche Veränderungen in der Verfahrenstechnik stattgefunden haben. Und ständige Veränderungen liegen ja im Wesen der technischen Chemie.

---

[3]) Als wichtige Quelle kann der BASF-Bericht über die Neugründung 1952/1953 gelten.

Wasserversorgung und Umweltschutz in der Chemischen Industrie

— dargestellt am Beispiel der Badischen Anilin- und Soda-Fabrik AG, Ludwigshafen am Rhein —

von

Hans-Jürgen Geßner,

Berlin

Inhaltsverzeichnis

	Seite
Geleitwort	13
Einführung	15

1. *Regionalwirtschaftliche Ausgangssituation* 19
   1.1 Eingliederung in das betriebswirtschaftliche Standortproblem 19
   1.2 Technisch-wirtschaftliche Rahmenbedingungen des Untersuchungsobjekts 19
2. *Die Wasserversorgung des Chemiebetriebes* 21
   2.1. Das Wasseraufkommen in der Chemischen Industrie 21
      2.1.1. Anteil der Chemischen Industrie am gesamtindustriellen Wasseraufkommen .. 21
      2.1.2. Regionale und betriebliche Begrenzung des Untersuchungsobjekts 25
   2.2. Kategorien des chemiebetrieblichen Wasserbedarfs und die Möglichkeiten seiner Deckung 27
      2.2.1. Überblick 27
      2.2.2. Kühlwasserversorgung 30
         2.2.2.1. Reinwasseranforderungen 30
         2.2.2.2. Rohwasseranalyse des Flußwassers 32
         2.2.2.3. Gewinnung und Aufbereitung des Flußwassers 35
         2.2.2.4. Betriebliche Schwierigkeiten bei der Flußwasserversorgung 39
      2.2.3. Kesselspeisewasserversorgung 41
         2.2.3.1. Reinwasseranforderungen 41
         2.2.3.2. Rohwasseranalyse des Grundwassers 42
         2.2.3.3. Gewinnung und Aufbereitung des Grundwassers (Kesselspeisewasseraufbereitung) 45
      2.2.4. Versorgung mit sonstigem Fabrikationswasser 48
      2.2.5. Versorgung mit Belegschaftswasser 50
   2.3. Rationalisierung der chemiebetrieblichen Wassernutzung 51
      2.3.1. Zur Rationalisierbarkeit der chemiebetrieblichen Wasserkategorien 51
      2.3.2. Wassereinsparung, Wasserkreislauf, Luftkühlung 53
   2.4. Kosten der chemiebetrieblichen Wasserversorgung 56
3. *Die Abwasserreinigung im Chemiebetrieb* 61
   3.1. Die Gesamtableitung von Wasser in der Chemischen Industrie 61
      3.1.1. Anteil der Chemischen Industrie an der industriellen Gesamtableitung von Wasser 61
      3.1.2. Regionale und betriebliche Begrenzung des Untersuchungsobjekts 62
   3.2. Die Zusammensetzung des chemiebetrieblichen Abwassers und sein Einfluß auf die Umwelthygiene 63
      3.2.1. Kategorien des chemiebetrieblichen Abwassers 63
      3.2.2. Bestimmungsfaktoren der umwelthygienischen Einflußnahme durch Chemieabwässer 67
         3.2.2.1. Analytische Charakteristika 67
         3.2.2.2. Lokale Entwässerungsmöglichkeiten 69
      3.2.3. Abwasserlast und Gewässerschutz 71

	Seite
3.3. Möglichkeiten und Grenzen der chemiebetrieblichen Abwasserreinigung	78
3.3.1. Herkömmliche Reinigungsverfahren	78
3.3.2. Rationalisierung der Abwasserreinigung	81
3.3.2.1. Überblick	81
3.3.2.2. Entlastung des örtlichen Vorfluters durch Transport von Schadstoffen in das offene Meer	83
3.3.2.3. Abwassertechnische Sanierung durch Verfahrensumstellung	84
3.3.2.4. Verbesserung der Abwässerverhältnisse durch wasserwirtschaftliche Kooperation mit der Gebietskörperschaft	89
3.3.2.4.1. Behandlung des Abwassers in einer Gemeinschaftskläranlage nach dem Belebungsverfahren	89
3.3.2.4.2 Neuordnung des chemiebetrieblichen Kanalnetzes	98
3.4. Kosten der chemiebetrieblichen Abwasserreinigung	99
4 Die Abfallstoffbeseitigung im Chemiebetrieb	105
4.1. Müllanfall und technische Entwicklung	105
4.1.1. Begrenzung des Untersuchungsobjekts	105
4.1.2. Zur Erfassung des kommunalen und industriellen Müllaufkommens und der Müllzusammensetzung	105
4.1.3. Kategorien chemiebetrieblicher Abfallstoffe	109
4.2. Möglichkeiten und Grenzen der Abfallstoffbeseitigung im Chemiebetrieb	111
4.2.1. Überblick	111
4.2.2. Abfallstoffbeseitigung durch Verbrennen	112
4.2.2.1. Abfallerfassung und -sammlung	112
4.2.2.2. Zum Betrieb von Müllverbrennungsanlagen	113
4.2.3. Abfallstoffbeseitigung durch Ablagern	117
4.2.3.1. Abfallerfassung und -sammlung	117
4.2.3.2. Abfallablagerung und Umweltschutz	118
4.2.3.3. Zur Durchführung der geordneten und kontrollierten Ablagerung chemieindustrieller Abfallstoffe	121
4.3. Kosten der chemiebetrieblichen Abfallstoffbeseitigung	123
5. Die Luftreinhaltung im Chemiebetrieb	125
5.1. Zusammensetzung und Umwelteinfluß chemiebetrieblicher Abluftkomponenten	125
5.1.1. Betriebsabhängige Bestimmungsfaktoren der Luftverunreinigung	125
5.1.1.1. Chemiebetriebliche Emissionsarten	125
5.1.1.2. Umwelthygienische Belastungseffekte	126
5.1.2. Standortabhängige Bestimmungfaktoren der Luftverunreinigung	131
5.1.2.1. Immissionsbelastung industrieller Ballungsräume	131
5.1.2.2. Meteorologische Parameter	133
5.2. Möglichkeiten und Grenzen der chemiebetrieblichen Luftreinhaltung	133
5.2.1. Überblick	133
5.2.2. Luftreinhaltung durch Verfahrensumstellung	134
5.2.3. Luftreinhaltung durch Abgasreinigung	137
5.2.4. Chemiebetriebliche Überwachung der Abluftsituation	139
5.3. Kosten der chemiebetrieblichen Luftreinhaltung	141
6. Zusammenfassung	143
7. Anhang	147
8. Literaturverzeichnis	158

Verzeichnis der Tabellen und Abbildungen

(D = Diagramm, KÜ = Kartographische Übersicht, S = Schema, T = Tabelle, WF = Werkfoto)

Lfd. Nr.	Art der Darstellung	Gegenstand	Seite
1	S	Bestimmungsgründe für die betriebliche Standortwahl	20
2	KÜ	Situationsplan aus der Gründungszeit der BASF (Beilage zur Konzessionsurkunde vom 8. Mai 1865)	nach S. 20
3	KÜ	Der Rhein bei Mannheim mit Friesenheimer Durchstich (Stahlstich um 1850)	nach S. 20
4	WF	Werk Ludwigshafen (Gesamtansicht, Luftaufnahme)	nach S. 20
5	T	Technisch-wirtschaftliche Daten zum BASF-Werk Ludwigshafen	22
6	D	Anteil der Chemischen Industrie am gesamten und industriellen Wasseraufkommen der BRD	24
7	D	Das Wasseraufkommen der Industrie nach Industriezweigen 1965	24
8	D	Anteil der Chemischen Industrie am industriellen Wasserverbrauch der Bundesländer 1965	25
9	T	Anteil der BASF am Wasseraufkommen der Chemischen Industrie in Rheinland-Pfalz und im Bundesgebiet	26
10	T	Spezifischer Wasserverbrauch von drei chemischen Massenprodukten	28
11	T	Verwendungsbereiche der betrieblichen Wassernutzung	29
12	T	Quellen der betrieblichen Wasserversorgung	30
13	T	Abflußspenden des Rheins 1936—1965	32
14	T	Chemisch-physikalische Wasseruntersuchung (Rheinwasser, Einlaufwerk BASF Süd)	33 f.
15	T	Einlauf- und Filterkapazitäten der werkseigenen Wasserwerke der BASF	35
16	S	Wasserwerk Mitte der BASF (Druckfilteranlage)	36
17	WF	Druckfilterwasserwerk Mitte	nach S. 36
18	D	Feststoffgehalt im Roh- und Reinwasser (1956)	nach S. 36
19	T	Feststoffgehalt des Roh- und Reinwassers (Druckfilterwerk Mitte)	37
20	D	Flußwasserförderung der BASF	38
21	WF	Biologischer Rasen in Kiesfiltern	nach S. 38
22	WF	Verschlammte Luftpolsterrohre (Druckfilterwerk Mitte)	nach S. 38
23	WF	Gereinigte Luftpolsterrohre (Druckfilterwerk Mitte)	nach S. 38
24	WF	Verschlammter Kondensator	nach S. 38
25	WF	Verschlammter Kondensator (Ausschnitt)	nach S. 38
26	T	Hauptzahlen zu den Wasserständen des Rheins	40
27	D	Flußwasserförderung der BASF und Wassertemperatur des Rheins	40
28	T	Anforderungen an vollentsalztes Wasser (BASF)	42
29	T	Analytische Gegenüberstellung von Rhein- und Grundwasser	43
30	T	Na^+Cl^--Gehalt des Rheinwassers	44

Lfd. Nr.	Art der Darstellung	Gegenstand	Seite
31	T	Chemisch-physikalische Wasseruntersuchung (Brunnenwasser Rheinvorland/Edigheimer Galerie, BASF)	45
32	D	Grundwasserförderung der BASF	46
33	S	Kesselspeisewasserreinigung (BASF)	nach S. 48
34	D	Anteil der BASF am Trinkwasserverbrauch der Stadt Ludwigshafen a. Rh.	50
35	D	Entwicklung des spezifischen Belegschaftswasserbedarfs der BASF	52
36	WF	Ventilatorkühlturm	nach S. 52
37	S	Kühlwasserkreislauf bei Verwendung eines Kühlturms	nach S. 52
38	S	Mengenstrom des Flußwassers in der BASF 1968	nach S. 52
39	WF	Kühlwasser-Rückkühlung mit Ventilatoren	nach S. 52
40	D	Flußwasserverbrauch und Umsatzsteigerung der BASF	55
41	D	Entwicklung der BASF-Verrechnungspreise für Flußwasser	57
42	T	Kosten der Kesselspeisewasseraufbereitung (BASF)	57
43	T	Wirtschaftlichkeitsberechnung petrochemischer Grundstoffe aus C_4-Crackschnitten (BASF)	59 f.
44	D	Gesamtableitung von Wasser durch die Chemische Industrie der BRD 1965	62
45	T	Wasserführung der BASF-Abwässerkanäle	64
46	T	Anteil der BASF an der Gesamtableitung von Wasser durch die Chemische Industrie der BRD	66
47	T	Verschmutzung des mittleren Abwassers einer deutschen Stadt	67
48	T	Organische Verunreinigungen des BASF-Abwassers	69
49	T	Öffentliches Abwasserwesen der BRD 1963	72
50	T	Anteil der BASF an der zusätzlichen Belastung des Rheins mit BSB_5-Einwohnergleichwerten im Rhein-Neckar-Raum	77
51	WF	Absetzbecken	79
52	T	Grenzwerte der noch zulässigen Konzentrationen für Giftstoffe im Trinkwasser und gewerblichen Abwasser	80
53	T	Wasserrechtlicher Bescheid der Bezirksregierung der Pfalz zur Abwassereinleitung der BASF in den Rhein vom 25. September 1964	82
54	T	Verschiffung von Abfallsäuren in das offene Meer	84
55	T	Zusammensetzung der Chlorcalciumendlaugen von Ammoniaksodafabriken	86
56	T	Abwasseranfall und -zusammensetzung bei der Äthylenoxid-Herstellung	88
57	WF	Äthylenoxid-Anlage (Direktoxidation, Kapazität 40 000 jato)	nach S. 88
58	S	Folgeprodukte der Cyclohexanoxidation	nach S. 88
59	T	Sauerstoff-Bedarf bei der Reinigung verschiedener Mischabwässer der Chemischen Industrie	92
60	T	Einfluß des pH-Wertes auf die biologische Abwasserreinigung	93
61	T	Schädlichkeitsgrenzen für toxische Substanzen bei der biologischen Abwasserreinigung (Belebungsverfahren)	95

Lfd. Nr.	Art der Darstellung	Gegenstand	Seite
62	S	Gemeinschaftskläranlage BASF/Stadt Ludwigshafen a. Rh. (Fließschema der Abwasserbehandlung (Sankey) für Trockenwetterabfluß)	97
63	KÜ	Vorhandenes Mischwasserkanalnetz der BASF	nach S. 98
64	KÜ	Projektierte Trennkanalisation der BASF	nach S. 98
65	WF	Abwasser-Sammelkanal (Plattenbauweise)	nach S. 98
66	WF	Abwasser-Sammelkanal (Vorpreßverfahren, Arbeiten vor Ort)	nach S. 98
67	S	Querschnitt einer Werkstraße der BASF	nach S. 98
68	WF	Abwasser-Sammelkanal (Vorpreßverfahren)	nach S. 98
69	WF	Abwasser-Sammelkanal (Vorpreßverfahren, Hauptpreßgrube)	nach S. 98
70	T	Gesamtkosten der Gemeinschaftskläranlage BASF/Stadt Ludwigshafen a. Rh.	101
71	T	Abwasserreinigungskosten der BASF	101
72	T	Investitions- und Betriebskosten von biologischen Kläranlagen der Chemischen Industrie	102 f.
73	T	Sonderabschreibungen für Maßnahmen der BASF zur Abwasserreinigung	104
74	T	Müllaufkommen in der BRD	106
75	T	Durchschnittliche Zusammensetzung des Westberliner Hausmülls	108
76	T	Abfallstoffe der BASF	110
77	T	Grenzwerte der Eigenschaften von festen Abfällen	113
78	WF	Müllverbrennungsanlage (Tanklager für Flüssigabfälle)	nach S. 114
79	S	Müllverbrennungsanlage der BASF (Rostofen)	nach S. 114
80	WF	Müllverbrennungsanlage (Gesamtansicht)	nach S. 114
81	T	Heizwert-Mittelwerte und Volumenverminderung bei der Verbrennung von BASF-Festmüll	114
82	S	Müllverbrennungsanlage der BASF (Drehrohrofen)	115
83	KÜ	Geographische Lage der BASF-Mülldeponien „Feuerberg" und „Flotzgrün"	nach S. 118
84	WF	Müllsammelplatz Werk Ludwigshafen	nach S. 118
85	WF	Müllsammelplatz Werk Ludwigshafen (Umschlag auf Schubschiff)	nach S. 118
86	T	Auslaugungs- und Lösungsvorgänge in Mülldeponien	119
87	T	Einfluß der Landwirtschaft auf die Grundwasserqualität im Regierungsbezirk Pfalz	120
88	WF	Deponie Flotzgrün (Müllumschlag)	nach S. 122
89	WF	Deponie Flotzgrün (bepflanzte Deponiefläche)	nach S. 122
90	WF	Deponie Flotzgrün (Deponiearbeiten)	nach S. 122
91	T	Ablagerung von Abfallstoffen auf der BASF-Deponie Flotzgrün	122
92	T	Spezifische Kosten und Dampfgutschrift der BASF-Müllverbrennung 1968	124
93	T	Abfallstoffbeseitigungskosten der BASF	124

Lfd. Nr.	Art der Darstellung	Gegenstand	Seite
94	T	Kritische Konzentrationswerte luftverunreinigender Immissionsarten	127
95	D	Einfluß von SO_2 auf die menschliche Gesundheit	128
96	D	Schädigung von Pflanzen durch SO_2	130
97	T	Zugelassene Kraftfahrzeuge in Ludwigshafen a. Rh. und Mannheim	132
98	T	Windgeschwindigkeiten in deutschen Großstädten	133
99	T	Verminderung der SO_2-Emission durch Verfahrensänderung bei der Schwefelsäureherstellung	135
100	T	Schwefel-Immissionen bei festen, flüssigen und gasförmigen Brennstoffen	137
101	WF	Elektrofilter	nach S. 138
102	WF	Intensivnaßwäscher	nach S. 138
103	WF	Filteranlage für organische Stäube	nach S. 138
104	T	Systematik der in der BASF zur Luftreinhaltung eingesetzten Verfahren	138
105	WF	Kraftwerk Nord (1942)	nach S. 138
106	WF	Kraftwerk Nord (1967)	nach S. 138
107	WF	Venturiwäscher	nach S. 138
108	WF	Strahlsauger	nach S. 140
109	WF	Werk Ludwigshafen (Historische Aufnahme)	nach S. 140
110	D	Staubniederschlag innerhalb und außerhalb des BASF-Werkes Ludwigshafen	nach S. 140
111	WF	Werk Ludwigshafen (1968)	nach S. 140
112	D	Brennstoffverbrauch des BASF-Werkes Ludwigshafen und SO_2-Immission	140
113	T	SO_2-Immission innerhalb und außerhalb des BASF-Werkes Ludwigshafen	141
114	KÜ	Festliegende Meßpunkte der BASF zur Überwachung der Luft	nach S. 140
115	WF	Luftmeßwagen (mit ausgefahrenem Windmeßgerät)	nach S. 140
116	WF	Luftmeßwagen (Innenausstattung)	nach S. 140
117	WF	Emissionsüberwachung mit Fernsehkamera	nach S. 140
118	T	Rohstoffpreise frei Ludwigshafen a. Rh. für Koks, Rohbenzin und Heizöl	142
119	T	Sonderabschreibungen für Maßnahmen der BASF zur Luftreinhaltung	143
120	T	Kostenvergleich verschiedener Kraftwerkstypen	144
121	WF	Werk Ludwigshafen (Gesamtansicht als Luftaufnahme mit markierten Einrichtungen zur Wasserversorgung, Abwasserreinigung, Abfallstoffbeseitigung und Luftreinhaltung)	nach S. 144

Geleitwort

Die vorliegende Untersuchung ist auf Grund eines Forschungsauftrags durchgeführt worden, den die Akademie für Raumforschung und Landesplanung, Hannover, am 23. November 1967 Herrn Prof. Dr. Dr. J. H. Schultze, Berlin, und mir erteilte. Der Rahmen des globalen Themas

„Die Anforderungen der Badischen Anilin- & Soda-Fabrik AG, Ludwigshafen a. Rh., an den Raum"

war weit gezogen, der ergänzend hierzu gegebene Hinweis, diese Anforderungen „in umfassender Weise" darzustellen, bot reichlichen Interpretationsspielraum.

Es war daher zu klären,

— ob die Untersuchung den Charakter einer betriebswirtschaftlich ausgerichteten Standortanalyse annehmen sollte, indem sie die Bedeutung der regionalwirtschaftlichen Gegebenheiten für den betrieblichen Leistungserstellungs- und -verwertungsprozeß aufzeigt, und damit die *Standortbestimmungsgründe* in Vergangenheit und Gegenwart einschließlich etwaiger Elastizitätsprobleme

oder

— ob sich die Analyse mehr an den regionalwirtschaftlichen Folgen chemieindustrieller Produktionsweise, mithin am Phänomen der *Standortwirkung*, zu orientieren hat.

Der hier nach Abstimmung mit Herrn Prof. Schultze beschrittene Weg versucht beide Betrachtungsmöglichkeiten zu verbinden. Aus der Fülle der regionalwirtschaftlichen Gegebenheiten, welche die wirtschaftliche Effizienz eines Betriebes der Chemischen Industrie beeinflussen, wurden die wichtigsten *beschaffungsrelevanten* Standortfaktoren herausgegriffen und im Hinblick auf

— die Erfordernisse der BASF bzw. die Deckungsmöglichkeiten am Standort Ludwigshafen sowie
— den faktoreneinsatzbezogenen Wechselwirkungsprozeß im Modellgebiet

analysiert. Zur Disposition standen

1. Arbeitsleistungen und Betriebsraum,
2. Rohstoffe und Energie und
3. Wasser.

Da sich Herr Prof. Schultze besonders für die Fragenkomplexe 1 und 2 interessierte, übernahm ich das Teilgebiet „Wasserversorgung".

Nun ist die branchenspezifische Faktoranalyse ohnehin als einer der Forschungsschwerpunkte meines Instituts anzusehen. Es lag daher nahe, meinen hierfür zuständigen Mitarbeiter, Herrn Dr. H.-J. Gessner, mit der Bearbeitung des obengenannten Teilgebiets zu betrauen. Nach gemeinsamen Gesprächen mit dem Vorstandsmitglied der BASF Herrn Prof. Dr.-Ing. W. Ludewig und anderen leitenden Herren des Unternehmens und nach Besichtigungen im Werk lag die Beschaffung und kritische Auswertung des außerordentlich vielschichtigen Materials in Händen von Herrn Dr. Gessner.

Dabei erwies es sich bald als notwendig, die von der Wasserversorgung nicht zu trennende Abwasserreinigung mitzubehandeln sowie auch die Probleme der Abfallstoffbeseitigung und Luftreinhaltung in die Untersuchung einzubeziehen. Häufige Arbeitsaufenthalte in Ludwigshafen, ergänzt durch umfangreiche Korrespondenzen und intensives Quellenstudium, können so als die empirische Grundlage des von Herrn Dr. GESSNER — in ständigem Kontakt mit mir — angefertigten und hiermit vorgelegten Berichts angesehen werden. Die unmittelbar im BASF-Bereich durchgeführten Erhebungen wurden im Frühjahr 1970 abgeschlossen.

Die Analyse beschränkt sich nicht nur auf die Verarbeitung des uns zugänglich gemachten Informationsmaterials, sondern geht in der Erfassung der Probleme weit über einen auschließlichen BASF-Bezug hinaus. Sie bietet damit zugleich eine Diskussionsgrundlage für den in der Öffentlichkeit zunehmend beachteten Sachzusammenhang zwischen der Produktion der Chemischen Industrie und der Umweltbelastung in bestimmten Verdichtungsräumen der BRD.

Die Größenordnung der Belastungseffekte macht es verständlich, warum gerade die Chemische Industrie als einer der Hauptverursacher für die bestehende Umweltmisere erscheint. Soweit man sich dabei lediglich am Phänomen der *Umweltbelastung* orientiert ohne zugleich die vielfältigen Bemühungen dieses Industriezweiges um *Begrenzung der Schadstoffemissionen* aufzuzeigen, wird die Diskussion recht einseitig verlaufen. Die Erörterungen müssen darüber hinaus auch vor dem Hintergrund jenes Ermessensspielraums geführt werden, den verkehrswirtschaftlich orientierte Wirtschaftssysteme im *Kriterium der technisch-wirtschaftlichen Vertretbarkeit* den Industriebetrieben mitunter zubilligen, zum anderen aber auch die einengenden Bedingungen beachten, wie sie in der *chemisch-technologischen Verfahrensweise* für diesen Produktionszweig bestehen.

Abschließend möchte ich der Akademie für Raumforschung und Landesplanung meinen herzlichen Dank dafür sagen, daß sie mir Gelegenheit zur Mitarbeit an diesem umfassenden interdisziplinären Forschungsprojekt bot.

Berlin, im Frühjahr 1971

Karl Christian Behrens

Einführung

Die vorliegende Untersuchung befaßt sich mit einem Teilaspekt des chemieindustriellen Standortproblems. Aus dem Katalog der die wirtschaftliche Situation eines Chemiebetriebes bestimmenden regionalwirtschaftlichen Gegebenheiten wurde das örtliche Wasservorkommen herangezogen.

Dabei erwies sich die in der Literatur bei Beschaffungspotentialanalysen häufig angewandte Methode, den betrieblichen Wasserbedarf als Globalgröße den am jeweiligen Standort herrschenden wasserwirtschaftlichen Verhältnissen einfach gegenüberzustellen, um hieraus eine u. U. bestehende Standortgunst bzw. Standortungunst abzuleiten, als vordergründig und den eigentlichen wasserwirtschaftlichen Problemen nicht angemessen. Ein Beschaffungsgut, das in seiner betrieblichen Funktion weitgehend naturgesetzlich determiniert ist, entzieht sich einer ausschließlich *ökonomischen* Betrachtungsweise. Erst die *technische* Vollzugsaufgabe macht „Wasser" zu einer quantitativ und qualitativ definierbaren Anforderungskategorie an den Raum.

Der Verfasser hielt es daher für notwendig, über die ökonomische Motivation des Stoffeinsatzes und seiner geographisch bedingten Deckungsmöglichkeit hinaus auch den chemisch-technologischen Hintergrund der innerbetrieblichen Wasserwirtschaft sichtbar werden zu lassen. Mit anderen Worten: Die Untersuchung wurde interdisziplinär angelegt; es galt, die Wasserversorgung als technisch-wirtschaftlich-geographisch bedingte Integrationsaufgabe darzustellen.

Nun gehört es nicht nur zu den Aufgabengebieten der industriellen Wasserwirtschaft, die betriebliche *Wasserversorgung* am gegebenen Standort sicherzustellen und alle damit zusammenhängenden Fragen, wie Wasseraufbereitung, Wasserbeschaffenheit, Wasserspeicherung usw., auf die betrieblichen Belange auszurichten. Sie muß vielmehr den Zusammenhang erkennen, der zwischen der *Wassernutzung* und der nach Vollzug dieser Aufgabe notwendigen *Abwasserableitung* besteht. Zwischen beiden Aufgabengebieten liegt die innerbetriebliche Wasserwirtschaft mit den unterschiedlichen Verwendungsbereichen, den Rationalisierungsbestrebungen zur Senkung des spezifischen Wasserverbrauchs, den Einflußmöglichkeiten auf die Abwasserbeschaffenheit, um nur einige dieser Problemkreise anzusprechen. Auch hier zeigt sich die technisch-wirtschaftlich-geographisch bedingte Integrationsaufgabe. Das Wasser wird einem — für die Chemische Industrie zumeist — natürlichen Wasserlauf entnommen und zum größten Teil — nun allerdings in veränderter Form — dem Vorfluter zurückgegeben. Es genügt auch hier nicht, am Einlaufwerk bzw. der Heberleitung des Wasserwerks haltzumachen, um am Ausgang des Abwasserkanals die Analyse fortzusetzen.

Betrafen die bisherigen Ausführungen die Art und Weise der Themenbehandlung, so soll im Folgenden auf eine notwendige Erweiterung des Untersuchungsobjekts hingewiesen werden. Die Verknüpfung von Wasserversorgung und Abwasserableitung machte bereits deutlich, daß mit der Nutzung örtlicher Wasservorkommen zugleich ein potentieller Umweltbelastungseffekt verbunden sein kann. Die Raumwirksamkeit chemiebetrieblicher Produktionsweise äußert sich hier nicht in einer mehr oder weniger starken Inanspruchnahme standortspezifischer Beschaffungspotentiale, sondern in einer unmittelbaren Beeinträchtigung der Umwelthygiene. Im abfallwirtschaftlichen Sachzusammenhang hierzu müssen auch die entsprechenden Auswirkungen des *Abfallstoff-* und *Abluftanfalls* gesehen werden. Die ihnen entsprechenden Umweltbelastungseffekte haben inzwischen ein spektakuläres Ausmaß angenommen und die Öffentlichkeit zum Einschreiten bewogen: Ein System von Gesetzen, Verordnungen und behördlichen Auflagen, auf das hier nur verwiesen werden soll[1]), verpflichtet den Chemiebetrieb zur Verminderung bzw. Begrenzung seines diesbezüglichen Umwelteinflusses. Für den bereits standortlich gebundenen Betrieb ergibt sich aus dieser Veränderung der regionalwirtschaftlichen Ausgangssituation ein typisches Elastizitätsproblem[2]), dessen Bedeutung durch ein ggf. erhöhtes Kostenvolumen nur unzureichend charakterisiert werden kann. Vielmehr sind auch hier die chemische Verfahrenstechnik sowie die naturräumlichen Gegebenheiten des jeweiligen Standorts als zusätzliche Dimensionen in die Analyse mit einzubeziehen.

---

[1]) Die rechtlichen Grundlagen zur chemiebetrieblichen Wasserversorgung, Abwasserreinigung, Abfallstoffbeseitigung und Luftreinhaltung werden größtenteils nicht eigengesetzlich abgedeckt, sondern sind verstreut den verschiedensten Rechtsgebieten zu entnehmen, wie dem Wasserrecht, Gewerberecht, Wirtschaftsrecht, Baurecht, Naturschutzrecht, Atomrecht, Privat- und Strafrecht. Als problematisch haben sich neben dieser Zersplitterung vor allem die zu Rechtsunsicherheit führenden Gesetzeslücken sowie die ausschließliche Länderkompetenz in Umweltfragen und damit die Gefahr mangelnder Bundeseinheitlichkeit erwiesen. Eine Novelle zum Wasserhaushaltsgesetz, ein Abfallbeseitigungsgesetz und ein Bundes-Immissionsschutzgesetz werden z. Z. gesetzgeberisch vorbereitet. Die folgende Zusammenstellung gibt nur die wichtigsten Rechtsquellen an. Sie werden im Regelfall durch Einzelbestimmungen der gebietskörperschaftlichen Aufsichtsbehörden zu ergänzen bzw. auszufüllen sein:

Raumordnungsgesetz des Bundes vom 8. April 1965 (BGBl I S. 306),

Gesetz zur Ordnung des Wasserhaushalts (Wasserhaushaltsgesetz) vom 27. Juli 1957 (BGBl I S. 1110),

Landeswassergesetz Rheinland-Pfalz vom 1. August 1960 (GVBl S. 153),

Gesetz über Detergentien in Wasch- und Reinigungsmitteln vom 5. September 1961 (BGBl I S. 1653),

Verordnung über die Abbaubarkeit von Detergentien in Wasch- und Reinigungsmitteln vom 1. Dezember 1962 (BGBl I S. 698),

Gesetz über Maßnahmen zur Sicherung der Altölbeseitigung (Altölgesetz) vom 23. Dezember 1968 (BGBl I S. 1419),

Gesetz zur Änderung der Gewerbeordnung und Ergänzung des Bürgerlichen Gesetzbuches vom 22. Dezember 1959 (BGBl I S. 781),

Verordnung über genehmigungspflichtige Anlagen nach § 16 der Gewerbeordnung vom 4. August 1960 (BGBl I S. 690),

Bundesbaugesetz vom 23. Juni 1960 (BGBl I S. 341),

Reichsnaturschutzgesetz vom 26. Juni 1935 (RGBl I S. 821),

Gesetz zur Verhütung und Bekämpfung übertragbarer Krankheiten beim Menschen (Bundes-Seuchen-Gesetz) vom 18. Juli 1961 (BGBl I S. 1012),

Immissionsschutzgesetz Rheinland-Pfalz vom 28. Juli 1966 (GVOBl S. 211),

Gesetz über Vorsorgemaßnahmen zur Luftreinhaltung vom 17. Mai 1965 (BGBl I S. 413),

Allgemeine Verwaltungsvorschriften über genehmigungsbedürftige Anlagen nach § 16 der Gewerbeordnung (Technische Anleitung zur Reinhaltung der Luft) vom 8. September 1964 (GMBl S. 433),

Gesetz über die friedliche Verwendung der Kernenergie und den Schutz gegen ihre Gefahren (Atomgesetz) vom 23. Dezember 1959 (BGBl I S. 814),

Erste Verordnung über den Schutz vor Schäden durch Strahlen radioaktiver Stoffe (Erste Strahlenschutzverordnung) vom 24. Juni 1960 (BGBl I S. 430) und

Verordnung über das Verfahren bei der Genehmigung von Anlagen nach § 7 des Atomgesetzes (Atomanlagen-Verordnung) vom 20. Mai 1960 (BGBl I S. 310).

[2]) Vgl. KARL CHRISTIAN BEHRENS: Bedeutungswandel der Faktoren. In: Der Volkswirt, 20. Jg., Nr. 14/1966, S. 495 ff.

Damit ist der grundsätzliche Gliederungsaufbau der Untersuchung bereits vorgegeben: In den vier Hauptkapiteln zur Wasserversorgung, Abwasserreinigung, Abfallstoffbeseitigung und Luftreinhaltung vermitteln zunächst statistische Angaben den

1. gesamt- bzw. chemieindustriellen Bezugsrahmen.

Ihnen folgen Erörterungen der

2. teilgebietsbezogenen Sachzwänge einer chemisch-technologischen Produktionsweise bzw. Abfallwirtschaft,
3. der entsprechenden potentiellen Belastungseffekte sowie
4. der Möglichkeit des chemiebetrieblichen Umweltschutzes einschließlich
5. seines ökonomischen Stellenwerts.

Einleitende Bemerkungen ordnen die behandelten Teilaspekte in das allgemeine Standortproblem ein, während die Zusammenfassung zugleich einen Hinweis auf künftige Umwelteinflüsse durch chemiebetrieblichen Kernenergieeinsatz enthält.

Vom Verfasser wurde es als besonders sachdienlich empfunden, daß er die Untersuchungsproblematik durch empirische Angaben eines chemischen Großbetriebes inhaltlich konkretisieren konnte. Die Geschäftsleitung der Badischen Anilin- & Soda-Fabrik AG, vertreten durch das Vorstandsmitglied Herrn Direktor Prof. Dr.-Ing. WALTER LUDEWIG (Ingenieurwesen), erklärte sich in dankenswerter Weise bereit, dem Verfasser durch Betriebsbesichtigungen, Bildmaterial sowie mündliche und schriftliche Auskünfte Einblicke in die praktischen Probleme der chemieindustriellen Wasserwirtschaft und Umwelthygiene im Werk Ludwigshafen a. Rh. zu verschaffen — ein Entgegenkommen, das der Verfasser anläßlich mehrerer Arbeitsaufenthalte in Ludwigshafen a. Rh. in zahlreichen Gesprächen, aber auch durch umfangreiche Korrespondenz bis an die Grenzen des Möglichen ausgeschöpft hat. Als Gesprächspartner stellten sich zu den einzelnen Teilgebieten zur Verfügung:

1. *Allgemeine Unternehmenspoltik und Kosten der unter 2. bis 5. genannten Teilaspekte:*
Herr Prok. Dr. JENS-PETER SIEGFRIEDT (Zentralbüro),
Herr Prok. Dr. GÜNTER BOGENSTÄTTER (TA/Konstruktion, K-BO),
Herr Dr. GÜNTER ERHARDT (DV/Kostenrechnung),
Herr Dipl.-Kfm. PETER JÜRGEN LIND (Verkaufsbereich K/Zentralstelle) und
Herr Dipl.-Volksw. HANS WEIS (Verkauf/Direktions-Abt.).

2. *Wasserversorgung einschließlich Wasseraufbereitung:*
Herr Dir. Dipl.-Ing ADOLF-FRIEDRICH WILCK (Energie-Abt.),
Herr Prok. Dipl.-Ing. HANS GÜNTHER (Energie-Abt.),
Herr Dr. KURT HOCHMÜLLER (Energie-Abt./Wasseraufbereitung),
Herr Chemie-Ing. grad. ERWIN WANDELT (Energie-Abt./Wasseraufbereitung),
Herr Dipl.-Ing. JÖRG ALTNÖDER (Energie-Abt., BW-Gas und Wasser),
Herr Obering. Dipl.-Ing. KARL ENGEL (Energie-Abt./Wasserw. und Drucklufterzeugung) und
Herr Verf.-Ing. grad. DIETMAR KOKOTT (Energie-Abt./Wasserw. und Drucklufterzeugung).

3. *Abwasserreinigung einschließlich Kanalisation:*
Herr Dir. Reg.-Baumeister KARL HAISCH (TA/Bauwesen),
Herr Prok. Dipl.-Ing. HEINZ KÜHNER (TA/Baubetrieb),
Herr Bau-Ing. grad. ROBERT BREINER (TA/Bautechnisches Konstruktionsbüro),
Herr Dipl.-Ing. HUBERT ENGELHARDT (TA/Sicherheitswesen) und
Herr Dr. WALTER HALTRICH (TA/Sicherheitswesen).

4. *Abfallstoffbeseitigung:*
   Herr Dipl.-Ing. GERHARD BRAUN (TA/Baubetrieb),
   Herr Obering. Dipl.-Ing. HEINZ LEIB (Energie-Abt./Müllverbrennung) und
   Herr Dipl.-Ing. KONRAD SCHILLER (Energie-Abt./Müllverbrennung).
5. *Luftreinhaltung:*
   Herr Dir. Dr. HANS JOACHIM FROST (TA/Sicherheitswesen),
   Herr Dr. MANFRED HÄBERLE (TA/Sicherheitswesen) und
   Herr Dr. HENNER RUNGE (Ammoniak-Labor/Gasanalyse).
6. *Historisches Quellenmaterial:*
   Herr Dr. GERHART WOLF (AOA/Hauszeitschrift und Firmenarchiv),
   Herr Dr. CARL ANTON REICHLING (AOA/Hauszeitschrift und Firmenarchiv),
   Fräulein MARIA FROSCH (AOA/Firmenarchiv) und
   Herr PETER GÖB (ehem. AOA/Firmenarchiv).

Wertvolle Anregungen und Hinweise empfing der Verfasser auch bei Gesprächen mit Persönlichkeiten außerhalb des BASF-Bereichs, so zu den Teilgebieten der abwasser- und abluftbezogenen Umweltbelastungseffekte bzw. den verfahrenstechnischen Möglichkeiten ihrer Verminderung durch

   Frau Chemieoberrätin Dr. INGE STAUFFERT (Chemisches Untersuchungsamt der Stadt
      Mannheim),
   Herrn Prof. Dr.-Ing. habil. FRANZ PÖPEL (ehem. Direktor des Instituts für Siedlungs-
      wasserbau und Wassergütewirtschaft an der Universität Stuttgart),
   Herrn Baudirektor Dipl.-Met. HANS SCHWEGLER (Referat für Kreisverwaltung und
      öffentliche Ordnung der Stadtverwaltung München),
   Herrn Prof. Dr.-Ing. WOLFGANG TESKE (ehem. Farbwerke Höchst AG),
   Herrn Dipl.-Ing. VOLKHARD HÖFER (Passavant-Werke, Michelbacher Hütte)

und zu allgemeinen kommunal- bzw. industriestandortpolitischen Problemen am Standort Ludwigshafen a. Rh. durch

   Herrn Dr. KURT BECKER-MARX (Kommunale Arbeitsgemeinschaft Rhein-Neckar),
   Herrn Dr. HANS HORAK (Industrie- und Handelskammer für die Pfalz, Ludwigs-
      hafen a. Rh.),
   Herrn Oberverwaltungsrat Dipl.-Volksw. KARLHEINZ HIEB (Stadtverwaltung Lud-
      wigshafen a. Rh., Amt für Stadtforschung, Statistik und Wahlen),
   Herrn Oberbaurat MANFRED KÜHNEL (Tiefbauamt Ludwigshafen a. Rh.) und
   Herrn Dr. MÜNSTER (Stadtwerke Ludwigshafen a. Rh.).

Ihnen allen gilt der aufrichtige Dank des Verfassers.

Es ist naheliegend, daß die weitgehend empirisch ausgerichtete Analyse eine Fülle von Faktenmaterial verarbeiten mußte. Ihre ausschließlich verbale Darstellung und Diskussion hätte den allgemeinen Problemgehalt der hier interessierenden Teilgebiete zu sehr in den Hintergrund treten lassen. Sie wurden daher in (fortlaufend numerierten) Tabellen zusammengefaßt bzw. zu Schaubildern umgeformt, ergänzt durch schematische Darstellungen und fotografische Aufnahmen; sie sollen Text ersetzen, zugleich aber Erkenntnisse per Implikation zulassen. Insofern sind sie integrierende Bestandteile der jeweiligen Ausführungen und als solche zu werten. Lediglich bei Schaubildern wurde das statistische Basismaterial in den Anhang verwiesen.

Abschließend möchte es der Verfasser nicht versäumen, seinem akademischen Lehrer, Herrn Prof. Dr. KARL CHRISTIAN BEHRENS, für die großzügige Unterstützung und Förderung dieser Arbeit besonders zu danken.

1. Regionalwirtschaftliche Ausgangssituation

1.1. *Eingliederung in das betriebswirtschaftliche Standortproblem*

Die betriebswirtschaftliche Standortlehre betrachtet den Prozeß der betrieblichen Leistungserstellung und -verwertung als im besonderen Maße abhängig von bestimmten regionalwirtschaftlichen Tatbeständen. Sie werden im allgemeinen als „Standortfaktoren"[3]), „Standortbedingungen"[4]) und „Gebietsressourcen"[5]) definiert, jedoch von den Fachvertretern in ihrer Bedeutung für die betriebliche Standortwahl und damit als „Standortanforderungen"[6]) nicht einheitlich interpretiert. Insbesondere die im Anschluß an ROSCHER[7]), SCHÄFFLE[8]) und LAUNHARDT[9]) von A. WEBER[10]) vorgenommene Begrenzung der relevanten Einflußgrößen auf Transportkosten, Arbeitskosten und Agglomerationsvorteile bestimmte lange Zeit hindurch die Diskussion zum industriellen Standortproblem.

Im Gegensatz zu diesen modellhaften Vereinfachungen der genannten Autoren bemüht sich BEHRENS[11]) in empirisch-realistischer Betrachtungsweise um ein möglichst vollständiges Erfassen aller nur denkbaren (ökonomischen) Standortfaktoren. Die dabei entwickelte Systematik, deren logischer Aufbau in Schema 1 wiedergegeben wurde, unterscheidet zwischen Gütereinsatz- und -absatzfaktoren. Als stoffliche Komponente des „externen Gütereinsatzes" erweist sich danach die betriebliche Wasserversorgung als ein Teilproblem der allgemeinen standortbezogenen Beschaffungspotentialanalyse.

Anders verhält es sich hingegen mit den Problemen der betrieblichen Abwasserreinigung, Abfallstoffbeseitigung und Luftreinhaltung. Ihre standörtliche Relevanz läßt sich nicht ohne weiteres dem vorliegenden Faktorschema entnehmen, sondern bestimmt sich nach Maßgabe mehr oder weniger restriktiver Auflagen der jeweiligen Gebietskörperschaft. Sie sind insofern gedanklich als eine das Faktorschema überlagernde regionalwirtschaftliche Rahmenbedingung aufzufassen. BEHRENS spricht in diesem Zusammenhang von „staatlicher Begrenzung der Standortwahl"[12]). Bei den räumlich bereits gebundenen Betrieben verursachen sie dagegen das schon einleitend vermerkte Elastizitätsproblem.

1.2. *Technisch-wirtschaftliche Rahmenbedingungen des Untersuchungsobjekts*

Der Hinweis, daß die chemiebetriebliche Wasserwirtschaft und Umwelthygiene nur als Teilaspekte des allgemeinen Standortproblems aufzufassen sind, bedarf der Ergänzung durch betriebsindividuelle Hintergrunddaten zum vorgegebenen Untersuchungsobjekt BASF.

---

[3]) Vgl. u. a. KARL CHRISTIAN BEHRENS: Allgemeine Standortbestimmungslehre. Köln und Opladen 1961, S. 34 f.
[4]) Vgl. u. a. HANS RÜSCHENPÖHLER: Der Standort industrieller Unternehmungen als betriebswirtschaftliches Problem. Berlin 1958, S. 67 ff.
[5]) Vgl. u. a. GÜNTER STREIBEL: Die Bedeutung der Gebietsressource Wasser für die perspektivische Standortverteilung der Produktivkräfte in der DDR. In: Wissenschaftliche Zeitschrift der Hochschule für Ökonomie, Berlin-Karlshorst, 11. Jg., Nr. 2/1966, S. 192.
[6]) Vgl. HANS RÜSCHENPÖHLER, a. a. O., S. 64 ff.; GÜNTER STREIBEL, a. a. O.
[7]) WILHELM ROSCHER: System der Volkswirtschaft. 3. Band, Stuttgart 1881, S. 502 ff.
[8]) ALBERT SCHÄFFLE: Das gesellschaftliche System der menschlichen Wirtschaft. 3. Aufl., Tübingen 1873, S. 274 ff.
[9]) WILHELM LAUNHARDT: Die Bestimmung des zweckmäßigsten Standorts einer gewerblichen Anlage. In: Zeitschrift des VDI, Jg. 1882, S. 105 ff.
[10]) ALFRED WEBER: Über den Standort der Industrien. 1. Teil: Reine Theorie des Standorts. Tübingen 1909, S. 16.
[11]) KARL CHRISTIAN BEHRENS, a. a. O.
[12]) Ebenda, S. 100 f.

Schema 1: Bestimmungsgründe für die betriebliche Standortwahl*)

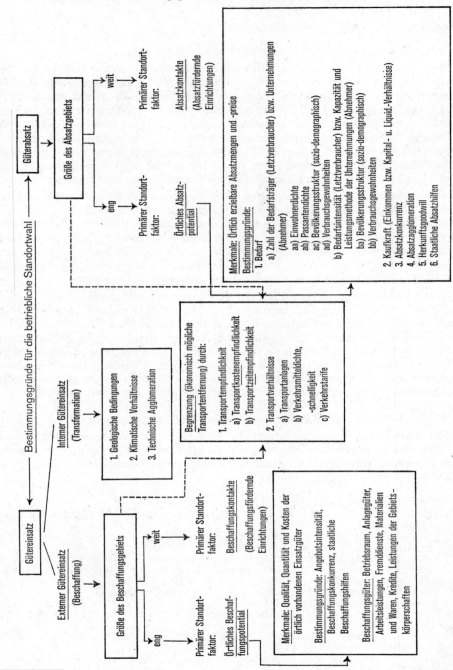

---

*) Abbildungen, Diagramme, kartographische Übersichten, Schemata, Tabellen und Werkfotos sind fortlaufend numeriert; vgl. auch das Verzeichnis der Tabellen und Abbildungen auf S. 9 ff.

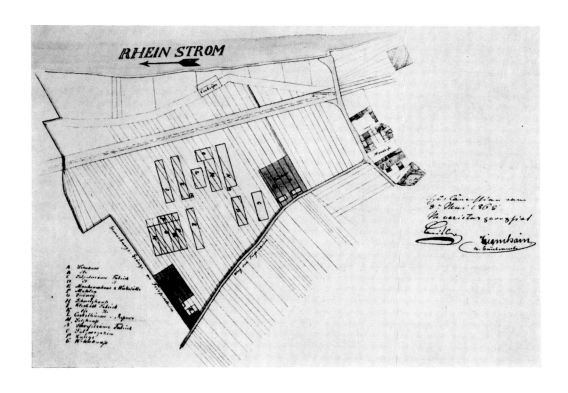

Abb. 2: Situationsplan aus der Gründungszeit der BASF (Beilage zur Konzessionsurkunde vom 8. Mai 1865)

Abb. 3: Der Rhein bei Mannheim mit Friesenheimer Durchstich (Stahlstich um 1850)

Abb. 4: Werk Ludwigshafen (Gesamtansicht, Luftaufnahme)

Das Unternehmen wurde am 6. April 1865 als Chemische Fabrik in der badischen Stadt Mannheim gegründet. Als räumliche Basis der künftigen Produktionsstätte für synthetische Anilinfarben sowie anorganische Grundchemikalien, wie (Le Blanc-)Soda, Schwefelsäure und Salzsäure, war ursprünglich ein rd. 40 Morgen umfassendes und in Neckarnähe befindliches städtisches Gelände vorgesehen. Unerwartete Schwierigkeiten bei den Kaufverhandlungen veranlaßten jedoch die Firmengründer, sich nunmehr für einen Standort am linken, damals noch bayrischen Ufer des „Neurheins" zu interessieren und dortselbst noch im gleichen Monat rd. 30 Morgen landwirtschaftlich genutzte Fläche aufzukaufen (Abb. 2). Das Gelände befand sich an der südlichen Einfahrt des durch die Tullasche Rheinkorrektion 1827 angelegten und seit 1862 voll schiffbar gemachten „Friesenheimer Durchstichs" (Abb. 3). Die damit gleichzeitig gebotenen Ausdehnungsmöglichkeiten wurden von der BASF in der Folgezeit umfassend genutzt, so daß sich das Werk in seiner inzwischen über 100jährigen Geschichte zum größten geschlossenen Chemiekomplex Europas entwickeln konnte (Abb. 4).

Mit den in Tab. 5 angegebenen technisch-wirtschaftlichen Daten und als Produktionsschwerpunkt (BASF AG) eines weltweit engagierten Unternehmens (BASF-Gruppe) stellt es vielfältige Anforderungen an den ihn umgebenden Wirtschaftsraum. In ihrer Summe weisen sie das Werk Ludwigshafen a. Rh. als prägenden Faktor des industriellen Ballungsgebiets an Rhein und Neckar aus[13][14]).

2. Die Wasserversorgung des Chemiebetriebes

2.1. *Das Wasseraufkommen in der Chemischen Industrie*

2.1.1. *Anteil der Chemischen Industrie am gesamtindustriellen Wasserverbrauch*

Die Wasserversorgungsmöglichkeiten bestimmter Bedarfsstandorte haben sich für die Industrie zu einem regionalwirtschaftlichen Datum von außerordentlicher Bedeutung entwickelt. Als *nicht vermehrbare* und nur *in Grenzen substituierbare Gebietsressource* sind die örtlichen Wasservorkommen in quantitativer und qualitativer Hinsicht ständig *steigenden Anforderungen der Industrie* ausgesetzt[15]).

---

[13]) Zur Entstehung und Entwicklung des chemieindustriell geprägten Wirtschaftsraumes um Mannheim/Ludwigshafen einschließlich der hier angesiedelten Chemieunternehmen vgl. W. BANSBACH: Mannheim als Standort der Industrie. Diplomarbeit Mannheim 1921, S. 37 ff.; Bürgermeisteramt von der Stadt Ludwigshafen (Hrsg.): Geschichte der Stadt Ludwigshafen am Rhein. Ludwigshafen a. Rh. 1903, S. 527 ff.; H. CARO: Über die Entwicklung der chemischen Industrie von Mannheim/Ludwigshafen a. Rh. In: Zeitschrift für angewandte Chemie, 17. Jg., Nr. 37/1904, S. 1343 ff.; JULIUS EHRENHEIM: Die Industrie der Pfalz in ihren Standortgrundlagen. Diss. Heidelberg 1925, S. 4 ff. und 32 ff.; FRIEDRICH JULIUS GERBER: Mannheim als Industrie-Standort. Diss. Heidelberg 1931, S. 12 ff. und 48 ff.; FRITZ HECHELHAMMER: Ludwigshafen am Rhein als Industrie-Standort. Diplomarbeit Mannheim 1922, S. 48 ff.; HANS HORAK: Die Ludwigshafener Wirtschaft. In: Stadtverwaltung Ludwigshafen am Rhein (Hrsg.): Ludwigshafen am Rhein — Stadt der Chemie. Hanau 1963, S. 52 ff.; HELGA KUBE: Die Industrieansiedlung in Ludwigshafen am Rhein bis 1892 (Chemie und Metallverarbeitung). Diss. Heidelberg 1962, S. 58 ff.; HANS KURZ: Die Entwicklung der chemischen Industrie von Mannheim/Ludwigshafen. Diplomarbeit Heidelberg 1945, S. 15 ff. und 34 ff.
[14]) Zur Geschichte der Unternehmung vgl. BASF AG (Hrsg.): Im Reiche der Chemie. Düsseldorf/Wien 1965; WERNER LAIBLE: Die Entwicklung der Badischen Anilin- und Sodafabrik mit besonderer Berücksichtigung der Kriegs- und Nachkriegszeit, sowie ihre Bedeutung für die deutsche Volkswirtschaft und den deutschen Außenhandel. Diss. Erlangen 1924.
[15]) Die Frage, ob nicht gleichzeitig der technische Fortschritt zu einer Senkung des *spezifischen* Wasserverbrauchs führt, muß zunächst noch offen bleiben. Sie läßt sich ohnehin nicht einheitlich beantworten. Vgl. hierzu die Ausführungen über die „Rationalisierung der chemiebetrieblichen Wassernutzung" unter 2.3.

Tabelle 5

Technisch-wirtschaftliche Daten zum BASF-Werk Ludwigshafen*).
(Bezugsjahr: 1969)

Fläche	5,63 km²
max. Breite	1,9 km
werkseitiges Rheinufer	5,4 km
Rohrleitungen	1 773 km
Erdkabelleitungen	1 800 km
Befestigte Fahrstraßen	82 km
Anzahl der Gebäude (Fabrikationsanlagen, Werkstätten, Laboratorien, Verwaltungsgebäude, Tanklager usw.)	rd. 1 500
Eisenbahngleise	rd. 200 km
Nettoumsatz der BASF AG (einschließlich BASF-Magnetbandfabrik Willstätt bei Kehl, Produktionsbeginn Ende 1966, Umsatzbeteiligung 1968 rd. 3 %)	4 516 Mio. DM
Nettoumsatz der BASF-Gruppe	8 892 Mio. DM
Produktion verkaufsfähiger Produkte	6,1 Mio. t
davon: Düngemittel und sonstige Stickstoffprodukte	3,2 Mio. t
Kunststoffe (einschließlich Dispersionen, Kaurit-Leim und Vorprodukte für vollsynthetische Fasern)	1,6 Mio. t
Zahl der Mitarbeiter (BASF AG), Stand 31. März 1970	49 953
Produktionsbedingte Verbrauchszahlen:	
Kohle	700 000 t
Erdgas	120 Mio. m³
Rohöl, Heizöl, Benzin und andere Kohlenwasserstoffe	2,8 Mio. t
davon: Kohle und Heizöl für Energieerzeugung	1,4 Mio. t
Netzdampf	15,3 Mio. t
Strom	5,6 Mrd. kWh
(davon rd. 60 % Eigenerzeugung in den drei Kraftwerken in Ludwigshafen und je rd. 20 % Bezug vom BASF-Kraftwerk Marl bzw. von den RWE)	
Transportleistungen (einschließlich werksinterner Verkehr)	17,3 Mio t
davon: Eisenbahn	rd. 35 %
Schiff	rd. 35 %
Straßenfahrzeuge	rd. 30 %
Anteil der BASF am Gesamtumschlag des Hafens Ludwigshafen	> 60 %

*) Zusammengestellt aus BASF (Hrsg.): Daten und Fakten. Ausgabe 1970.

Statistisch ist man diesem typischen Korrelat einer jeden wachsenden Volkswirtschaft relativ spät nachgegangen. So wurden — über bloße Schätzungen hinausgehend — erstmals für das Jahr 1951 im Rahmen einer Zusatzerhebung zum Industriebericht die wichtigsten Daten zur industriellen Wasserversorgung ermittelt[16]). Die Freiwilligkeit der Berichterstattung durch die Industriebetriebe sowie die unterschiedliche Beteiligung der Bundesländer[17]) schränkten jedoch die Aussagekraft jener ersten Erhebung sowie von zwei weiteren Untersuchungen für die Jahre 1952 und 1955 erheblich ein. Das änderte sich erst mit Schaffung einer bundeseinheitlichen Regelung, die von 1957 ab die Pflicht zur Berichterstattung festlegte und damit gleichzeitig die vollständige Erfassung aller Bundesländer ermöglichte[18]).

Die von nun an alle zwei Jahre — zuletzt für 1965[19]) — erhobenen industriewasserwirtschaftlichen Tatbestände beziehen sich insbesondere auf das hier interessierende sog. *Wasseraufkommen*, worunter nach amtlicher Terminologie diejenigen Wassermengen zu verstehen sind, die bei den Industriebetrieben insgesamt anfallen, gleichgültig ob sie selbst gefördert (Eigenförderung) oder aber von Dritten bezogen wurden (Fremdbezug)[20])[21]). Den Ergebnissen dieser Erhebungen ist zu entnehmen, daß sich das industrielle Wasseraufkommen allein von 1951 bis 1965 von 4,4 Mrd. m³/a auf 11,4 Mrd. m³/a, somit um mehr als 150 %, gesteigert hat. Bezieht man die öffentliche Wasserversorgung mit ein, so fällt auf, daß sich für das industrielle Wasseraufkommen — über eine absolute Steigerung hinausgehend — auch ein sich ständig erhöhender Anteil an der gesamten Wasserförderung der BRD ergibt. Die entsprechenden Werte sind hier mit 66,6 % bzw. 82,4 % anzugeben (Abb. 6).

An dieser Entwicklung ist die Chemische Industrie maßgeblich beteiligt. Ihr Wasseraufkommen hat sich im genannten Zeitraum von 1,1 Mrd. m³/a auf 3,0 Mrd. m³/a erhöht. Das entspricht einer Beteiligung am Gesamtwasseraufkommen der BRD von 17,2 % bzw. 21,7 % (Abb. 6).

Auch bei einem Vergleich der einzelnen Industriezweige erweist sich die Chemische Industrie als besonders wasserintensiv: Sie ist am gesamten industriellen Wasseraufkommen mit 26,4 % beteiligt und steht somit noch knapp vor dem Kohlenbergbau[22]) an erster Stelle der industriellen Wassernutzer (Abb. 7).

---

[16]) Vgl. Bundesministerium für Wirtschaft (Hrsg.): Die Wasserversorgung der Industrie im Bundesgebiet 1951. Als Manuskript vervielfältigt. Bonn 1953.
[17]) 1951: Ohne Bremen und Hessen; 1952: ohne Baden-Württemberg und Bayern.
[18]) Rechtsgrundlage: Gesetz über die Allgemeine Statistik in der Industrie und im Bauhauptgewerbe vom 15. Juli 1957 (BGBl I S. 720) in der Fassung vom 26. April 1961 (BGBl I S. 477), zuletzt geändert durch die Fassung vom 24. April 1963 (BGBl I S. 202); Gesetz über die Statistik für Bundeszwecke (StatGes) vom 3. September 1953 (BGBl I S. 1314).
[19]) Vgl. Statistisches Bundesamt, Wiesbaden (Hrsg.): Wasserversorgung der Industrie 1965. Fachserie D, Reihe 5, II. Stuttgart und Mainz 1968.
[20]) Vgl. Statistisches Bundesamt, Wiesbaden (Hrsg.): Wasserversorgung der Industrie 1965, a. a. O., S. 3.
[21]) Weitere Angaben beziehen sich u. a. auf die Quellen des Wasseraufkommens sowie die Art seiner innerbetrieblichen Verwendung einschließlich Ableitung. Sie sind für den o. a. Sachzusammenhang nur von sekundärem Interesse und werden daher erst in den folgenden Abschnitten dieser Untersuchung heranzuziehen sein.
[22]) Der Anteil des Kohlenbergbaus am industriellen Wasseraufkommen fällt nur aus erhebungstechnischen Gründen so hoch aus (vgl. o. a. Definition des Begriffs „Wasseraufkommen"). Er darf nicht darüber hinwegtäuschen, daß rd. 50 % der insgesamt „geförderten" Mengen (= rd. 1,4 Mrd. m³) als Grubenwasser wieder ungenutzt abgeleitet werden.

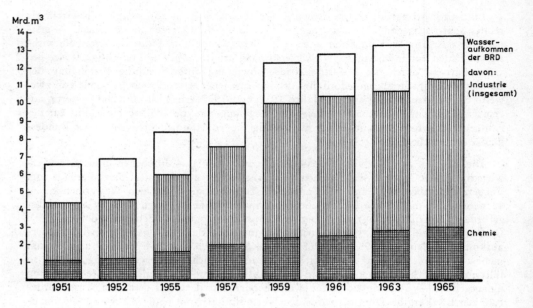

Abb. 6: Anteil der Chemischen Industrie am gesamten und industriellen Wasseraufkommen der Bundesrepublik

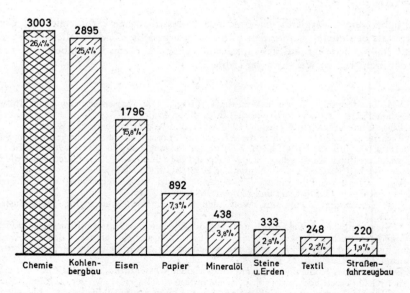

Abb. 7: Das Wasseraufkommen der Industrie nach Industriezweigen 1965 (in Mio. m³)

2.1.2. Regionale und betriebliche Begrenzung des Untersuchungsobjekts

Vermitteln die bisherigen statistischen Angaben bereits die Größenordnungen, mit denen hinsichtlich des Wasseraufkommens bei der Chemischen Industrie zu rechnen ist, so soll im Folgenden — gemäß der einleitend vermerkten regionalen und betrieblichen Begrenzung — aufgezeigt werden, in welchem Maße das Land Rheinland-Pfalz und hier wiederum die BASF an dieser Entwicklung beteiligt sind.

Ein Blick auf Abb. 8 weist Rheinland-Pfalz sowohl im Verhältnis zu den anderen Bundesländern als auch im Industriegruppenvergleich auf Landesebene als chemiewasserwirtschaftlich überproportional vertreten aus. Maßgeblich partizipiert hieran die BASF, deren Anteil trotz rückläufiger Tendenz auf Bundesebene mit gegenwärtig wohl um 25 % für Rheinland-Pfalz im Zeitraum von 1951 bis 1965 jeweils immer über 90 % lag (Tab. 9).

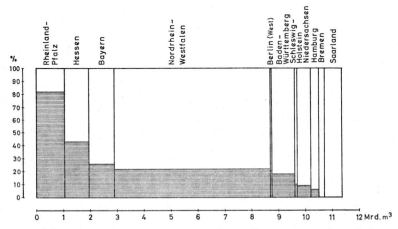

Abb. 8: Anteil der Chemischen Industrie am industriellen Wasserverbrauch der Bundesländer 1965

Nun sind regionalwirtschaftliche Aussagen, die ihren Bezugsrahmen ausschließlich von politisch bestimmten Grenzen erhalten, nur sehr bedingt verwertbar. Das trifft insbesondere für das Ballungsgebiet *Rhein — Neckar* zu, an dessen Wirtschaftsraum sich die Bundesländer Rheinland-Pfalz, Hessen und Baden-Württemberg in unterschiedlichem Ausmaß beteiligen. Sein Zeitraum ist gleichzeitig der Standort unseres chemiewasserwirtschaftlichen Untersuchungsobjekts.

Für *Rheinland-Pfalz* muß die Bedeutung der BASF insofern modifiziert werden, als sich die Chemische Industrie hier fast ausschließlich auf das vorderpfälzische Industriegebiet, genauer: auf das vorderpfälzische Vorland am Rhein mit Mittelpunkt Ludwigshafen, konzentriert hat[23]. Der überragende Anteil der BASF am industriellen wie chemieindustriellen Wasseraufkommen gilt somit auch für jenes linksrheinische Teilgebiet der Rhein-Neckar-Ballung.

---

[23] Vgl. hierzu die Ergebnisse der letzten amtlichen Zählung der nichtlandwirtschaftlichen Arbeitsstätten vom 6. Juni 1961, dargestellt in: Statistisches Bundesamt, Institut für Landeskunde, Institut für Raumforschung (Hrsg.): Die Bundesrepublik Deutschland in Karten. Kartenblatt 4311/3 (Beschäftigte in der chemischen und in der mineralölverarbeitenden Industrie in den kreisfreien Städten und Landkreisen). Mainz o. J.

Tabelle 9   Anteil der BASF am Wasseraufkommen der chemischen Industrie in Rheinland-Pfalz und im Bundesgebiet[27] [28]

Jahr	Ind. Wasseraufkommen Rheinland-Pfalz		Chemieindustrielles Wasseraufkommen Rheinland-Pfalz			Wasseraufkommen BASF		
	Insgesamt	Anteil am industriellen Wasseraufkommen der BRD	Insgesamt	Anteil am industriellen Wasseraufkommen in Rheinland-Pfalz	Anteil am chemieindustriellen Wasseraufkommen der BRD	Insgesamt	Anteil am chemieindustriellen Wasseraufkommen in Rheinland-Pfalz	Anteil am chemieindustriellen Wasseraufkommen der BRD
	1 000 m³	%	1 000 m³	%	%	1 000 m³	%	%
1951	504 281		372 512			336 740		
1952	489 828		356 369			536 180		
1955	739 375		558 493			569 305		
1957	970 979	12,7	765 315	78,9	38,7	715 045	93,5	**36,2**
1959	1 050 017	10,8	854 386	81,4	35,7	787 380	92,1	32,8
1961	986 765	9,5	799 147	81,0	31,3	728 710	91,2	28,6
1963	1 010 559	9,4	833 579	82,5	30,2	764 618	91,7	27,8
1965	1 063 605	9,3	869 314	81,6	28,9	798 122	91,9	26,6
1967						940 462		

Bei Einbeziehung von *Hessen* und *Baden-Württemberg* ergibt sich ebenfalls die Notwendigkeit der Eliminierung des nicht dem Rhein-Neckar-Gebiet zuzurechnenden Chemie-Wasseraufkommens. Allein durch Berücksichtigung eines ca. 60%igen Anteils der Farbwerke Höchst AG am Wasseraufkommen aus Oberflächenwasser (Main)[24] schrumpft der Anteil Hessens für das Jahr 1963[25]) von rd. einem Viertel auf gut ein Zehntel, was wiederum das ohnehin schon mit rd. zwei Dritteln beteiligte Rheinland-Pfälzische Wasseraufkommen in entsprechender Weise noch erhöht. Für Baden-Württemberg liegen die Werte unter 10 %[26]).

Somit bestätigt auch eine großräumigere Betrachtung erneut die dominierende Rolle der BASF als Großwasserverbraucher des Rhein-Neckar-Gebiets.

2.2. *Kategorien des chemiebetrieblichen Wasserbedarfs und die Möglichkeiten seiner Deckung*

2.2.1. *Überblick*

Lieferten die bisherigen Daten einen zunächst noch vordergründigen Beweis für die Wasserintensität des Chemiebetriebs, so soll nunmehr nach den spezifischen chemisch-technologischen Betriebsbedingtheiten gefragt werden, die jene Wasserintensität erst zu einer Anforderung an den Raum werden lassen. Die dabei zu entwickelnden Kategorien des betrieblichen Wasserbedarfs stehen mit ihren Reinwasseranforderungen differierenden quantitativen und qualitativen Merkmalen des örtlichen Wasseraufkommens gegenüber; ihre Überwindung und Ausrichtung auf die betrieblichen Erfordernisse schaffen das eigentliche chemiewirtschaftliche Wasserproblem.

Im Überblick lassen sich für die Chemische Industrie grundsätzlich vier Verwendungsbereiche der betrieblichen Wassernutzung nachweisen:

1. Kühlwasser,
2. Kesselspeisewasser,
3. sonstiges Fabrikationswasser und
4. Belegschaftswasser,

eine Unterteilung, deren Berechtigung im Einzelnen noch nachzuweisen sein wird, die aber allein schon den Vorteil besitzt, auch von der bereits mehrfach zitierten amtlichen Statistik benutzt zu werden, so daß hier eine direkte Vergleichbarkeit der wasserwirtschaftlichen Daten der BASF mit denen der Chemischen Industrie und anderer Industriezweige gegeben ist.

---

[24]) Rd. 185 Mio. m³/a; vgl. Statistisches Bundesamt Wiesbaden (Hrsg.): Wasserversorgung der Industrie 1965, a. a. O., S. 27 in Verbindung mit o. V.: Neue Wege zur Abluft- und Abwasserreinigung in Hoechst. In: Chemie-Ingenieur-Technik. 37. Jg., Nr. 10/1965, S. 1081, und THEODOR PLOETZ: Wasser in der Industrie. In: Kongreß und Ausstellung Wasser Berlin e. V. (Hrsg.): Kongreß und Ausstellung Wasser Berlin 1968, Vorträge, Berlin 1969, S. 106.

[25]) Es mußte auf die amtlichen Ergebnisse für 1963 zurückgegriffen werden, da die mit Fußnote 24 bezeichnete Quelle (Statistisches Bundesamt) für 1965 wegen Geheimhaltung von Einzelangaben keine Daten zum Wasseraufkommen der Chemischen Industrie in Baden-Württemberg machte. Die einander entsprechenden Mengen des Wasseraufkommens an Oberflächenwasser für 1963 sind dortselbst auf S. 27 wie folgt angegeben: Hessen: 318 Mio. m³/a, Rheinland-Pfalz: 789 Mio. m³/a und Baden-Württemberg: 92 Mio. m³/a.

[26]) Vgl. Statistisches Bundesamt (Hrsg.): Wasserversorgung der Industrie 1965, a. a. O., S. 27.

[27]) Die für den Zeitraum von 1951 bis 1965 gemachten statistischen Angaben (mit Ausnahme der BASF) beziehen sich auf die gleichen Quellen, wie bei Tab. 6 im Anhang jeweils angegeben.

[28]) Wegen der für 1951 bis 1955 bereits eingangs erwähnten Unsicherheiten in den wasserstatistischen Angaben auf Landes- und Bundesebene wurde auf den Ausweis der prozentualen Anteilswerte verzichtet; vgl. z. B. das für 1955 angegebene offizielle chemieindustrielle Wasseraufkommen von Rheinland-Pfalz mit dem der BASF.

Bei der Verwendung der im eigenen Betrieb genutzten Wassermenge kommt dem *Kühlwasserverbrauch* vorrangige Bedeutung zu. Der aus Tab. 11 ersichtliche Anteil liegt für die Chemische Industrie bei knapp 80 %, für die BASF im Jahre 1967 sogar noch um einiges höher. Eine erste Vorstellung von den Größenordnungen der Kühlwassernutzung im Vergleich zu den restlichen Wasserkategorien vermittelt außerdem Tab. 10 zum spezifischen Wasserverbrauch von drei chemischen Massenprodukten:

Tabelle 10

Spezifischer Wasserverbrauch von drei chemischen Massenprodukten[29])
(m^3/t Endprodukt)

Schwefelsäure: (bezogen auf SO_3)	Kesselspeisewasser	1,3
	Fabrikationswasser (Trinkwasserqualität)	0,2
	Kühlwasser	82,0
		83,5
Chlor:	Fabrikationswasser (vollentsalzt)	1,6
	Kühlwasser	11,0
		12,6
Polyäthylen:	Fabrikationswasser	6,0
	Kühlwasser	rd. 225,0
		231,0

Der Hinweis schließlich, daß bei modernen Produktionsanlagen für anorganische Schwerchemikalien und Kunststoffe mit Kapazitäten von einigen 100 tato zu rechnen ist, erklärt vollends den enormen Kühlwasserbedarf in der Chemischen Industrie sowie sein sprunghaftes Ansteigen bei Produktionsausweitung.

Es ist evident, daß sich unter diesen Umständen die Wasserversorgung des Chemiebetriebs zunächst als *quantitatives Problem* darstellt, dessen ökonomisch vertretbare Lösung nur im betriebsindividuellen Rückgriff auf die *natürliche Standortressource* Wasser bestehen kann. Tatsächlich fällt für die Chemische Industrie der Anteil der Eigenförderung am Gesamtwasseraufkommen mit rd. 90 % entsprechend hoch aus. Maßgeblich ist hieran wiederum die Eigenförderung aus Oberflächenwasser (Flüsse, Seen usw.) mit $>$ 50 % (ohne BASF) beteiligt. Die korrespondierenden Zahlen sind für die BASF mit 99 % bzw. 97 % anzugeben (Tab. 12).

---

[29]) Vgl. THEODOR PLOETZ: Wasser in der Industrie, a. a. O., S. 106.

Tabelle 11

Verwendungsbereiche der betrieblichen Wassernutzung[80])

Verwendungsbereich	Chemische Industrie im Bundesgebiet 1965						BASF			
	(einschließlich BASF)		(ohne BASF)		1965			1967		
	Mio. m³	%	Mio. m³	%	Mio. m³	%		Mio. m³	%	
Kühlwasser	2 296,438	78,5	1 687,638	79,4	608,80	76,3		761,53	81,0	
Kesselspeisewasser	68,379	2,3	56,179	2,6	12,20	1,5		15,10	1,6	
Sonstiges Fabrikations-wasser	526,342	18,0	352,962	16,6	173,38	21,7		160,00	17,0	
Belegschaftswasser	34,463	1,2	30,643	1,4	3,82	0,5		3,83	0,4	
Nutzungsaufkommen	2 925,622	100,0	2 127,422	100,0	798,20	100,0		940,46	100,0	
Ungenutzt abgeleitetes Wasser	10,933	—	10,933	—	—	—		—	—	
An Dritte abgegebenes Wasser	66,605	—	66,605	—	—	—		—	—	
Insgesamt	3 003,125	—	2 204,960	—	—	—		—	—	

2.2.2. Kühlwasserversorgung

2.2.2.1. Reinwasseranforderungen

Es gehört zu den Reaktionsgesetzen chemisch-technischer Verfahrensweise, daß Stoffumwandlungsvorgänge entweder exotherm oder endotherm verlaufen können. Der Chemiebetrieb hat durch seine apparativen Einrichtungen diese Wärmeeffekte zu berücksichtigen[31]). Dabei kann die Beheizung chemischer Apparate entweder durch unmittelbare Energiezufuhr[32]) oder durch stoffliche Wärmeträger erfolgen. Für die Kühlung kommt nur die letztere Möglichkeit in Betracht.

Tabelle 12

Quellen der betrieblichen Wasserversorgung[33])

Quelle	Chemische Industrie im Bundesgebiet 1965				BASF			
	(einschl. BASF)		(ohne BASF)		1965		1967	
	Mio. m³	%	Mio. m³	%	Mio. m³	%	Mio. m³	%
Eigenförderung von Oberflächenwasser ..	1 922,283	63,9	1 150,203	52,1	772,08	96,7	913,00	97,1
Eigenförderung von Grundwasser	776,294	25,8	755,674	34,3	20,62	2,6	21,96	2,3
Fremdbezug von Wasser ...	304,548	10,3	299,048	13,6	5,50	0,7	5,50	0,6
Insgesamt	3 003,125	100,0	2 204,925	100,0	798,20	100,0	940,46	100,0

---

[30]) Errechnet bzw. übernommen aus: Statistisches Bundesamt, Wiesbaden (Hrsg.): Wasserversorgung der Industrie 1965, a. a. O., S. 9 ff. Abweichungen in den Summen erklären sich nach gleicher Quelle durch Runden der Zahlen.

[31]) Vgl. WILHELM FOERST (Hrsg.): Ullmanns Encyklopädie der technischen Chemie. Dritte, völlig neu gestaltete Auflage. Bd. 1: Chemischer Apparatebau und Verfahrenstechnik. München-Berlin 1951, S. 1969 ff.; F. A. HENGLEIN: Grundriß der Chemischen Technik. 11., neu bearbeitete und erweiterte Auflage. Weinheim/Bergstraße 1963, S. 27 ff.; ROLF FREIER: Kesselspeisewasser — Kühlwasser. Technologie — Betriebsanalyse. 2., verbesserte und erweiterte Auflage, Berlin 1963, S. 118 ff.

[32]) Beheizung durch Brennstoffe, Strahlungsheizung, Elektrische Widerstandsheizung, Lichtbogen-, Induktions- und dielektrische Heizung.

[33]) Errechnet bzw. übernommen aus: Statistisches Bundesamt, Wiesbaden (Hrsg.): Wasserversorgung der Industrie 1965, a. a. O., S. 5 ff. Da die BASF nur für die Zusatzerhebung zum Industriebericht eine Aufschlüsselung des betrieblichen Wasserbedarfs nach Verwendungsbereichen vornimmt, mithin zuletzt für 1967, wurden auch hinsichtlich der Wasserquellen zur besseren Vergleichbarkeit mit Tab. 11 die entsprechenden Jahre herangezogen. Für 1969 ergibt sich folgende Aufteilung: Oberflächenwasser: 1 066,0 Mio. m³ (97,5 %), Grundwasser: 22,4 Mio. m³ (2,0 %) und Fremdbezug: 6,1 Mio. m³ (0,5 %).

Großen Anteil hat hier das Wasser als Kühlflüssigkeit. Es kann als solche verwendet werden

1. *in Bädern,* in welche die zu kühlenden Reaktionsgefäße getaucht werden,
2. *in Mantelgefäßen,* welche die Reaktoren fest umschließen, und
3. *in Kühlelementen,* wie z. B. Rohrschlangen, die das zu kühlende Medium durchlaufen[34]).

Ganz überwiegend bleiben die Kühlvorgänge allerdings auf reine Kondensation beschränkt, d. h. auf die Verflüssigung von Dämpfen, und hier vor allem Wasserdämpfen, die nach ihrer Verwendung als Heizmittel mit ihrem Kondensat erneut der Netzdampferzeugung zugeführt werden. Als Wärmeaustauscher dient grundsätzlich der Rohrbündelkondensator in seinen verschiedenen konstruktiven Spielarten.

Diese wenigen technischen Hinweise lassen bereits erkennen, daß für die obengenannte Form der Durchflußkühlung die Sicherstellung ausreichender Kühlwassermengen von entscheidender Bedeutung ist. Die qualitativen Anforderungen sind dagegen im allgemeinen nicht sehr hoch. Sie lassen sich in physikalischer, chemischer und biologischer Hinsicht wie folgt zusammenfassen:

1. Kühlwasser soll nach Möglichkeit frei von Schwebstoffen sein (< 5 mg/l)[35]). Anderenfalls besteht die Gefahr, daß es zu Ablagerungen und Verstopfungen im Kühlsystem kommt, wodurch der Vorgang des Wärmeaustauschs beeinträchtigt, wenn nicht sogar unmöglich gemacht wird.

2. Kühlwasser soll zur Vermeidung von Korrosion und Verkrustung des Kühlsystems eine neutrale bis schwach basische Reaktion zeigen (pH 7 bis pH 9), einen Gesamtsalzgehalt von $< 3\,000$ mg/l aufweisen sowie eine Karbonathärte von $< 6°$ dH[36]) enthalten[35]). Die Notwendigkeit zur Entkarbonisierung entfällt lediglich für ein Kühlwasser bis 55 °C (Oberflächentemperatur). Schließlich sollte der Anteil an freier Kohlensäure wegen ihrer rostschutzverhindernden und metallangreifenden Wirkung gering sein (< 10 mg/l).

3. Die Belastung des Kühlwassers mit organischen Verunreinigungen sollte sich im unteren Grenzbereich bewegen. Nicht nur, daß Algen- und Bakterienwachstum im Kühlsystem zur Bildung eines „biologischen Rasens" führen kann, mit der unerwünschten Wirkung des verminderten Wärmeaustauschs; im fortgeschrittenen Sta-

---

[34]) Kühlfunktionen erfüllt das Wasser auch nach seiner Überführung in Eis. Es wird in der BASF vornehmlich im Farbenbetrieb eingesetzt. Der Gesamtverbrauch lag 1968 bei rd. 48 000 t.

[35]) Vgl. hierzu auch Rolf Freier, a. a. O., S. 119.

[36]) Die Wasserhärte wird noch überwiegend in Deutschen Härtegraden (°dH) angegeben.
$1°$ dH $\triangleq 10{,}0$ mg/l Ca O
$\triangleq 17{,}9$ mg/l Ca CO$_3$
$\triangleq 28{,}9$ mg/l Ca (HCO$_3$)$_2$

Andere Maßeinheiten sind z. B. „ppm" (parts per million), mit dem Vorteil der direkten Umrechnung in die Molkonzentration: 100 ppm als CaCO$_3$ = 1 Mol/kg bzw. „mval/l" (Millival oder Milligrammäquivalent je Liter), für die folgende Umrechnungsmöglichkeiten bestehen:

$$1 \text{ mval} = \frac{1 \text{ mmol}}{\text{Wertigkeit der Erdalkaliionen } (= 2)}$$

x mval/l $\cdot$ 2,8 = °dH

dium setzen vielmehr Faulprozesse ein, deren Folgeprodukte, wie organische Säuren, Schwefelwasserstoff und Ammoniak, korrodierende Wirkung haben. Das weitere Wachstum des Rasens führt letztlich zur völligen Verschlammung und damit Funktionsaufgabe des Kühlers.

Selbst diese wenigen Anforderungen an die Wassergüte werden nur selten mit den qualitativen Merkmalen des örtlichen Wasservorkommens übereinstimmen. Aufbereitende Maßnahmen sind deshalb die logische Konsequenz für bestehende Disparitäten.

2.2.2.2. Rohwasseranalyse des Flußwassers

Nach der Formulierung von Reinwasseranforderungen soll nunmehr die Eignung des örtlichen Wasservorkommens für chemiebetriebliche Kühlzwecke untersucht werden.

Dabei ist zunächst das *Mengenproblem* zu beachten, das sich zwangsläufig aus dem hohen Wasserverbrauch einer Durchflußkühlung ergibt. Es verweist die Chemische Industrie bei ihrer Standortwahl grundsätzlich in die Nähe ausreichender Wasservorkommen. Für die BASF ist es der Rhein, der die Kühlwasserversorgung mengenmäßig sicherstellt. Ihm entnimmt das Werk im Jahresmittel rd. 34 m³/s[37]). Das sind bei einem Mittelwasser des Rheins von rd. 1 300 m³/s noch nicht einmal 3 % seiner Wasserführung. Selbst bei Verwendung der seit 1921 bekanntgewordenen absolut niedrigsten Abflußmenge als Bezugsbasis wird ein Anteil von 10 % nicht überschritten (Tab. 13).

Wird nach den *qualitativen* Merkmalen des örtlichen Wasservorkommens gefragt, so sind die Verhältnisse zumeist nicht mehr so günstig zu beurteilen. Oberflächengewässer, und hier insbesondere Flußwasserläufe, können heute nicht mehr als unberührte Naturerscheinungen angesehen werden. Zu vielfältig sind die Einwirkungsmöglichkeiten der modernen Industriegesellschaft, als daß die biologische Selbstreinigungskraft der Gewäs-

Tabelle 13

	Abflußspenden des Rheins 1936 bis 1965 (ohne 1945)[38])[39])				
	m³/s				
Pegel	Niedrigwasser NQ	Mittelwasser MQ	Hochwasser HQ	Absolut niedrigste Abflußmenge 1936 bis 1965 seit 1921 NNQ	
Maxau	340	1 220	4 350	340 (4. November 1947)	340 (4. November 1947)
Worms	408	1 370	5 600	408 (5. November 1947)	370 (29. März 1921)

[37]) Bezugsbasis: Flußwasserförderung der BASF 1969 = 1,066 Mrd. m³.
[38]) Entnommen aus: Landesamt für Gewässerkunde Rheinland-Pfalz, Mainz (Hrsg.): Deutsches Gewässerkundliches Jahrbuch. Rheingebiet. Abflußjahr 1965. Mainz 1968, S. 113 und 114.
[39]) Die einander gegenübergestellten Pegel Maxau und Worms lassen deutlich den Einfluß des Neckars erkennen, in dessen Mündungsbereich die BASF liegt. Seine Wasserführung wirkt sich damit zwangsläufig auch auf die wasserwirtschaftliche Situation des Werkes aus.

ser ein ausreichendes Regulativ sein könnte. Der Rhein macht hier keine Ausnahme. Die BASF-interne Rohwasseranalyse zeigt deutlich den Stand der erreichten Verunreinigung (Tab. 14). Danach sind es insbesondere

1. die nachgewiesenen suspendierten Stoffe, deren Werte zudem noch stark streuen, sowie
2. der Gehalt an oxidierbaren organischen Verunreinigungen,

die eine Aufbereitung des Flußwassers notwendig machen.

Tabelle 14

	Chemisch-physikalische Wasseruntersuchung (Rheinwasseranalytik 1964[1])		
Bezeichnung der Probe:	Rohwasser bzw. Kiesfiltrat Einlaufwerk BASF Süd		
Beschaffenheit bei der Entnahme:	*Jahres-durchschnitt* trüb	*Maxima*	*Minima*
Wasserstand (Pegel L3)[2]) .... cm	285	581 (885)[3])	145 (88)
Feststoffe (105 °C) .... mg/l	3	10	1
Temperatur des Wassers .... °C		23	0
pH-Wert	7,3		
Abdampfrückstand (105 °C) .... mg/l	430	620	220
dessen Glührückstand (685 °C) ... mg/l	345 (80)	515 (83)	160 (73)
Oxidierbarkeit, KMnO$_4$ .... mg/l	28	50	20
p-Acidität .... mval/l	0,25	0,30	0,20
m-Acidität .... mval/l	0/4,2[4])	0/7,5[4])	0/1,5[4])
p-Alkalität .... mval/l	0	0	0
m-Alkalität .... mval/l	2,70	3,0	2,0
Gesamthärte .... °d	10,1	11,6	7,3
Karbonathärte .... °d	7,6	8,4	5,6
Nichtkarbonathärte .... °d	2,5	3,2	1,7
Freie Kohlensäure, CO$_2$ .... mg/l	11,0	13,2	8,8
Zugehörige Kohlensäure CO$_2$ für 15 °C mg/l	4,8	7,5	2,0
Überschüssige Kohlensäure, CO$_2$ .... mg/l	vorh.	vorh.	vorh.
Kohlensäure-Defizit, CO$_2$ (berechnet nach Tillmans)........ mg/l	0	0	0
Sauerstoff, O$_2$, Sättigungsgrad Rohwasser %	70	82	59
Filtrat %	45	50	32

Tabelle 14 (Fortsetzung)

Fortsetzung Rheinwasseranalytik 1964:		Jahres-durchschnitt	Maxima	Minima
Kationen:				
Calcium, Ca^{2+}	mg/l	57	65	41
Magnesium, Mg^{2+}	mg/l	9[5])	11	7
Gesamteisen, Fe^{2+}	mg/l	$\leq$0,1	0,5	
Mangan, Mn^{2+}	mg/l	0		
Natrium, Na^+	mg/l	75[6]) [7])	140	25
Kalium, K^+	mg/l	7	11	3
Ammonium, NH_4	mg/l	0,5	1,5	0,2
Anionen:				
Hydrogenkarbonat, HCO_3^-	mg/l	165	103	122
Sulfat, SO_4^{2-}	mg/l	39	44	35
Chlorid, Cl^-	mg/l	116[6])	230	23
Nitrat, NO_3^-	mg/l	4	7	2
Nitrit, NO_2^-	mg/l	0,4	3	0
Phosphat, PO_4^{3-}	mg/l	0,4	1	0,2
Schwefelwasserstoff, Sulfid, S^{2-}	mg/l	<0,1		
Silikat, SiO_2	mg/l	3	4	2

1) Die Werte der Tabelle ergaben sich aus der Flußwasserkontrolle im Zeitraum Oktober 1963 bis Januar 1965. Sie decken sich im wesentlichen mit den im Zeitraum 1957 bis 1962 und bis einschließlich 1968 ermittelten Daten.

2) Werte ohne () sind Durchschnittswerte ab 1957. Eigentliche Extremwerte sind in () gesetzt.

3) Aus dem Jahre 1955.

4) Aus der Tabelle errechnete Werte für entbastes Wasser werden durch zugehörige Kationenäquivalente (4, 3/7, 5/1, 8) bestätigt.

5) 21 % der Gesamthärte wird durch Mg verursacht.

6) Die NaCl-Konzentration wird wesentlich beeinflußt durch die Abwässer der Kaliindustrie am Oberrhein. Die Werte der Spalte „Jahresdurchschnitt" gelten für einen Wochendurchschnitt bei mittlerem Wasserstand unter gleichzeitiger Berücksichtigung der in Tab. 30 angegebenen und periodisch wechselnden NaCl-Konzentrationen.

7) Der Alkalianteil am Gesamtkationengehalt, mval/l im Entkarbonisat, beträgt (3,44 : 5,05) = 68 % (im Brunnenwasser = 46 %).

2.2.2.3 Gewinnung und Aufbereitung des Flußwassers

Die chemiebetriebliche Flußwasseraufbereitung beschränkt sich zunächst auf die Beseitigung bzw. Verringerung des *Feststoffgehalts* im Rohwasser. Grob- und feinmechanische Siebreinigung, Absetzbecken und Filtration sind die üblichen verfahrenstechnischen Hilfsmittel. Eine chemische Behandlung, wie Flockung, Entkarbonisierung, Kationen- und Anionenaustausch sowie Entgasung, verbietet sich bei den im Regelfall geförderten großen Wassermengen allein schon aus wirtschaftlichen Gründen. Einzig die Behandlung der *organischen* Verunreinigungen verlangt den Zusatz von Chemikalien mit bakterizider und fungizider Wirkung (z. B. Chlor, Natriumhypochlorid).

An der Flußwasserversorgung des Ludwigshafener Werks der BASF beteiligen sich die drei Wasserwerke Süd, Mitte und Nord mit den in Tab. 15 angegebenen Einlauf- bzw. Filterkapazitäten. Sie entnehmen dem Rhein die Wassermengen mit Heberleitungen und Einlaufwerken. Die Verwendung von Heberleitungen läßt sich historisch begründen, da die Werksgrenzen ursprünglich nicht bis zum Rheinufer gehen durften, um die Uferkante für das Treideln der Schiffe freizuhalten bzw. den Rheindamm aus Gründen des Hochwasserschutzes nicht zu beschädigen.

Tabelle 15

		Einlauf- und Filterkapazitäten der Wasserwerke der BASF			
Werk	Rhein-km	Einlaufkapazität m³/h		Filterkapazität m³/h	
Süd	426,0 + 07	Heberleitungen	14 000	Offenfilter	24 000
	426,2 + 74	Heberleitungen	14 000		
Mitte	427,9 + 90	Einlaufwerk	54 000	Offenfilter	20 000
	428,0 + 24	Einlaufwerk	23 000	Druckfilter	28 000
Nord	429,5 + 38	Heberleitungen	40 000	Offenfilter	62 000
	429,5 + 84	Einlaufwerk	36 000		
Insgesamt			181 000		134 000

Die Reinigung des Flußwassers — in den Wasserwerken Süd und Mitte bis 1955 zu 90 % lediglich auf grob- und feinmechanische Siebreinigung beschränkt, im Oppauer Werksteil dagegen von vornherein (1912) in offener Sandfilteranlage durchgeführt — geschieht heute entweder in offenen Kiesfiltern oder in Druckfiltern. Die größere Störanfälligkeit von offenen Kiesbettfiltern bei plötzlich auftretenden Schmutzwasserwellen im örtlichen Flußwasser hat die BASF 1964 zum Bau eines Druckfilterwasserwerks veranlaßt. Es kann der technischen Auslegung nach zu den modernsten seiner Art gerechnet werden. Deshalb sei im folgenden auch am Beispiel dieser Anlage der Weg des Rohwassers bis zum aufbereiteten Kühlwasser etwas näher erläutert (Abb. 16).

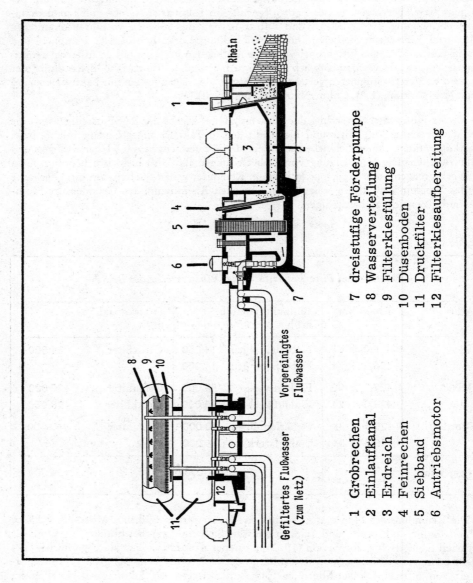

Abb. 16: *Wasserwerk Mitte der BASF (Druckfilteranlage)*

Abb. 17: Druckfilterwasserwerk Mitte

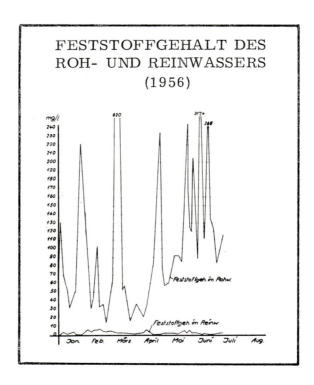

Abb. 18: Feststoffgehalt im Roh- und Reinwasser (1956)

Vor den Einlaufwerken halten Schwimmstoffabweiser zunächst leicht entzündliche Stoffe, wie z. B. von der Rheinschiffahrt stammende Öle, dem betrieblichen Flußwassernetz fern. Sodann durchfließt das Rheinwasser einen Grobrechen (lichter Stababstand 60 mm), einen Feinrechen (lichter Stababstand 15 mm) und schließlich ein umlaufendes Siebband (V2A-Gewebe, Maschenweite 0,8 mm). Bei der sich hieran anschließenden Druckreinigung wird das Wasser bei einem Betriebsdruck von 4 bis 5 at durch 2,5 m starke Filterkiesfüllungen (Körnung 1,2 bis 2,2 bzw. 2 bis 3 mm) gepreßt und an das Flußwassernetz des Werkes abgegeben. Es durchzieht das Werk mit Rohrdurchmessern von 50 bis 1 800 mm und hatte 1968 eine Länge von rd. 140 km erreicht. Der Filtervorgang vollzieht sich in 12 Stahlbehältern von je 6 m Durchmesser und 25 m Länge, die als Freiluftanlage in 2 Schichten zu je 6 Stück übereinander angeordnet sind (Abb. 17). Das Einlaufwerk liegt mit seiner Sohle rd. 11,5 m unter der Erdoberfläche des Rheinvorlandes, damit auch bei niedrigstem Wasserstand noch genügend Wasser gefördert werden kann. Die Laufzeiten der Filter bestimmen sich weitgehend nach dem Grad der Rheinwasserverschmutzung; sie betragen im allgemeinen 8 bis 10 Stunden. Danach muß 40 bis 50 Minuten rückgespült werden, zunächst 20 Minuten mit einem Luft-Wasser-Gemisch und anschließend mit bereits vorgereinigtem Filtratwasser (Luftgeschwindigkeit = 70 bis 80 m/h, Wassergeschwindigkeit = 20 bis 30 m/h).

Der Abscheidegrad der Druckfilteranlage bewegt sich je nach Belastung und Feststofffracht des Rheins zwischen 75 und 95 %. Um die Wirksamkeit der Filtration voll zu würdigen, muß man sich vergegenwärtigen, daß die Schwebstofffracht des Rheins bei normalem Wasserstand 10 bis 30 mg/l, nach längeren Regen- und Hochwasserperioden das 10fache und mehr dieser Werte betragen kann (Abb. 18 und Tab. 19). Eine gänzlich ungefilterte Flußwasserversorgung der BASF würde somit stündlich im Normalfall rd. 1,2 bis 3,6 t, im Extremfall 12 bis 36 t und mehr Feststoffe in das betriebliche Netz gelangen lassen[40]).

Zur Verhinderung der organischen Ablagerungen bzw. des biologischen Wachstums im Kühlsystem hat die BASF schon frühzeitig ihre offenen Kühlwasserkreisläufe gechlort. Nachdem jedoch die kontinuierliche Zugabe aktiven Chlors infolge sich einstellender Chlorresistenz organischer Lebewesen wirkungslos blieb, ging auch die BASF zur Stoßchlorung über, d. h. zur stoßweisen Zugabe von Chlor in das Spülwasser während der Luft-Wasser-Spülung mit einer Konzentration von 20 bis 40 mg/l. Dieser hohe Chlorüberschuß hält nicht nur die biologischen Wachstumsprozesse im Kühlsystem weitgehend unter Kontrolle, sondern bedeutet gleichzeitig eine Ersparnis an Dosierchemikalien.

Tabelle 19

Feststoffgehalt des Roh- und Reinwassers (Druckfilterwerk Mitte, Jahresmittelwerte in mg/l)		
	Rohwasser	Reinwasser
1967	31	9
1968	30	9
1969	37	12

[40]) Bezugsbasis: Flußwasserförderung der BASF 1969: 1,066 Mrd. m³.

Abb. 20 zeigt die Entwicklung des Flußwasserverbrauchs seit Gründung der BASF. Das Profil kann zugleich als Gradmesser der jeweiligen Produktionstätigkeit angesehen werden: Deutlich sind die Zeiten weltwirtschaftlich bzw. -politisch bedingter Produktionseinschränkung zu erkennen, ebenso aber auch der sprunghafte Anstieg seit Ende des Zweiten Weltkrieges. (Zur rückläufigen Flußwasserförderung 1959 bis 1962 vgl. S. 55 f.).

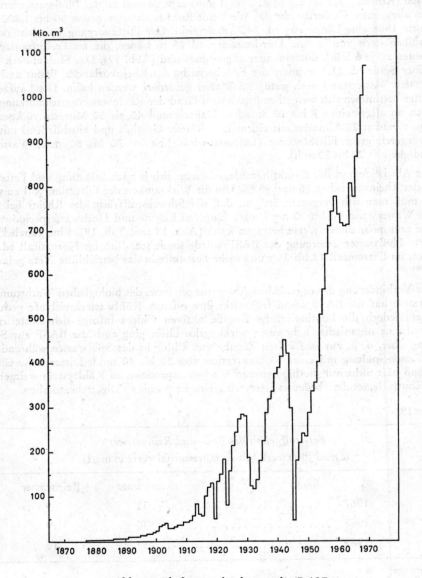

Abb. 20: Flußwasserförderung der BASF

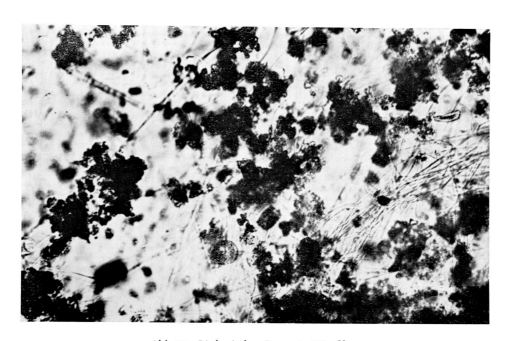

Abb. 21: Biologischer Rasen in Kiesfiltern

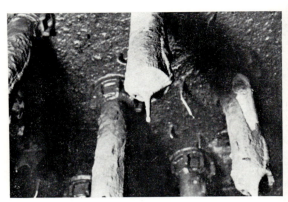 

Abb. 22 u. 23: Verschlammte (links) und gereinigte (rechts) Luftpolsterrohre (Druckfilterwerk Mitte)

 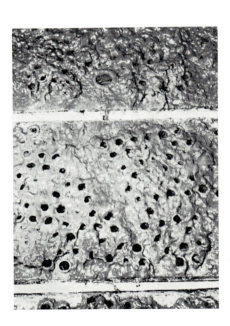

Abb. 24 u. 25: Verschlammter Kondensator

2.2.2.4. Betriebliche Schwierigkeiten bei der Flußwasserversorgung

Trotz der geschilderten Aufbereitungsmaßnahmen geben die Verunreinigungen des Rheinwassers Anlaß zu Schwierigkeiten in der Flußwasserversorgung. Sie treten zwangsläufig in den betriebseigenen Wasserwerken zuerst auf und führen hier zu frühzeitigem Absinken der Filterleistungen.

Es wurde bereits angedeutet, daß die Rückspülhäufigkeit als Gradmesser der Rheinwasserverschmutzung angesehen werden kann. Zunächst sind hierfür die suspendierten Stoffe verantwortlich zu machen, wobei die BASF-Erfahrung lehrt, daß es weniger der gewichts- oder volumenmäßige Anteil im Rohwasser zu sein scheint, der seine Filtrationsfähigkeit herabsetzt, als vielmehr die Konsistenz bzw. Struktur dieser Stoffe. Als Merkmale mit abnehmendem Filtrationsverhalten werden genannt: sandig, feinkörnig-tonig, sperrig-faserig.

Eine verminderte Filterwirkung läßt sich auch auf den als BSB_5[41]) mit 3 bis 10 mg/l angegebenen organischen Stoffen im Rheinwasser zurückführen, da sie das Wachstum von Algen, Pilzen (Sphärotilus), Bakterien und sonstigen Organismen im Kiesbett und in den Filterdüsen begünstigen. Die Folge ist eine Verschleimung bzw. Verstopfung, die auch durch normale Rückspülung nicht beseitigt werden kann. Erst die erwähnte Stoßchlorung hat wirksame Abhilfe geschaffen (Abb. 21, 22 und 23).

Aber nicht nur in den Wasserwerken, sondern auch in den Produktionsbetrieben, die auf die Verwendung von Durchflußkühlern angewiesen sind, treten infolge der organischen Belastung ähnliche Schwierigkeiten auf. So können Kondensatoren auf Grund der erwähnten biologischen Wachstumsprozesse im Laufe der Zeit total verschlammen und ihre Funktion einstellen (Abb. 24 und 25). Die hierdurch notwendig werdenden Reinigungsarbeiten stellen unter wirtschaftlichen Gesichtspunkten eine zeitraubende und damit kostspielige Betriebsunterbrechung dar.

Weiterhin kann auch die unterschiedliche Wasserführung des Rheins die Versorgungslage des Chemiebetriebes stark beeinträchtigen, insbesondere wenn die Wasserentnahme noch mit Heberleitungen erfolgt. So wird in der BASF berichtet, daß am 4. November 1947 mit dem Absinken des Rheinwasserspiegels auf 90 cm das Wasserwerk Nord seine Förderleistung wegen ungenügender Eintauchtiefe der Rohrschenkel von 300 000 m³/Tag auf 240 000 m³/Tag einschränken mußte. Mit welchen Schwankungen hier zu rechnen ist, zeigen überdies die laufenden Pegelbeobachtungen des Rheins am Standort Mannheim/Ludwigshafen. So folgt dem extrem niedrigen Wasserstand von 86 cm am 4. Januar 1954 bereits ein Jahr später am 17. Januar 1955 mit 8,83 m der bisher höchste Stand dieses Jahrhunderts (Tab. 26).

Schließlich soll noch auf die jahreszeitlich bedingten Schwankungen und die damit notwendigerweise verbundenen kapazitiven Schwierigkeiten in der betrieblichen Flußwasserversorgung hingewiesen werden. Mit Temperaturanstieg des Kühlwassers vermindert sich bei sonst gleichen Bedingungen das Temperaturgefälle als treibende Kraft der stofflichen Wärmeübertragung. Um definierte Wärmeübergangsverhältnisse aufrechtzuerhalten, muß die Strömungsgeschwindigkeit des wärmeabführenden Mediums und da-

---

[41]) Der biochemische Sauerstoffbedarf (BSB) dient als Maßstab für den biologischen Verschmutzungsgrad eines Gewässers. Er wird als diejenige Sauerstoffmenge definiert, den die Mikroorganismen zum oxidativen Abbau organischer Stoffe im Wasser bei 20 °C und einer Zehrungsdauer von 5 Tagen (BSB_5) benötigen.

mit der spezifische Kühlwasserverbrauch erhöht werden. Diagramm 27 zeigt deutlich, wie bei der BASF mit steigender Rohwassertemperatur sich zwangsläufig auch die Flußwasserförderung erhöht.

Tabelle 26

Hauptzahlen zu den Wasserständen des Rheins[42])						
Pegel: Mannheim (cm)						
1956 bis 1965					seit 1801	
NW	MNW	MW	MHW	HW	**NNW**	HHW
92	130	292	591	734	92	943
					(7. Februar 1963)	(3. November 1824)

NNW	: Überhaupt bekannter niedrigster Wert
NW	: Niedrigster Wert im betrachteten Zeitraum
MNW	: Mittlerer niedrigster Wert im betrachteten Zeitraum
MW	: Mittelwert (arithm. Mittel) im betrachteten Zeitraum
MHW	: Mittlerer höchster Wert im betrachteten Zeitraum
HW	: Höchster Wert im betrachteten Zeitraum
HHW	: Überhaupt bekannter höchster Wert

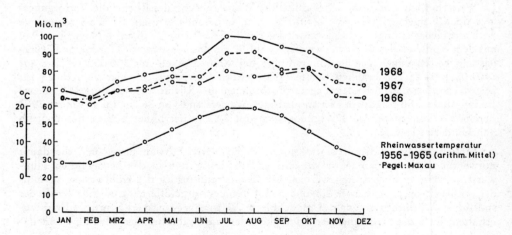

Abb. 27: Flußwasserförderung der BASF und Wassertemperatur des Rheins

[42]) Landesamt für Gewässerkunde Rheinland-Pfalz in Mainz (Hrsg.): Deutsches Gewässerkundliches Jahrbuch, a. a. O., S. 34.

2.2.3. *Kesselspeisewasserversorgung*

2.2.3.1. *Reinwasseranforderungen*

Die im Überblick bereits genannte zweite Kategorie des chemiebetrieblichen Wasserbedarfs, das Kesselspeisewasser, tritt in der mengenmäßigen Bedeutung gegenüber dem Kühlwasser weit zurück (Tab. 11). Dafür sind die Reinwasseranforderungen mit ihren Qualitätsnormen ungleich höher anzusetzen. Sie zwingen den Chemiebetrieb zu umfangreichen und kostspieligen Aufbereitungsmaßnahmen.

Bevor das Kesselspeisewasser seine betrieblichen Funktionen erfüllen kann, muß es in den dampfförmigen Aggregatzustand übergeführt werden. Ob als Heizmittel oder Roh- bzw. Hilfsstoff für chemische Reaktionen, der Bedarf an Prozeßdampf ist extrem hoch (Tab. 5). Ein Fremdbezug scheidet wegen der Wärmeübertragungsverluste bei größeren Entfernungen weitgehend aus, so daß die Chemieindustrie grundsätzlich bestrebt ist, ihren Bedarf am jeweiligen Standort durch Selbsterzeugung zu decken. In ökonomisch sinnvoller Weise läßt sich das am besten durch Verbund mit der betrieblichen Elektrizitätswirtschaft erreichen. Daher wird zunächst Höchstdruckdampf von 100 bis 200 at erzeugt, um ihn anschließend in Gegendruckturbinen unter gleichzeitiger Umwandlung von mechanischer in elektrische Energie auf verschiedene, verfahrenstechnisch zu fordernde Druckstufen zu entspannen[43]). Es ist evident, daß sich die noch zu definierenden Reinwasseranforderungen für Kesselspeisewasser in erster Linie auf die Bedingungen des Dampfkesselbetriebes zu beziehen haben. Die roh- bzw. hilfsstoffmäßige Beteiligung des Wasserdampfes am Prozeßgeschehen soll daher zunächst noch unerörtert bleiben.

Auch für die Dampfgewinnung gilt die bereits in anderem Zusammenhang erwähnte thermodynamische Forderung nach optimalen Wärmeübergangsverhältnissen. Das bedeutet hier sowohl die Verwendung eines Heizflächenmaterials mit hoher Wärmeleitfähigkeit als auch die Tendenz zu steigenden spezifischen Heizflächenbelastungen. Die Entwicklung vom Einflammrohrkessel über den Schrägrohrkessel bis hin zu dem modernen Höchstdruck-Steilrohrkessel (Benson) gibt deutlich das Bestreben nach Verwirklichung dieses Grundsatzes wieder.

Nun hat sich aber mit dem erreichten Stand der konstruktiven Verbesserungen der mechanische und thermische Beanspruchungsgrad derart erhöht, daß zusätzliche Belastungen durch Verunreinigungen aus dem Speisewasser möglichst minimal zu halten sind. So kann z. B. schon eine 0,2 mm starke Kesselsteinschicht zu lokalen Überhitzungserscheinungen und damit zu Ausbeulungen an den Rohren führen — ganz abgesehen von den verhängnisvollen Wirkungen der unmittelbar zerstörenden Verunreinigungen, wie der freien Säuren, CO_2, O_2 und diversen Salzen[44]).

Für das Kesselspeisewasser ergibt sich somit die Forderung, daß es insbesondere frei von 1. Korrosionserregern und 2. Härtebildnern sein muß. Der für einen störungsfreien Dampfkesselbetrieb notwendige hohe Reinheitsgrad zeigt sich auch in den Richtwerten der BASF für vollentsalztes Kesselspeisewasser (Tab. 28).

---

[43]) Hochdruck (HD): 40 bis 100 at; Mitteldruck (MD): 14 bis 20 at; Niederdruck (ND): 1,5 bis 6 at.
[44]) Vgl. F. A. Henglein: Grundriß der Chemischen Technik, a. a. O., S. 275.

Tabelle 28

Anforderungen an vollentsalztes Wasser (BASF)	
Na$^+$	0,005 mg/l
Kieselsäure	0,02 mg SiO$_2$/l
Gesamthärte	0,005 °dH
Leitfähigkeit	0,1 µS cm^{-1}
pH	9

2.2.3.2. Rohwasseranalyse des Grundwassers

Der mit höchstem Reinheitsgrad gepaarte verminderte Mengenanspruch hat das örtliche Flußwasservorkommen als Rohwasserquelle für die Dampferzeugung lange Zeit hindurch grundsätzlich ungeeignet erscheinen lassen. Als Quelle bot sich daher zunächst das Grundwasser an, das am Standort der BASF die sandigen Kiese des Oberrheingrabens in zwei — durch Tonlagen voneinander getrennten — Stockwerken durchfließt bzw. ausfüllt.

Die *mengenmäßige* Ergiebigkeit wird hier mit einer Kleinstabflußmenge von 4 bis 5 l/km² angegeben[45]). Diese an sich bereits günstig zu beurteilenden Grundwasserspenden können sich durch die mehr oder weniger starke Anreicherung mit Rheinuferfiltrat noch wesentlich erhöhen.

Um sich eine Vorstellung über den Anteil der BASF am örtlichen Grundwasseraufkommen zu verschaffen, muß über die Fläche des Werkes (1969: rd. 5,6 km²) hinaus ein größeres Einzugsgebiet berücksichtigt werden. Trotz aller Unsicherheit, die bei den Wasserwirtschaftlern hinsichtlich der Ausdehnung von Grundwassereinzugsgebieten bzw. der Fließgeschwindigkeiten in den tieferen Stockwerken besteht, sei für die BASF einmal das unmittelbare Hinterland, mithin das Gebiet der „Grauen Serie" und der „Niederterrasse", als Grundwasserspeicher angenommen (= rd. 120 km²)[46]). Bei einer mittleren spezifischen Ergiebigkeit von 4,5 l/s · km² entspricht das einem unterirdischen Abfluß von rd. 17 Mio. m³. Dem steht die Entnahme der BASF von jährlich rd. 22 Mio. m³ gegenüber (Abb. 32), wodurch sich ein rechnerisches Defizit von rd. 5 Mio. m³ ergibt. Die Ausdehnung des möglichen Einzugsgebietes bis zur Haardt (= rd. 225 km² bei durchschnittlich 3 l/s · km²) gleicht das Defizit zwar fast völlig aus (< 1 Mio. m³), unterstreicht aber nicht weniger die offensichtlich große Bedeutung der zusätzlichen Rheinuferfiltration.

---

[45]) Vgl. R. KELLER, R. GRAHMANN, W. WUNDT: Das Wasserdargebot in der Bundesrepublik Deutschland. Teil II: Die Grundwasser in der Bundesrepublik Deutschland und ihre Nutzung (R. GRAHMANN). Remagen a. Rh. 1958, S. 148 und beigefügte „Grundwasserkarte der Bundesrepublik Deutschland 1 : 1 000 000" (mit Darstellung des Durchschnittswertes der monatlichen Kleinstabflußspenden von W. WUNDT).

[46]) Vgl. GEORG MATTHES: Das Grundwasser in der östlichen Vorderpfalz zwischen Worms und Speyer. In: Mitteilungen der Pollichia des Pfälzischen Vereins für Naturkunde und Naturschutz, III. Reihe, 5. Band, 119. Vereinsjahr 1958, S. 20.

Wenn nun die BASF angibt, ihren Grundwasserbedarf gegenwärtig fast ausschließlich aus Tiefbrunnen zu decken (Abb. 32), und das noch in Gemeinschaft mit anderen industriellen und kommunalen Grundwassernutzern jener Region[47], so wird damit die ganze Fragwürdigkeit der herkömmlichen, nur die oberen Horizonte betreffenden Einzugsgebiets- und Abflußberechnungen[48] deutlich. Als noch weitgehend ungeklärt gelten:

1. die Anzahl der Grundwasserhorizonte einschließlich möglicher „Fenster"-Verbindungen zwischen den Grundwasserleitern,
2. die Größe und Richtung der jeweiligen Grundwassereinzugsgebiete sowie
3. der Anteil der Uferfiltration bei Mischgrundwasser[49].

Wenn auch die künstliche Anreicherung des Grundwassers mit Uferfiltrat zumindest zeitweise maßgeblich zur Grundwasserbedarfsdeckung der BASF beitragen konnte, so

Tabelle 29

		Rheinwasser	Brunnenwasser	
Analytische Gegenüberstellung von Rhein- und Grundwasser[51] (Analysen vom 13. 12. 1967)		Pegelstand Mannheim 2,0 m	K 5 50 m tief Entfernung vom Rhein 160 m	PK 5 III oben 11,5 m tief Entfernung vom Rhein rd. 60 m	PK 5 III unten 25 m tief Entfernung vom Rhein rd. 60 m
Gesamthärte	°dH	10,1	20,4	20,5	16,2
Karbonathärte	°dH	7,7	13,9	11,3	14,6
Nichtkarbonathärte	°dH	2,4	6,5	9,1	1,6
Natrium	mg/l	144,0	9,8	32,4	6,4
Kalium	mg/l	7,8	1,0	1,2	1,2
Kalzium	mg/l	63,0	108,0	115,0	77,0
Magnesium	mg/l	5,5	23,2	18,9	23,8
Hydrogenkarbonat	mg/l	167,0	303,0	248,0	318,0
Sulfat	mg/l	37,0	97,0	68,2	35,1
Chlorid	mg/l	231,0	26,6	120,0	5,7
Nitrat	mg/l	3,9	0,8	0,6	nn
Nitrit	mg/l	0,5	0,1	—	—
Kieselsäure	mg/l	5,4	15,1	10,8	15,7
Eisen	mg/l	0,01	0,5	—	—
Mangan	mg/l	0,11	0,25	—	—
Summe der Ionen gleicher Ladung	mval/l	10,1	7,7	8,8	6,1

mußten doch gleichzeitig mit der Rheinufernähe auch starke Qualitätsminderungen des geförderten Rohwassers hingenommen werden[50]). Hydrologischen Untersuchungen im Oberrheintal zufolge lassen sich z. B. die bereits geschilderten Verunreinigungen des Rheinwassers sowohl im chemischen Vertikalprofil als auch bei alternativer Ufernähe in entsprechender Höhe nachweisen (Tab. 29). Insbesondere die für Grundwasser atypischen hohen Alkaliwerte deuten auf ausgedehnte Ionenaustausch- und Absorptionsvorgänge hin, die nur bei tieferen Horizonten ausgeschlossen werden können[52]). Gleichzeitig erklärt sich damit das Bestreben, die chemiebetriebliche Grundwasserversorgung möglichst auf Tiefbrunnen abzustellen. Ohne schwerwiegende Eingriffe in den Wasserhaushalt findet das allerdings in den örtlichen Grundwasserspenden der tieferen Stockwerke seine natürliche Begrenzung. Eine weitere Erhöhung der Grundwasserförderung ist von der BASF z. Z. auch nicht geplant.

Aus diesem Grunde und wegen der ohnehin starken Verunreinigungen des aus Flachbrunnen gewonnenen Grundwassers hat die BASF in den letzten Jahren durch Verbesserungen der Vollentsalzungstechnik den Anteil des Flußwassers am Rohwassereingang für die Kesselspeisewasserversorgung laufend erhöht; er lag 1968 bei rd. 20 %[53]). Eine besondere Problematik ergibt sich dabei aus den stark schwankenden Natriumchlorid-Werten (1 : 2,5), die auf die elsässischen Kaligruben zurückzuführen sind und entsprechend der 5-Tage-Arbeitswoche nach BASF-Beobachtungen zu charakteristischen „Kochsalzstößen" im Rhein führen (Tab. 30).

Tabelle 30

Na^+Cl^--Gehalt des Rheinwassers (mg/l)			
Wochentage	Na^+	Cl^-	$NaCl$
Dienstag—Mittwoch	35	55	90
Donnerstag—Montag	90	140	230

---

[47]) Der Anteil der BASF am gesamtindustriellen bzw. chemieindustriellen Grundwasseraufkommen von Rheinland-Pfalz beträgt „nur" 17 bzw. 53 %. Gesamtindustrielles Grundwasseraufkommen in Rheinland-Pfalz 1965: 38,7 Mio. m³ (Vgl. Statistisches Bundesamt, Wiesbaden (Hrsg.): Wasserversorgung der Industrie 1965, a. a. O., S. 26); Grundwasserförderung der BASF 1965: 20,6 Mio. m³ (vgl. Abb. 32).
[48]) Vgl. R. KELLER; R. GRAHMANN; W. WUNDT, a. a. O.; GEORG MATTHES, a. a. O.
[49]) Vgl. KARL HEINZ KLUDIG: Ermittlung des Anteils von Uferfiltrat bei Mischgrundwasser. In: gwf (Wasser — Abwasser), 111. Jg., Nr. 2/1970, S. 77 ff.
[50]) Vgl. J. HOLLUTA; L. BAUER und W. KÖLLE: Über die Einwirkung steigender Flußwasserverschmutzung auf die Wasserqualität und die Kapazität der Uferfiltrate. In: gwf (Wasser — Abwasser), 109 Jg., Nr. 50/1968, S. 1406 ff.
[51]) Entnommen aus: H. MOSER: Hydrologische Untersuchungen im Oberrheintal (Ballungsraum Rhein-Neckar). In: Verein Kongreß und Ausstellung Wasser Berlin e. V. (Hrsg.): Festschrift zu Kongreß und Ausstellung Wasser Berlin 1968, München o. J. (1968), S. 65.
[52]) Vgl. hierzu die Analysenwerte des Pegelbrunnens PK 5 III oben und unten mit den entsprechenden Werten für K 5 (Tab. 29) sowie für die BASF-Tiefbrunnen der „Edigheimer Galerie" (Tab. 31).
[53]) Brunnenwasser-Eingang: 19 014 540 m³; Flußwasser-Eingang: 4 585 940 m³; Deionat-Ausgang: 19 623 940 m³ (jeweils 1968).

Tabelle 31

Chemisch-physikalische Wasseruntersuchung
(Durchschnitt Brunnenwasser Rheinvorland/Edigheimer Galerie [1 : 1])

Entnahmetag: 20. Juni 1966
Beschaffenheit bei der Entnahme: klar, leicht gelblich, schwacher H_2S-Geruch

Feststoffe (105 °C)	mg/l	1,5	Kationen:			
Temperatur des Wassers	°C	25	Calcium, Ca^{2+}	mg/l	99,8
pH-Wert		7,1	Magnesium, Mg^{2+}	mg/l	15,45
Abdampfrückstand (105 °C)	mg/l	339	Gesamteisen, Fe^{3+}	mg/l	1,85
			Mangan, Mn^{2+}	mg/l	0,14
dessen Glührückstand (685 °C)	mg/l	211	Natrium, Na^+	mg/l	12,7
			Kalium, Ka^+	mg/l	1,3
Oxidierbarkeit, $KMnO_4$	mg/l	12,0	Ammonium, NH_4^+	mg/l	1,5
p-Acidität	mval/l	1,44	Anionen:			
m-Alkalität	mval/l	6,76	Hydrogenkarbonat, HCO_3^-	mg/l	412,5
Gesamthärte	°d	17,53	Sulfat, SO_4^{2-}	mg/l	4,7
Karbonathärte	°d	17,53	Chlorid, Cl^-	mg/l	3,3
Nichtkarbonathärte	°d	0	Nitrat, NO_3^-	mg/l	0
Gebundene Kohlensäure, CO_2	mg/l	148,5	Nitrit, NO_2^-	mg/l	0
			Phosphat, PO_4^{3-}	mg/l	1,45
Freie Kohlensäure, CO_2	mg/l	63,35	Schwefelwasserstoff, Sulfid, S^{2-}	mg/l	0,033
Sauerstoff, O_2	mg/l	0	Silikat, SiO_2	mg/l	19,6

2.2.3.3. Gewinnung und Aufbereitung des Grundwassers (Kesselspeisewasseraufbereitung)

Zur Grundwasserförderung werden *Tief- und Flachbrunnen* eingesetzt. Ihre Beteiligung am jeweiligen betriebsindividuellen Grundwasseraufkommen bestimmt sich weitgehend nach dem Grad der Verunreinigungen im örtlichen Uferfiltrat.

Von den früher sehr zahlreichen Flachbrunnen hatte die BASF 1969 rückläufig 3 bzw. 1 Anlage in Betrieb. Am Grundwasseraufkommen waren sie mit rd. 5 % beteiligt (Abb. 32). Die geförderten Mengen wurden hauptsächlich zu Kühlzwecken an das werkseigene Flußwassernetz abgegeben.

Die 37 Tiefbrunnen fördern das Grundwasser aus 100 bis 200 m tiefen Horizonten; es hat im Bereich der BASF ein Gefälle von 0,0013 ‰ und eine Strömungsrichtung von SW

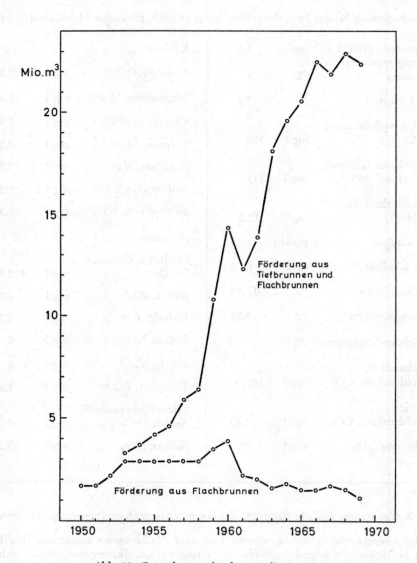

Abb. 32: Grundwasserförderung der BASF

nach NW. Der überwiegende Teil dient als Rohwasser der Kesselspeisewasseraufbereitung, deren hoher chemischer und apparativer Aufwand im folgenden kurz erläutert werden soll (Abb. 33).

Die wichtigsten Stationen lassen sich mit

> Entkarbonisierung,
> Entkieselung,
> Vollentsalzung und
> Entgasung

umschreiben.

Bei der *Entkarbonisierung* wird das mit Kalkmilch versetzte und durch Einsatz als Kühlmittel auf 30 °C vorgewärmte Rohwasser tangential den konischen Schnellreaktoren mit großer Geschwindigkeit zugeführt. Die Reaktoren enthalten meist Sand bzw. körniges Kalziumkarbonat, welches dem gemäß

$$Ca(HCO_3)_2 + Ca(OH)_2 \rightleftarrows 2\,CaCO_3 + 2\,H_2O$$

ausfallenden $CaCO_3$ als Kontaktmasse zur Anlagerung der Kristallisationskeime dient. Wegen des dadurch wachsenden Volumens an Reaktormasse muß von Zeit zu Zeit abgeschlämmt werden.

Nach einer Verweilzeit von wenigen Minuten verläßt das entkarbonisierte Wasser den Reaktor, durchfließt einen nachgeschalteten Kiesfilter, um schließlich den Ionenaustauschern zugeführt zu werden. Dabei tauscht der *Kationenaustauscher* die im Rohwasser enthaltenen Kationen (Ca^{2+}, Mg^{2+}, Na^+ usw.) gegen Wasserstoff (H^+)-Ionen aus, wie z.B.

$$2\,Na^+ + H_2X \rightarrow Na_2X + 2\,H^+ \quad (H_2X = \text{Kationenaustauscher}),$$

und der *Anionenaustauscher* die im Wasser enthaltenen Anionen (CO_3^{2-}, SO_4^{2-}, Cl^- usw.) gegen Hydroxyl (OH^--Ionen, wie z. B.

$$2\,Cl^- + (OH)_2Y \rightarrow Cl_2Y + 2\,OH^- \quad ([OH]_2Y = \text{Anionenaustauscher}),$$

so daß nach erfolgtem Ionenaustausch als Endprodukt Wasser gemäß

$$2\,H^+ + 2\,OH^- \rightarrow 2\,H_2O$$

entsteht. Die Kationenaustauscher werden mit verdünnter Salzsäure (HCl), die Anionenaustauscher mit verdünnter Natronlauge (NaOH) gemäß

$$Na_2X + 2\,H^+ \rightarrow 2\,Na^+ + H_2X \quad \text{und}$$

$$Cl_2Y + 2\,OH^- \rightarrow 2\,Cl^- + (OH)_2Y$$

regeneriert.

In der anschließenden *Entkieselung* wird der kolloidal oder ionogen gelöste Kieselsäureanteil durch alkalische Aufbereitung entfernt, während das *Mischbett* einen etwaigen Durchbruch von Salzen in das Reinwasser bei erschöpften Ionenaustauschern verhindern soll.

Nach der *Entgasung*, bei der Hydrazin (N_2H_4) bzw. Ammoniak (NH_3) zur Bindung des freien Sauerstoffs (O_2) bzw. der freien Kohlensäure (CO_2) verwendet werden, steht dem Dampfkesselbetrieb ein vollständig salzfreies und restlos entgastes Speisewasser mit den bereits in Tab. 28 angegebenen Analysenwerten zur Verfügung.

An der Kesselspeisewasserversorgung der BASF sind insgesamt drei Betriebe beteiligt. Hiervon arbeitet bereits eine Anlage mit Flußwasser als Rohwasserquelle.

2.2.4. *Versorgung mit sonstigem Fabrikationswasser*

Die bisherigen Kategorien des chemiebetrieblichen Wasserbedarfs sind mit ihren Funktionen grundsätzlich auch in anderen Industriezweigen denkbar. Lediglich die genannten Größenordnungen und Relationen im Verbrauch haben eindeutigen Branchenbezug.

Dagegen knüpft die Gruppe „Sonstiges Fabrikationswasser" an die spezifische Eigenart der auf *Stoffumwandlung* gerichteten chemisch-technologischen Verfahrensweise an. Hier kommt dem Wasser nicht mehr allein die Bedeutung eines Betriebsstoffes zu, vielmehr beteiligt es sich auch als Roh- bzw. Hilfsstoff an den chemischen Umsetzungen und kann daher in das jeweilige Fertigprodukt mit eingehen. Bei der typischen Heterogenität des chemieindustriellen Leistungsprogramms ist das in recht unterschiedlicher Weise denkbar. So umfaßt das Verkaufsprogramm der BASF allein über 5 000 Produkte. Zu Produktgruppen zusammengefaßt werden in der Reihenfolge ihrer umsatzmäßigen Beteiligung genannt[54][55]):

1. Kunststoffe,
2. Produkte für die Landwirtschaft (Düngemittel, Herbizide, Insektizide, Nematodenmittel, Fungizide),
3. Chemikalien (organische Vor- und Zwischenprodukte, anorganische Grundchemikalien),
4. Öl und Gas,
5. Farbstoffe, Hilfs- und Veredlungsmittel (für Lacke, Textilien, Leder, Papier und Kunststoffe),
6. Lacke und Lackrohstoffe,
7. Fasern und Faservorprodukte,
8. Dispersionen und Leimharze,
9. Magnetbänder und Nyloprint,
10. Pharmazeutika und sonstiges.

Es sollen hier nicht alle nur denkbaren Formen der roh-, hilfs- und betriebsstoffmäßigen Beteiligung des Wassers an diesen Fertigprodukten diskutiert werden. Vielmehr genügt allein der folgende grobe Überblick, um sich eine Vorstellung von den vielfältigen Einsatzmöglichkeiten zu machen.

---

[54]) Vgl. Geschäftsbericht der BASF 1969, S. 21 in Verbindung mit BASF (Hrsg.): BASF-Erzeugnisse. Ausgabe Dezember 1967 und BASF (Hrsg.): Daten und Fakten. Ausgabe 1970.

[55]) Für das genannte Verkaufsprogramm gilt — mit Ausnahme von Öl, Gas, Fasern, Lacken, Magnetbändern, Nyloprint und Pharmazeutika — das Werk Ludwigshafen als hauptbeteiligte Produktionsstätte.

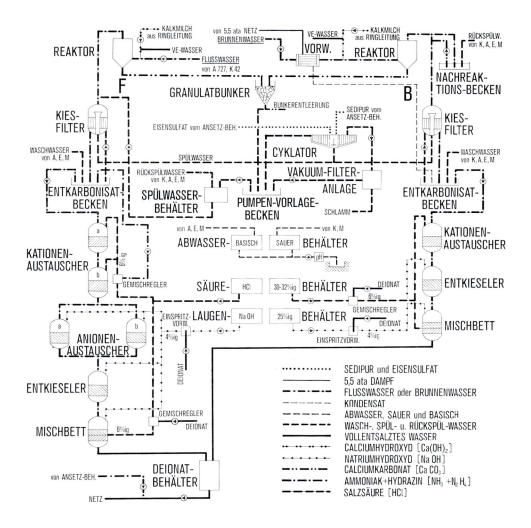

Abb. 33: Kesselspeisewasserreinigung (BASF)

Da sind zunächst die reinen *Waschvorgänge* zu nennen. Sie beruhen auf der absorbierenden Wirkung des Wassers und dienen insbesondere der Reinigung von Gasen (z. B. von Staub) sowie der Absorption von Gasen aus Gasgemischen (z. B. Auswaschen von Kohlendioxid aus dem durch Konvertierung des Kohlenmonoxids mit Wasser gewonnenen Kohlendioxid/Wasserstoff-Gemisch bei der Ammoniaksynthese).

Weiterhin wird das Wasser im dampfförmigen Aggregatzustand zur Erzeugung von *Synthesegas* eingesetzt, einem Gemisch von Kohlenmonoxid und Wasserstoff, von dem so wichtige organische Synthesen wie die Methanol- und Oxosynthese ausgehen. Auch bei der Synthesegaserzeugung ist übrigens die Kohle weitgehend durch petrochemische Rohstoffe verdrängt worden, so daß an Stelle der historischen Wassergasreaktion

$$C + H_2O + 31{,}4 \text{ kcal} \rightleftarrows \boxed{CO + H_2}$$

nunmehr die Vergasung von Methan getreten ist, deren endothermes Verfahren ebenfalls mit Wasser als Reaktionskomponente arbeitet:

$$CH_4 + H_2O + 54{,}0 \text{ kcal} \rightarrow \boxed{CO + 3\,H_2}$$

Synthesegas ist gleichzeitig der Wasserstofflieferant für zahlreiche technische Hydrierungen, wie insbesondere die Ammoniaksynthese. Dabei machen sowohl die Konvertierung

$$CO + H_2O - 10 \text{ kcal} \rightarrow CO_2 + H_2$$

als auch die bereits erwähnte Kohlendioxidwäsche den Einsatz von Wasser erforderlich:

$$CO_2 + H_2O \rightleftarrows H_2CO_3$$

Roh-, hilfs- und betriebsstoffmäßige Bedeutung erlangt das Wasser auch bei der Herstellung *chemischer Schlüsselprodukte*, wie z. B. bei Schwefelsäure, gemäß

$$2\,SO_2 + O_2 \rightleftarrows 2\,SO_3$$
$$SO_3 + H_2SO_4 \rightarrow H_2S_2O_7$$
$$H_2S_2O_7 + H_2O \rightarrow 2\,H_2SO_4$$

und Clor bzw. Natronlauge, gemäß

$$\text{Energie} + 2\,NaCl + 2\,H_2O \rightarrow H_2 + 2\,NaOH + Cl_2$$

sowie bei Polyäthylen und im Farben- und Pharmasektor.

Schließlich sei noch auf die Verwendung des Wassers als *Lösungsmittel* in den verschiedenen Fabrikationen hingewiesen.

Es versteht sich von selbst, daß bei der Vielfalt der genannten Einsatzmöglichkeiten die Reinwasseranforderungen recht unterschiedlich sein können. Als Kategorie mit den geringsten Anforderungen gelten die reinen Waschprozesse, durch die ein Gas nur vorübergehend gebunden und durch Belüftung anschließend wieder ausgetrieben werden soll. Hier sind gefilterte Flußwasserqualitäten völlig ausreichend. Dagegen ist für die Bindung des Anhydrits im Oleum bzw. Verdünnung der Dischwefelsäure bei der Schwefelsäurefabrikation ein Betriebswasser mit Trinkwasserqualität erforderlich, die Chloralkalielektrolyse sowie die Herstellung von Pharmazeutika verlangen sogar höchste Reinheitsgrade, mithin vollentsalztes Wasser.

Somit umfaßt das Spektrum der betrieblichen Rohwasserquellen sowohl das örtliche Fluß- und Grundwasservorkommen als auch die — im nächsten Abschnitt noch näher zu erläuternden — kommunalen Wasserversorgungsmöglichkeiten. Eine mehr oder weniger eindeutige Zuordnung der Kategorie „Sonstiges Fabrikationswasser" mit einer spezifischen

Rohwasserquelle ist, wie etwa im Falle der Kühl- und Kesselspeisewasserversorgung, nicht möglich. Damit erklären sich gleichzeitig die einander nicht korrespondierenden Werte aus Tab. 11 und 12.

2.2.5. *Versorgung mit Belegschaftswasser*

Die noch verbleibende Kategorie des chemiebetrieblichen Wasserbedarfs — das Belegschaftswasser — ist zugleich die unproblematischste ihrer Art.

Ein Wasserbedarf, dessen Güteanforderungen sich weitgehend durch die persönlichen Bedürfnisse des tätigen Menschen im Betrieb bestimmen lassen, muß notwendigerweise *branchengenerelle* Bedeutung haben. Darüber hinaus kommt als Bezugsquelle erstmalig keine *natürliche* Standortressource in Frage, sondern ausschließlich Versorgungseinrichtungen der jeweiligen Gebietskörperschaft; mit anderen Worten: die gesamte Aufbereitungsproblematik liegt außerhalb der betrieblichen Sphäre, sie hat im Beschaffungskalkül des Betriebes bei definierter Trinkwasserqualität lediglich den Stellenwert eines Datums.

Gleichzeitig reduzieren sich damit die Beschaffungsüberlegungen zu einem Mengenproblem. Gemessen an den bereits geschilderten Größenordnungen in der Kühlwasserversorgung sind die entsprechenden Anteile des Belegschaftswassers verschwindend gering: Für die gesamte Chemische Industrie werden 1965 1,2 %, für die BASF 0,5 % genannt (Tab. 11). Indes kann die ausschließlich betriebsbezogene und relative Betrachtungsweise leicht zu Fehlinterpretationen führen. So entspricht diesen 0,5 % ein BASF-Fremdbezug von 3,82 Mio. m³. Aus der Sicht der für die kommunale Wasserversorgung zuständigen Stadtwerke Ludwigshafen a. Rh. sind das allein rd. 26 % der gesamten bzw. rd. 48 % der gewerblich und industriell genutzten Wasserabgabe. Die Anteile können sich insofern noch auf 37 % (1969: 35 %) bzw. 69 % (1969: 68 %) erhöhen, wenn zusätzlich der produktionsbedingte Trinkwasserverbrauch und damit der gesamte Fremdbezug berücksichtigt wird (Abb. 34).

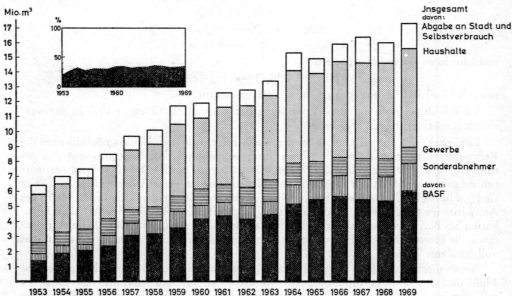

Abb. 34: Anteil der BASF am Trinkwasserverbrauch der Stadt Ludwigshafen a. Rh.

Wie aus der Bezeichnung bereits hervorgeht, dient das Belegschaftswasser vornehmlich personalbezogenen Zwecken, wie Werksküchen, Betriebsbädern[56]) und allen übrigen sanitärhygienischen Einrichtungen in den Gebäuden.

Die heißen Tage im Sommer sowie die allgemeinen Stoßzeiten (16 bis 18 Uhr) gelten wegen ihrer Spitzenbelastungen als besonders kritisch. Sie bedingen mitunter eine Verdopplung des für 1969 mit rd. 695 m³/h anzugebenden durchschnittlichen Trinkwasserverbrauchs. Die BASF hat daher in Verhandlungen mit den dortigen Stadtwerken in den letzten Jahren die Verstärkung von Einführungsleitungen, die Installation von Druckerhöhungspumpen sowie die Vermehrung der Trinkwasserübernahmestellen auf inzwischen 12 (1969) bewirken können. Damit sind in der Vergangenheit die Grundlagen für den zügigen Ausbau des werkseigenen Trinkwassernetzes geschaffen worden, was wiederum zu einer weitgehenden Normalisierung der Versorgungssituation geführt hat.

2.3. *Rationalisierung der chemiebetrieblichen Wassernutzung*

2.3.1. *Zur Rationalisierbarkeit der chemiebetrieblichen Wasserkategorien*

Die Knappheit des örtlichen Wasserdargebots bzw. die hohen Aufbereitungskosten üben auf den Chemiebetrieb einen Rationalisierungszwang aus. Im weitesten Sinne soll darunter das Streben nach erhöhter Effizienz der betrieblichen Wasserwirtschaft verstanden werden. Dazu zählt insbesondere die Nutzbarmachung des technischen Fortschritts, dessen ambivalente Wirkung hinsichtlich des spezifischen Wasserbedarfs (pro Produkt) allerdings eine Korrelation zwischen Produktivität und chemiebetrieblichem Wasserbedarf erschwert, wenn nicht sogar unmöglich macht. So ist z. B. der vermehrte Einsatz des Wassers als hydraulisches Fördermittel zwangsläufig mit einer Erhöhung des spezifischen Wasserbedarfs verbunden, während andererseits wassereinsparende physiko-chemische Verarbeitungsverfahren, wie z. B. das Ausweichen auf Luft als Kühlmedium, zu einer Senkung des spezifischen Wasserbedarfs führen. Die einschlägige Literatur bezieht wasserwirtschaftliche Rationalisierung zumeist nur auf die letztere Möglichkeit[57]).

Es sind grundsätzlich zwei Arten der spezifischen Wasserverbrauchssenkung zu unterscheiden. Einmal sind damit *absolute* Verbrauchssenkungen auf Grund der bereits erwähnten wassersparenden Verfahrenstechniken gemeint. Zum anderen können die Einschränkungen des Verbrauchs nur *relativer* Natur sein, wenn als Bezugsgröße über die am Prozeßgeschehen insgesamt beteiligte Wassermenge hinaus auch die Inanspruchnahme der Gebietsressource berücksichtigt wird. Danach liegt Rationalisierung auch dann vor, wenn trotz eines verminderten Rückgriffs auf die örtlichen Wasservorkommen ein gleichbleibender oder sogar steigender betrieblicher Wasserbedarf gedeckt werden kann. Verfahrenstechnisch läßt sich das ceteris paribus nur durch eine Mehrfachnutzung des Wassers im Betrieb erreichen, so daß hier eigentlich weniger von spezifischer *Verbrauchssenkung* als vielmehr von einer *Verminderung der spezifischen Aufbereitungskosten* gesprochen werden sollte. In der chemiebetrieblichen Praxis treten die genannten Rationalisierungseffekte zumeist kombiniert auf.

---

[56]) Die Betriebsbäder der BASF wurden erst 1959/60 auf Grund einer Auflage des dortigen Gesundheitsamtes von Fluß- auf Trinkwasserqualität umgestellt.
[57]) Vgl. z. B. Heinrich Schrewe: Entwicklungstendenzen in der Wasserversorgung gewerblicher Betriebe. In: Kongreß und Ausstellung Berlin e. V. (Hrsg.): Kongreß und Ausstellung Wasser Berlin 1968. Vorträge, a. a. O., S. 56. Im Gegensatz hierzu vgl. z. B. Günter Streibel: Die Bedeutung der Gebietsressource Wasser für die perspektivische Standortverteilung der Produktivkräfte in der DDR, a. a. O., S. 193.

Vor der Analyse der eigentlichen wassersparenden Verfahrenstechniken sollen zunächst die verschiedenen Kategorien des betrieblichen Wasserbedarfs auf ihre Rationalisierbarkeit hin untersucht werden. Das mengenmäßig am wenigsten ins Gewicht fallende *Belegschaftswasser* verschließt sich weitgehend so verstandenen Rationalisierungsbestrebungen. Im Gegenteil: Verbesserungen der sozialen, insbesondere sanitärhygienischen Einrichtungen führen notwendigerweise zu Erhöhungen des Wasserverbrauchs mit Trinkwasserqualität. Für den Industriedurchschnitt werden etwa 100 bis 300 l je Belegschaftsmitglied und Tag angegeben[58]), die Verhältnisse in der BASF bestätigen diese Angabe zumindest für 1965 (= 219 l) und 1967 (= 223 l)[59]).

Wenn hierzu in Abb. 35 über diese beiden Jahre hinaus für einen längeren Zeitraum der spezifische Belegschaftswasserbedarf durch Gegenüberstellung von Trinkwasserverbrauch und Belegschaftsentwicklung ermittelt wurde, so sind die entsprechenden Werte weniger mit ihrem (deutlich überhöhten) absoluten Gehalt als vielmehr trendmäßigen Verlauf zu würdigen. Die vielfach gemischten Nutzungsmöglichkeiten in den einzelnen Betriebsteilen, wie allein in Laboratorien, anwendungstechnischen Abteilungen und sonstigen Forschungseinrichtungen, gestatten ohnehin keine getrennte Erfassung des ausschließlich *personalbezogenen* Trinkwasserverbrauchs. Auch die Angaben der BASF aus der Industrieberichterstattung 1965 und 1967 (Tab. 11) dürften nur Schätzwerte sein. Dagegen bestimmt der Belegschaftswasserbedarf als Hauptnutzungskomponente des Trinkwasseraufkommens bei gleichzeitiger Berücksichtigung der obengenannten sanitärhygienischen Indikationen sehr wohl den trendmäßigen und nach Abb. 35 für die BASF insbesondere *steigenden* Verlauf der Pro-Kopf-Verbräuche.

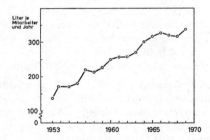

Abb. 35: Die Entwicklung des spezifischen Belegschafts-Wasserbedarfs der BASF

Mit dem *Kesselspeisewasser* wird wegen seiner hohen Aufbereitungskosten (Vollentsalzung!) schon seit langem sparsam und höchst rationell umgegangen. Sichtbarer Ausdruck hierfür ist der bereits traditionell gewordene Wasser-Dampf-Kreislauf in einem herkömmlichen Heizkraftwerk mit seinen wesentlichsten Stationen: Kessel — Gegendruckturbine — Überhitzer — Kondensatturbine — Wärmeaustauscher — Speisewasserbehälter — Speisewasserpumpe — Kessel (einschließlich Zusatzwasseraufbereitung für jeweilig abgegebenen Prozeßdampf).

---

[58]) Vgl. Heinrich Schrewe: Entwicklungstendenzen in der Wasserversorgung gewerblicher Betriebe, a. a. O., S. 61.
[59]) Vgl. die Angaben zum Belegschaftswasserverbrauch der BASF lt. Tab. 11 (1965: 3,82 Mio. m³; 1967: 3,83 Mio. m³) in Verbindung mit den Belegschaftsstärken (1965: 47 840; 1967: 47 124).

Abb. 36: Ventilatorkühlturm

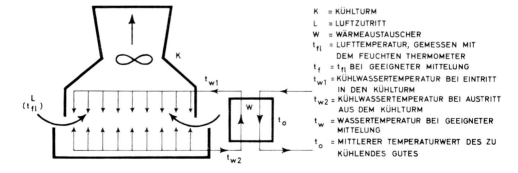

Abb. 37: Kühlwasserkreislauf bei Verwendung eines Kühlturmes

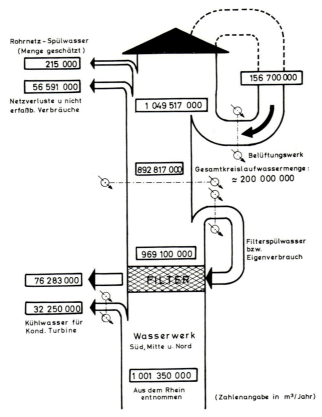

Abb. 38: *Mengenstrom des Flußwassers in der BASF*

Abb. 39: *Kühlwasser-Rückkühlung mit Ventilatoren*

Anders verhält es sich wiederum mit dem *sonstigen Fabrikationswasser*. Hier läßt der naturgesetzlich determinierte roh- bzw. hilfsstoffmäßige Einsatz des Wassers einen nur geringen Spielraum für Rationalisierungsmöglichkeiten zu. Allenfalls kann der Trend zu größeren Produktionskapazitäten einen rationelleren Einsatz der Reaktionskomponente Wasser ermöglichen und damit eine spezifische Verbrauchssenkung begünstigen. Als Ausnahme hiervon gelten jene Verfahrensänderungen, die den bisherigen Einsatz des Prozeßwassers grundsätzlich verringern bzw. unnötig machen, wie etwa die (auch von der BASF bereits vorgenommene) Umstellung der Acetylenerzeugung von Carbid auf petrochemische Rohstoffe (Rohbenzin) oder Erdgas:

$$\text{Bisher: } CaC_2 + 2\,H_2O - 25 \text{ kcal} \rightarrow C_2H_2 + Ca(OH)_2$$
$$\text{Heute: } 2\,CH_4 + 93{,}8 \text{ kcal} \rightarrow C_2H_2 + 3\,H_2.$$

Somit verbleibt nur noch das *Kühlwasser*, das durch seine bereits erwähnten Aufbereitungs- und Verbrauchsgrößenordnungen zum bevorzugten Rationalisierungsobjekt geworden ist. Verbrauchssenkungen können und müssen sich hier unter betriebswirtschaftlichen Gesichtspunkten notwendigerweise stärker auswirken, als das bei den übrigen Kategorien der Fall ist. Daher soll auch auf die hier gegebenen Verbesserungsmöglichkeiten der innerbetrieblichen Wasserwirtschaft etwas näher eingegangen werden. Sie lassen sich mit den Stichworten „Wassereinsparung", „Wasserkreislauf" und „Luftkühlung" umschreiben.

2.3.2. *Wassereinsparung, Wasserkreislauf, Luftkühlung*

Der einfachste, aber zugleich nur temporäre Lösungsversuch für betriebliche Rationalisierungsbestrebungen ist die *Wassereinsparung*. Sie wird von der für die Wasserversorgung verantwortlichen Instanz des Betriebes initiiert und kann zunächst in einer — verfahrenstechnisch noch vertretbaren — Drosselung des Vordrucks bestehen, bis — wie es in der BASF dazu heißt — „die ersten Reklamationen aus den Betrieben über mangelnden Wasserdruck usw." kommen. Viel effizienter scheint indes die Beeinflussung der psychologischen Einstellung der Belegschaft zum Wasserverbrauch überhaupt zu sein. Das Spektrum der hier gegebenen Möglichkeiten reicht von der einfachen Belehrung des Personals bis hin zur Betonung *auch* der wasserwirtschaftlichen Eigenverantwortlichkeit und Rechenschaftspflicht der Kostenstellenleiter.

Bei der Rationalisierung des betrieblichen Kühlwasserbedarfs kommt der *Kreislaufwirtschaft* zweifellos die größte Bedeutung zu. Sie empfiehlt sich insbesondere beim Vorliegen der folgenden standortlichen Gegebenheiten:

1. Der chemiebetriebliche Kühlwasserbedarf steht einem mengenmäßig nicht ausreichenden bzw. stark schwankenden natürlichen Wasserdargebot gegenüber.
2. Der Fremdwasserbezug erreicht eine Größenordnung, die ihn für Kühlzwecke kostenmäßig ungeeignet macht.
3. Abwasserbezogene Auflagen an den Chemiebetrieb bzw. die kommunalen Kanalisations- und Klärkosten drängen auf eine Verminderung der Abwassermenge. Mitunter ist die Einleitung von Kühlwasser in das kommunale Kanalisationsnetz wegen der hohen Raumbelastung der Kläreinrichtungen nicht statthaft, zumal eine Klärnotwendigkeit bei ausschließlich wärmebelasteten Abwässern nicht besteht.
4. Die starke Verschmutzung des örtlichen Rohwassers läßt seine betriebliche Nutzung erst nach umfangreichen Aufbereitungsmaßnahmen zu.

Bei einem kühlwasserintensiven Betrieb, der — wie die BASF — seinen Standort an einem Fluß mit ausreichender Wasserführung hat, spricht insbesondere der letzte Gesichtspunkt für die verstärkte Nutzung der Kreislaufwirtschaft.

Dabei ist zwischen wärmebelasteten, schmutzbelasteten und kombiniert wärme- und schmutzbelasteten Kreisläufen zu unterscheiden. Im Kühlbetrieb sind die *wärmebelasteten* Kreislaufwasser zwangsläufig am stärksten vertreten. Ihre Rückkühlung erfolgt in selbstventilierenden Kaminkühlern oder in zwangsbelüfteten Ventilatorkühltürmen (Abb. 36). Im Unterschied zu der bereits an anderer Stelle beschriebenen Durchflußkühlung wird hier einer ständig in Umlauf gehaltenen Wassermenge die in den Kondensatoren aufgenommene Wärme durch entgegenstreichende Luft wieder entzogen, was zu einer Senkung der Wassertemperatur um einen bestimmten Betrag (Kühlzonenbreite) führt (Abb. 37). Die Grädigkeit des Wärmeaustauschers ($t_o - t_w$), das mittlere Temperaturgefälle zwischen Kühlwasser und Luft im Kühlturm ($t_w - t_f$), die Kühlzonenbreite ($t_{w1} - t_{w2}$) sowie der Kühlgrenzabstand ($t_{w2} - t_{fl}$) gelten dabei als die wesentlichsten Einflußfaktoren, deren wechselseitige Abhängigkeit für die optimale Gestaltung des Rückkühlbetriebes zu beachten ist[60]. Die unvermeidbaren Verdampfungs- und Sprühverluste führen zu einer Eindickung des Zirkulationswassers, die den laufenden Zusatz von Frischwasser notwendig macht. Der Gesamtverlust wird in den Absalzungsdiagrammen für den Rückkühlbetrieb mit rd. 2 bis 3 % der Umlaufwassermenge angegeben[61]. Als Härtestabilisatoren (Karbonathärte!) dienen polymere Phosphate, während das organische Wachstum im Kühlwasserkreislauf mit Dosierchemikalien, wie Kupfersulfat, SEPACID® und NALCO®, bekämpft wird.

In der Chemischen Industrie hat die *gemischte Kreislaufwirtschaft* große Bedeutung erlangt. Bei ihr vollziehen sich die Kühlvorgänge nur in einigen Anlagen kreislaufmäßig, während der Großteil des Flußwassers die Kühlaggregate einmal durchströmt (Durchflußkühlung!) und leicht wärmbelastet dem örtlichen Vorfluter zugeleitet wird.

Im Unterschied zum ausschließlich wärmebelasteten Kreislauf muß das *schmutzbelastete Umlaufwasser* vor seiner Wiederverwendung gereinigt werden. Im Falle ungelöster mineralischer Inhaltsstoffe dienen hierzu im allgemeinen Absetzbecken, für den Fall gelöster Verunreinigungen die chemische Fällung, bei Gasen u. U. die bereits geschilderte Belüftung. Letzteres wird in der BASF in größerem Umfange im sog. „Belüftungswerk" durchgeführt, welches das in der Druckwasserreinigung (CO_2-Wäsche) anfallende Kohlensäurewasser mittels Belüftung vom Kohlendioxid befreit und anschließend erneut dem betrieblichen Flußwassernetz zuführt. 1968 konnten so allein rd. 16 % der gesamten Flußwasserförderung kreislaufmäßig geführt werden. Insgesamt gibt die BASF die jährlich genutzte Kreislaufwassermenge als Schätzgröße mit rd. 20 % des Flußwasseraufkommens an; das sind rd. 200 Mio. m³ für das Jahr 1968 (Abb. 38). Damit bleibt die BASF weit hinter dem für die gesamte Chemische Industrie des Bundesgebiets mit rd. 50 % (= 1,5 Mrd. m³) erfaßten Anteil zurück[62]. Das läßt sich für die BASF nur z. T. mit der noch unzureichenden Erfassung aller Wasserkreisläufe und einer damit zwangsläufig verbundenen vorsichtigen Schätzung erklären, vielmehr ist es die bereits erwähnte ausreichende Wasserführung des Rheins, die einen beschaffungspotentialinduzierten Rationalisierungszwang z. Z. noch nicht aufkommen läßt.

---

[60] Vgl. A. ODENTHAL und K. SPANGEMACHER: Der Kühlturm im Dampfkraftprozeß. In: BWK (Brennstoff — Kraft — Wärme), 11. Jg., Nr. 12/1959, S. 556 ff.

[61] Vgl. Vereinigung der Großkesselbesitzer e. V. (VGB) (Hrsg.): Richtlinien für die Aufbereitung von Kesselspeisewasser und Kühlwasser. 5., neubearbeitete Auflage. Essen 1958, S. 177 ff.

[62] Vgl. Statistisches Bundesamt, Wiesbaden (Hrsg.): Wasserversorgung der Industrie 1965, a. a. O., S. 8.

Auf die dritte Möglichkeit, durch *Luftkühlung* zu einer Einschränkung des betrieblichen Kühlwasserverbrauchs zu gelangen, wurde bereits hingewiesen. Dabei kann die Luft direkt als Kühlmedium oder indirekt für den Wasserrückkühlbetrieb in geschlossenen Systemen eingesetzt werden. Eine Vorstellung von den hier mitunter bestehenden bzw. notwendigen Größenordnungen des Kühlluftbedarfs vermitteln die in Abb. 39 ausschnittweise wiedergegebenen Ventilatoren von 6,5 m Durchmesser, die zu einer Anlage der BASF für Kunststoff- und Synthesefaservorprodukte gehören und von denen 12 Stück stündlich 13 Mio. m³ Luft durch Rippenrohrpakete saugen, um rd. 1 400 m³ Wasser von 50 °C auf 30 °C rückzukühlen. Das entspricht einer jährlich rückgekühlten Wassermenge von rd. 12,3 Mio. m³ [63]).

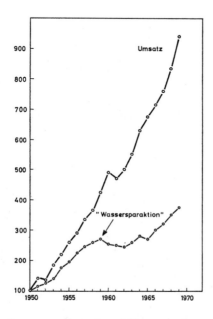

Abb. 40: Flußwasserverbrauch und Umsatzsteigerung der BASF

Sichtbarer Ausdruck für den Erfolg von wasserwirtschaftlichen Rationalisierungsbestrebungen im Chemiebetrieb ist die absolut oder relativ verminderte Inanspruchnahme der natürlichen Standortressource bei steigender Industrieproduktion. Für die BASF, die in den Jahren 1958, 1959 und 1960 umfangreiche Wassersparmaßnahmen im obigem Sinne eingeleitet hat, läßt sich dieser Erfolg als deutliche Zäsur in der Statistik der Flußwasserförderung nachweisen. Wenn hierzu in Abb. 40 die prozentuale Steigerung des Werksumsatzes im Vergleich zur Wasserförderung dargestellt wurde, dann soll damit nicht etwa auf einen funktionalen Sachzusammenhang zwischen beiden Variablen hingewiesen werden. Tatsächlich läßt sich eine derartige Beziehung allein schon wegen der bereits erwähnten Ambivalenz des technischen Fortschritts hinsichtlich des Wasserverbrauchs nicht ab-

---

[63]) Mit der dem Wasser entzogenen Wärmemenge von rd. 28 Mio. cal könnten stündlich fast 3 000 Einfamilienhäuser beheizt werden.

leiten. Die Grafik hat vielmehr eine Senkung des spezifischen Wasserverbrauchs per se zu demonstrieren, ohne den Schluß auf bestimmte Gesetzmäßigkeiten nahezulegen. Die Vergleichsgröße „Umsatz" ist dabei nur ein Behelfsmaßstab, da sich die BASF zur Angabe der (mengenmäßigen) Produktivitätssteigerung nicht bereitfinden konnte. Trotzdem sind Preisverfälschungen nur insofern zu berücksichtigen, als die Chemische Industrie durch den unverändert scharfen Wettbewerb auf den Weltmärkten eine leicht rückläufige Tendenz in den Verkaufserlösen hinnehmen mußte. Lediglich in den Jahren 1968 und 1969 konnte die BASF von einem teilweise stabileren Preisniveau berichten. So gesehen ist die spezifische Wasserverbrauchssenkung der BASF, und damit die effizientere Ausnutzung der gegebenen Standortressource „Flußwasser", noch etwas höher zu veranschlagen.

2.4. Kosten der chemiebetrieblichen Wasserversorgung

Der enge, da naturgesetzlich determinierte Ermessensspielraum beim produktiven Wassereinsatz hat im Rahmen der bisherigen Analyse zu einer besonderen Betonung quantitativer und qualitativer Gesichtspunkte geführt. Das darf jedoch nicht darüber hinwegtäuschen, daß auch die Nutzung der Standortressource Wasser, wie jede produktive Tätigkeit, letztlich Ausdruck einer *ökonomischen* Entscheidung ist, für deren Vorbereitung bzw. kritische Überprüfung die Höhe der Wasserversorgungskosten ein entscheidendes Kriterium darstellt. Der empirische Nachweis soll im Zusammenhang mit einer dreifachen Problematisierung des hier interessierenden Kostenbegriffs geführt werden.

1. Das im Chemiebetrieb hauptsächlich genutzte Flußwasser ist als natürliche Standortressource ein extrem transportkostenempfindliches Einsatzgut. Sein auf den Rohzustand bezogener Kostenwert wird ausschließlich durch die potentielle Raumüberwindung zur Stätte des Bedarfs bestimmt. In der modelltheoretischen Sicht der empirisch-realistischen Standortbestimmungslehre bedeutet das ein extrem enges, d. h. punktuelles Beschaffungsgebiet, was den standortsuchenden Unternehmer ab einer gewissen Größenordnung des betriebsindividuellen Beschaffungspotentials in der Regel dazu veranlassen wird, die räumliche Basis seiner Produktionsstätte in unmittelbarer Nähe ausreichender Flußwasservorkommen zu suchen. Die BASF bietet hierfür ein gutes Beispiel.

2. Über die Höhe der chemiebetrieblichen Wasserversorgungskosten entscheidet bei Fortfall sog. „Fremdbezugskosten" nicht das standortspezifische Knappheitsverhältnis, sondern

    a) der Zwang zur *innerbetrieblichen Raumüberwindung* vom Einlaufwerk über Wasserwerk, Flußwassernetz bis hin zum verfahrenstechnischen Einsatz in den Betriebsteilen sowie

    b) das Ausmaß einer sich am jeweiligen Verwendungszweck des Rohwassers orientierenden *Wasseraufbereitung*.

Rationalisierungsbestrebungen dürfen daher nicht ausschließlich unter dem Blickwinkel der verminderten Inanspruchnahme natürlicher Standortressourcen gesehen werden, wie das z. B. der für die BASF im Verhältnis zum Branchendurchschnitt relativ geringe Kreislaufwasseranteil mit Hinweis auf die reichliche Wasserführung des Rheins vermuten läßt. Das einzelwirtschaftlich allein interessierende Resultat einer verbesserten Ausnutzung örtlicher Wasservorkommen muß in einer Senkung der unter a) und b) erwähnten spezifischen innerbetrieblichen Transport- und Wasseraufbereitungskosten zum Ausdruck kommen.

Zunehmende Flußwasserverschmutzung und wachsender Kühlwasserbedarf bei Produktionsausweitung bzw. die parallel hierzu notwendig werdenden baulichen Maßnahmen haben bei der BASF einen derartigen Rationalisierungseffekt mehr als kompensiert, so daß die Verrechnungspreise für *Flußwasser* innerhalb des Werkes Ludwigshafen laufend erhöht werden mußten (Abb. 41).

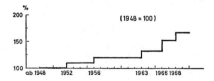

Abb. 41: *Entwicklung der BASF-Verrechnungspreise für Flußwasser*

Bei der Versorgung des Chemiebetriebes mit *Kesselspeisewasser* ergibt sich unabhängig vom eigentlichen Dampfkesselbetrieb ein rationalisierungshemmender Faktor durch den zunehmenden Anteil (verschmutzten) Flußwassers im Rohwassereingang, der z. T. allerdings durch die spezifisch geringeren Förderkosten gegenüber Brunnenwasser wieder ausgeglichen werden kann. Die bereits mit der Darstellung der Kesselspeisewasseraufbereitung zum Ausdruck gekommene Kapitalintensität sowie der hohe Chemikalieneinsatz lassen sich auch in der Kostenstruktur nachweisen (Tab. 42).

Tabelle 42

	Kosten der Kesselspeisewasseraufbereitung (BASF) (1968)	
	DM	%
Materialkosten	1 386 435	18,7
Personalkosten	1 174 668	15,8
Energiekosten	849 996	11,4
Kapitalnutzungskosten	2 820 707	38,1
Werkstattkosten	945 347	12,7
Sonstige Kosten	244 992	3,3
Gesamtkosten	7 422 145	100,0

Im Überschlag erhöht sich damit der spezifische Kostenwert des Deionatausgangs gegenüber dem für das Flußwasser anzusetzenden innerbetrieblichen Verrechnungspreis angenähert um den Faktor 20 auf rd. —,40 DM/m³ [64].

---

[64] Bezugsbasis: Deionat-Ausgang 1968: 19,6 Mio. m³ (vgl. Fußnote 53).

Die Versorgung mit *Trinkwasser* bietet sowohl vom Mengengerüst als auch vom Wertsatz her die geringsten Rationalisierungsmöglichkeiten. Die bereits erwähnte belegschaftsbezogene und sanitärhygienische Aufgabenstellung sowie die nur über tarifliche Mengenstaffel bzw. Sonderverträge mit der jeweiligen Gebietskörperschaft beeinflußbare Kostengestaltung engen den betriebswirtschaftlichen Dispositionsrahmen erheblich ein. Der Faktor $\approx$ 15 ist ein erster Anhaltspunkt für den spezifischen Kostenwertansatz im Verhältnis von Flußwassereigenförderung zu Trinkwasserfremdbezug[65]).

3. Der verfahrenstechnisch zu fordernde hohe Einsatz von Kühlwassermengen wird erst bei optimaler Standortsituation zu einer geringstmöglichen spezifischen Kostenbelastung führen. So zeigt z. B. die Wirtschaftlichkeitsberechnung von zwei aus C_4-Crackschnitten nach BASF-Verfahren gewonnenen petrochemischen Grundstoffen hohe Verbrauchszahlen für die Energieträger Dampf, Elektrizität und Kühlwasser. Allein die Rückgriffsmöglichkeit auf eine werkseigene Flußwasserversorgung verhindert eine entsprechend hohe Beteiligung des Kühlwassers am Gesamtkostenvolumen (Tab. 43). Bereits der fiktive Ansatz von Fremdbezugskosten mit einer Zehnerpotenz über den werksinternen Verrechnungspreis würde die gesamte Kostenstruktur, die Angebotspreisstellung und damit die produktspezifische Wettbewerbssituation grundlegend verändern.

---

[65]) Die BASF konnte sich zur Angabe des Trinkwasserbezugspreises leider nicht bereitfinden, so daß auf Behelfsrechnungen ausgewichen werden mußte: Nach Auskunft der Stadtwerke Ludwigshafen beträgt der allgemeine Tarif für den Trinkwasserbezug DM —,50/m³. Sonderverträge mit chemieindustriellen Großabnehmern, wie z. B. BASF AG, Dr. F. Raschig GmbH, Gebr. Giulini GmbH, Knoll AG u. a., führten jedoch 1968 zu einem Durchschnittserlös von DM —,43/m³, so daß nach Berücksichtigung ihres rd. 44%igen Anteils (BASF: 34 %) am städtischen Trinkwasserverbrauch der im Verhältnis zum Verrechnungspreis für Flußwasser anzusetzende Faktor von $\approx$ 15 im Überschlag gerechtfertigt erscheint.

Tabelle 43

Wirtschaftlichkeitsberechnung petrochemischer Grundstoffe aus C_4-Crackschnitten (BASF)[66]		
	Butadien-1,3 $H_2C = CH - CH = CH_2$	*Isobutylen* $H_2C = C <^{CH_3}_{CH_3}$
Produktionsverfahren	NMP-Verfahren (Gegenstromgaswäsche bei Verwendung von wasserhaltigem N-Methylpyrrolidon (NMP) als selektives Lösungsmittel mit anschließender Rektifikation)	Schwefelsäure-Verfahren (Hydratisierung mit 65 %-iger Schwefelsäure zu tert. Butanol, dessen Abdestillation als Azeotrop, Dehydratisieren in Isobutylen und Wasser sowie destillative Reinigung durch Fraktionierung)
Investitionskosten[67]	6,3 Mio. DM	4,5 Mio. DM
Rohstoffeinsatz	128 500 jato roher C_4-Crackschnitt mit 45 Gew.-% Butadien-1,3 ≙ 55 000 jato Reinst-Butadien	13 500 jato Butengemisch mit 50 Gew.-% Isobutylen ≙ 6 000 jato Reinst-Isobutylen
Betriebsstunden	8 000 h/a	8 000 h/a
Produkt-Spezifikation	Butadien-1, 3 > 99,5 % Acetylene < 50,0 ppm Allene < 100,0 ppm Ausbeute 95,0 %	Isobutylen 99,90 % n-Butene 0,05 % tert. Butanol + Diisobutylene 0,01 % Ausbeute 90,00 %
Verbrauchszahlen (je t Endprodukt) Dampf (14 atü) Elektr. Energie *Kühlwasser (25 °C)* NMP Erdgas	2,20 t 350,00 kWh *150,00 m³* < 0,25 kg —	2,5 t 350,0 kWh *400,0 m³* — 140,0 m³

[66]) Zusammengestellt aus: R. PLATZ u. a.: Verfahren zur Herstellung petrochemischer Grundstoffe (II). In: Chemische Industrie, 22. Jg., Nr. 1/1970, S. 32 f.

[67]) Preis für BRD, ohne Steuern, Ingenieurgebühr und bei dem NMP-Verfahren ohne Lösungsmittelerstfüllung.

Tabelle 43 (Fortsetzung)

Kostenart	DM je Kosteneinheit bzw. -periode	Butadien 1,3 DM je t	% Endprodukt	Isobutylen DM je t	% Endprodukt
Dampf	10 DM/t	22	10,8	25	6,6
Elektrische Energie	4 DM/100 kWh	14	6,8	20	5,2
Erdgas	6,5 DM/100 m³	—	—	9	2,4
Kühlwasser	*2 DM/100 m³*	3	1,5	8	2,1
NMP und sonstige		1	0,5	—	—
Chemikalien		—	—	1	0,3
Kapitaldienst (4 Jahre Wiedereinbringung)	Butadien: 1,575 Mio. DM/a Isobutylen: 1,125 Mio. DM/a	28,6	14,0	187	49,0
Reparaturkosten (4 % der Investitionskosten p. a.)	Butadien: 252 000 DM/a Isobutylen: 180 000 DM/a	4,6	2,3	30	7,9
Personalkosten (2 Mann pro Schicht)	10 DM/h	1,45	0,7	1,45	0,4
Einsatzprodukt in C₄- bzw. Butengemisch		130	63,4	100	26,1
Herstellungskosten		205	100,0	381	100,0

3. Die Abwasserreinigung im Chemiebetrieb

3.1. *Gesamtableitung von Wasser in der Chemischen Industrie*

3.1.1. *Anteil der Chemischen Industrie an der industriellen Gesamtableitung von Wasser*

Mit der Darstellung des chemiebetrieblichen Wasserbedarfs und seiner Bestimmungsgründe konnte auf die große Bedeutung der rohwasserbezogenen Beschaffungspotentialüberlegungen im Rahmen der Standortanalyse hingewiesen werden. Im Endergebnis erklären sie für den Chemiebetrieb ein ausreichendes Wasservorkommen gewissermaßen zur regionalwirtschaftlichen conditio sine qua non.

Trotzdem sind damit die wasserwirtschaftlichen Standortprobleme nur zur Hälfte erfaßt. Wie bereits dargelegt, kann nur ein geringer Teil des ohnehin nur mit rd. 18 % am chemieindustriellen Gesamtwasseraufkommen beteiligten „Sonstigen Fabrikationswasser" als stoffliche Reaktionskomponente des Prozeßgeschehens angesehen werden. Nur für diesen Teil geht Wasser in chemische Endprodukte ein: ob mit seinen atomaren Bestandteilen oder molekular als Roh- und Hilfsstoff bzw. Kristallwasser, es verläßt mit den Verkaufsprodukten die Produktionsstätte und repräsentiert insofern ein entsprechendes Defizit in der örtlichen Wasserbilanz.

Ganz überwiegend übt das Wasser jedoch betriebsstoffmäßige Funktionen aus und muß daher nach seiner betrieblichen Nutzung wieder abgeleitet werden. Den geschilderten Größenordnungen bei der Wasserversorgung entsprechend gilt die Chemische Industrie als besonders abwasserintensiv und stellt damit allein rein *quantitativ* erhöhte Anforderungen an die Aufnahmefähigkeit des örtlichen Vorfluters bzw. der kommunalen Kanalisation. Darüber hinaus wird das Wasser durch seine betriebsstoffmäßige Beteiligung am chemisch-technologischen Prozeß vielfältigen physiko-chemischen Einwirkungsmöglichkeiten ausgesetzt, die zu entsprechenden *qualitativen* Veränderungen führen. Die Raumwirksamkeit der Chemischen Industrie besteht somit nicht — wie etwa bei der *Wasserversorgung* — in einer mehr oder weniger starken Inanspruchnahme gegebener Standortressourcen für konkrete betriebliche Zielsetzungen, sondern in einer unmittelbaren Beeinträchtigung der Umwelthygiene. Dabei bestimmen sowohl die Leistungsstärke des natürlichen Vorfluters (Wasserführung, Selbstreinigungskraft) bzw. die kommunalen Klärverhältnisse als auch die eingeleiteten Schmutzstoffe einschließlich der physikalischen Beschaffenheit das Ausmaß des örtlichen Abwasserproblems.

Mit dem sprunghaften Anstieg des industriellen Wasserbedarfs erhöht sich auch zwangsläufig der Abwasseranfall. Die wöchentliche Steigerungsrate entspricht dabei für die letzten 10 Jahre dem Wasserbedarf einer Stadt von 50 000 Einwohnern[68]). Es versteht sich von selbst, daß an dieser Entwicklung wiederum die Chemische Industrie maßgeb-

---

[68]) H. HUNKEN: Stand der Realisierung von Abwasserreinigungs- und Wasserkreislaufanlagen bei der Industrie in Deutschland (Vortrag: Fachtagung Pro Aqua 69 in Basel am 28. Mai 1969).

lichen Anteil hat. So entfallen nach den Ergebnissen der bereits mehrfach zitierten Zusatzerhebung zum Industriebericht für das Jahr 1965 von den insgesamt abgeleiteten industriellen Abwässern (= 10,35 Mrd. m³) rd. 28 % (= 2,86 Mrd. m³) auf die Chemische Industrie[69]). Die übrigen Industriegruppen zeigen eine dem Wasseraufkommen entsprechende Verteilung, so daß auf eine tabellarische Darstellung verzichtet werden kann. Viel aufschlußreicher sind hingegen die Angaben zum Verschmutzungsgrad des Abwassers sowie der Art seiner Ableitung. So gelten als eigentlich verschmutzt „nur" 17,7 % (= 507,3 Mio. m³), von denen darüber hinaus 70 % (= 355,3 Mio. m³) eine gewisse Vorbehandlung in den Werken erfahren; 82,3 % (= 2 853,6 Mio. m³) enttfallen auf unverschmutzte, zum überwiegenden Teil (= 78,9 % = 2 253,7 Mio. m³) aus Kühlwasser bestehende Abwässer. Der Ableitung dient grundsätzlich (= rd. 95 %) ein natürlicher Vorfluter (Abb. 44).

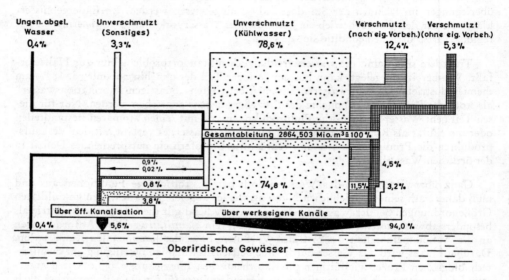

Abb. 44: Gesamtableitung von Wasser durch die Chemische Industrie der BRD 1965

3.1.2. *Regionale und betriebliche Begrenzung des Untersuchungsobjekts*

Der hohe Wasserbedarf und die daraus resultierende Abwasserintensität der Chemischen Industrie haben in Westdeutschland zu einer räumlichen Konzentration dieses Industriezweiges in wasserwirtschaftlich stark beanspruchten Ballungsgebieten geführt[70]). Das gilt insbesondere auch für den Rhein-Neckar-Raum, auf dessen bedeutenden Chemie-

---

[69]) Vgl. Statistisches Bundesamt, Wiesbaden (Hrsg.): Wasserversorgung der Industrie 1965, a. a. O., S. 14 f.
[70]) TESKE beziffert diesen Anteil mit 86 % der westdeutschen Chemischen Industrie (vgl. WOLFGANG TESKE: Wasserversorgung und Abwasserbeseitigung in der Chemischen Industrie in Deutschland. Vortrag: Fachtagung Pro Aqua 69 in Basel am 30. Mai 1969).

anteil im vorderpfälzischen Industriegebiet bereits im Rahmen der Wasserversorgungsanalyse hingewiesen wurde. Auf einen zusätzlichen, nunmehr abwasserbezogenen statistischen Beleg kann daher verzichtet werden[71]).

Nach dieser regionalen Begrenzung sei zur Konkretisierung des chemiebetrieblichen Abwasserproblems wiederum die BASF als Demonstrationsobjekt herangezogen. Dabei gestattet der Rückgriff auf die Gründungszeit zugleich eine Erklärung der gegenwärtigen Abwassersituation. So heißt es in der Konzessionsurkunde des kgl. bayr. Bezirksamtes Speyer vom 8. Mai 1865: „Bezüglich der Ableitung des Wassers haben sich die Concessionäre nach den Vorschriften zu richten, wie sie von der k. Baubehörde Speyer gegeben werden." Nach diesen Vorschriften war es der BASF aus den bereits an anderer Stelle erwähnten Gründen untersagt, den Hochwasserdamm am Rhein mit Abwasserkanälen zu durchfahren. Damit konnte z. B. der im Jahre 1866/67 erbaute und heute noch vorhandene erste Abwasserkanal (Kanal-Nr. II) die anfänglich in offenen Rinnen („Kandeln") gesammelten Werksabwässer nur bis in die Nähe des Rheindammes führen, während Schöpfwerke bzw. später Pumpen die eigentliche Ableitung in den Vorfluter übernahmen. Diese Auflage begünstigte in der Vergangenheit zweifellos die Entwicklung eines Mischkanalisationssystems, wonach Kühl-, Schmutz- und Regenwasser in gemeinsamen Kanälen abgeleitet werden.

Inzwischen hat die Gesamtabflußmenge der BASF eine Größenordnung von 2 bis 2,4 Mio. m³/Tag erreicht. Der Ableitung dient ein 50 km langes Kanalnetz, das mit seinen — über eine Uferstrecke von 5,4 km verteilten — 15 Ausläufen die Werksabwässer dem Rhein zuführt (Tab. 45 in Verbindung mit Abb. 63). Ein im Verhältnis zur Gesamtableitung verschwindend kleiner Teil wird in das öffentliche Kanalnetz der Stadt Ludwigshafen abgegeben. Er stammt im wesentlichen aus Gebäuden, die an der Peripherie des Werksgeländes liegen, in denen aber keine Produktionsaufgaben durchgeführt werden (u. a. ein Verwaltungsgebäude, Ambulanz, Lehrwerkstätte).

3.2. *Die Zusammensetzung des chemiebetrieblichen Abwassers und sein Einfluß auf die Umwelthygiene*

3.2.1. *Kategorien des chemiebetrieblichen Abwassers*

Die Gegebenheiten eines organisch gewachsenen *Mischkanalisationsnetzes* dürfen nicht über die grundsätzliche Heterogenität des Chemieabwassers hinwegtäuschen. Sie ergibt sich zwangsläufig aus der bereits analysierten unterschiedlichen Aufgabenstellung des betrieblichen Wasserbedarfs und muß damit die Entwicklung einer Wasserableitungskasuistik gestatten, die sich im wesentlichen an den Kategorien des Wasserbedarfs orientiert:

Als Ableitungsarten lassen sich mithin unterscheiden:

1. Kühlwasser,
2. Fabrikationsabwasser,
3. Bautenentwässerung und
4. Regenwasser.

---

[71]) Vgl. Statistisches Bundesamt, Wiesbaden (Hrsg.): Wasserversorgung der Industrie 1965, a. a. O., S. 16 ff.

Tabelle 45

	Wasserführung der BASF-Abwasserkanäle (1966)		
Kanal	Rhein-km	Wasserführung (Tagesdurchschnitt) m³	Abwasseranalytische Anmerkungen
I a	426,2+12	2 000	Spritzwasser für Siebreinigung Wasserwerk Süd
I	426,3+94	70 000	Wasserwerk Süd
III	≈ 426,5	—	z. Z. stillgelegt
IV a	426,6+09	120 000	Farbenabteilung
IV	≈ 426,7	—	z. Z. stillgelegt
V	426,8+59	77 000	gemischt
VI	427,0+57	50 000	anorganisch, Säure
VI a	427,1+60	100 000	gemischt
VII	427,4+41	130 000	gemischt
VIII	428,0+60	385 000	gemischt, größtes Einzugsgebiet, höchste Schmutzfracht
VIII c	428,2+09	—	Überlauf, nur zeitweilig in Betrieb
IX	429,8+49	550 000	gemischt
X/X a	429,9+37 429,9+45	280 000	gemischt, Doppelrohr
XII	430,2+82	370 000	gemischt
XIV	431,4+73	—	Niederschlag, früher XIII
Insgesamt		2 134 000	
Tagesdurchschnitt		2,0 bis 2,4 Mio. m³	

Wie bei den Wasserversorgungskategorien dominiert auch hier quantitativ das *Kühlwasser*. Für die BASF wird dieser Anteil — bezogen auf das Jahr 1965 — mit immerhin rd. 76 % angegeben, auch wenn er damit noch etwas unter dem Branchendurchschnitt (≈ 79 %) liegt. Inzwischen (1968) hat er sich auf rd. 83 % erhöht (Tab. 46).

Seiner Funktion in Oberflächenkondensatoren entsprechend kommt das Kühlwasser mit chemischen Produkten nicht in Berührung und ist damit frei von beigemischten Fremdstoffen. Insofern kann Kühlwasser als „unverschmutztes Abwasser" gelten. Wenn jedoch darüber hinaus unter Bezugnahme auf die Flußwasseraufbereitung für Kühlzwecke die

Filterqualität des abgeleiteten Wassers als „ein Beitrag zur Gewässerreinhaltung"[72]) bezeichnet wird, so bedarf diese Aussage einer mehrfachen Relativierung. Ein echter Beitrag zur Gewässerreinhaltung liegt nur dann vor, wenn die bei der Flußwasseraufbereitung anfallenden Schlämme für immer dem Vorfluter entzogen und nicht per Filterrückspülung — wie z. Z. noch bei der BASF — wieder eingebracht werden. Selbst für den Fall, daß diese Schlämme durch Verbrennen bzw Deponie beseitigt oder zumindest in ihrem Volumen reduziert werden konnten, bleiben immer noch die möglichen Auswirkungen der thermischen Belastung auf die Biozönose des Vorfluters bestehen.

Trotz der Einschränkungen hinsichtlich der Unbedenklichkeit abgeleiteten Kühlwassers gilt die zweite Kategorie — das *Fabrikationsabwasser*[73]) — als unvergleichlich problematischer. Ohne den noch zu erörternden analytischen Merkmalen vorgreifen zu wollen, sei bereits hier darauf hingewiesen, daß sich ausschließlich in dieser Abwasserkategorie sowohl die vielfältigen Einsatzmöglichkeiten des Wassers im Prozeßgeschehen als auch die Heterogenität des chemieindustriellen Leistungsprogramms widerspiegeln. Sei es als Lösungsmittel bei chemischen Reaktionen, als Spül- und Reinigungswasser in den Betrieben oder als Waschwasser zur Abluftbehandlung, in allen Fällen kommt es mit Chemikalien in Berührung und ist daher mehr oder weniger stark verschmutzt.

Die *Bautenentwässerung*, zu der insbesondere Wasch- und Fäkalabwässer zählen, sowie die Erhöhung des Trockenwetterabflusses durch *Regenwasser* haben branchengenerelle Bedeutung und bedürfen daher keiner weiteren Erörterung. Es sei lediglich auf die kapazitiven Probleme hinsichtlich der vom Werksgelände abzuleitenden Niederschlagsmengen hingewiesen, die bei flächenintensiven Betrieben wie der BASF (1969: 5,63 km^2) immerhin rd. 25 200 m^3/h betragen und damit den Trockenwetterabfluß um rd. ein Drittel auf 108 500 m^3/h erhöhen[74]).

Darüber hinausgehende differenzierte Mengenangaben können — im Gegensatz zum Kühlwasser — für die drei letzten Abwasserkategorien sowohl für die Chemische Industrie als auch für die BASF nicht gemacht werden, da die Zusatzerhebung zum Industriebericht bezüglich der Ableitung von Wasser nur den Verschmutzungsgrad und die Ableitungsart zu Befragungskriterien erhoben hat (Tab. 46). Danach gelten für die BASF im Jahre 1965 rd. 13 %/o (= 102,95 Mio. m^3) als verschmutzt (1967 = 141,54 Mio. m^3 = 15 %/o), worin sich mithin der Trockenwetterabfluß aus Fabrikationsabwasser und Bautenentwässerung zu teilen hätten. Den darüber hinaus der Statistik zu entnehmenden Angaben zum Umfang einer werksinternen Vorbehandlung des Abwassers ist nur mit Zurückhaltung zu begegnen, weil damit die Frage, ob ausreichende bzw. nicht ausreichende Abwasserreinigung vorgelegen hat, branchengenerell keineswegs sicher beantwortet werden kann. Von den „Normalanforderungen für Abwasserreinigungsverfahren" der Länderarbeitsgemeinschaft Wasser (LAWA) blieb die Chemische Industrie bislang ausgenommen[75]).

---

[72]) WOLFGANG TESKE: Abwasserreinigung in der chemischen Industrie als technische und wirtschaftliche Integrationsaufgabe. In: Wasser, Luft und Betrieb, 12. Jg., Nr. 3/1968, S. 133.
[73]) In der Literatur finden sich hierzu auch die Synonyma „Prozeßabwasser" und „Schmutzwasser".
[74]) Vgl. hierzu auch H. ENGELHARDT und W. HALTRICH: Vorarbeiten für die Gemeinschaftskläranlage der BASF und der Stadt Ludwigshafen am Rhein. In: Chemie-Ingenieur-Technik, 40. Jg., Nr. 6/1968, S. 279.
[75]) Vgl. Länderarbeitsgemeinschaft Wasser (LAWA) (Hrsg.): Normalanforderungen für Abwasserreinigungsverfahren. Stand 1966. Unveränderte 2. Aufl. Hamburg 1969, S. 11.

Tabelle 46 Anteil der BASF an der Gesamtableitung von Wasser durch die Chemische Industrie der BRD

	Gesamt-ableitung	Ungenutzt abgeleit. Wasser	Nach Nutzung im eigenen Betrieb abgeleitetes Wasser					
			Insgesamt	unverschmutzt			verschmutzt	
				zusammen	darunter Kühlwasser		nach eigener Vorbehandlung	ohne eigene Vorbehandlung
Chemische Industrie 1965								
1 000 m³	2 864 503	10 930	2 853 573	2 346 304	2 252 748		355 255	152 014
%	100	0,4	99,6	81,9	78,6		12,4	5,3
BASF 1965								
1 000 m³	798 080	—	798 080	695 130	608 800		71 090	31 860
%	100		100	87,1	76,2		8,9	4,0
BASF 1967								
1 000 m³	940 330	—	940 330	798 790	761 530		141 540	
%	100		100	84,9	81,0		15,1	

Aber auch ein Hinweis darauf, *was* überhaupt als Vorbehandlung angesehen werden kann, ist der zitierten Statistik nicht zu entnehmen[76]), so daß formal gesehen Gleichwertigkeit zwischen grob-mechanischer Behandlung und vollbiologischer Abwasserreinigung besteht, was im Endergebnis den Aussagewert dieser Zahlen praktisch wertlos macht und die BASF veranlaßte, für 1967 diesen Komplex mengenmäßig nicht mehr differenziert auszuweisen (Tab. 46).

3.2.2. *Bestimmungsfaktoren der umwelthygienischen Einflußnahme durch Chemieabwässer*

3.2.2.1. *Analytische Charakterstika*

Bei der Analyse der von Chemieabwässern ausgehenden umwelthygienischen Einflüsse soll zunächst von den *analytischen Merkmalen* ausgegangen werden. Mit ihnen lassen sich Art und Umfang der physiko-chemischen Veränderungen nachweisen, die das Einsatzgut „Wasser" im betrieblichen Prozeßgeschehen erfährt. Gleichzeitig werden damit aber auch die technischen und wirtschaftlichen Schwierigkeiten sichtbar, mit denen sich der Chemiebetrieb bei seinen auflagenbezogenen Bemühungen um abwassertechnische Sanierung auseinandersetzen muß.

Diese Schwierigkeiten lassen sich auf qualitative Unterschiede zurückführen, die sowohl zwischen Chemie- und Kommunalabwässern als auch im Verhältnis zu den entsprechenden flüssigen Abgängen der übrigen Industriezweige bestehen. So kann bei der Analyse *kommunalen Abwassers* hinsichtlich des Verschmutzungsgrades im 24-Stunden-Mittel von bestimmten Erfahrungssätzen ausgegangen werden (Tab. 47). Dabei beziehen sich diese Angaben auf einen — für europäische Verhältnisse repräsentativen — städtischen Wasserverbrauch von 150 l je Einwohner und Tag[77]). Selbst die mit fortschreitender Zivilisation zwangsläufig verbundene Erhöhung des Wasserverbrauchs[78]) läßt die Schmutzmenge nur geringfügig ansteigen, abgesehen von Umschichtungen im Verhältnis der absetzbaren, nichtabsetzbaren und gelösten Stoffe.

Tabelle 47

Verschmutzung des mittleren Abwassers einer deutschen Stadt[79]) (ohne gewerbliche Verschmutzung bei 150 l/ Tag)				
	min.	org.	gesamt	BSB
Absetzbare Schwebestoffe	130	270	400	130
Nicht absetzbare Schwebestoffe	70	130	200	80 ⎫
Gelöste Stoffe	330	330	660	150 ⎬ 230
Zusammen	530	730	1 260	360 g/m³

---

[76]) Vgl. im Gegensatz hierzu Statistisches Bundesamt, Wiesbaden (Hrsg.): Öffentliche Wasserversorgung und öffentliches Abwasserwesen 1963. Fachserie D, Reihe 5, III. Stuttgart und Mainz 1966, S. 28 ff.
[77]) Deutsche Großstädte mit anteiliger Industrie: 200-350 l/E · d (vgl. KARL IMHOFF: Taschenbuch der Stadtentwässerung. 22., verbesserte Aufl. München 1969, S. 85) (Nordamerika und Schweiz: 450-600 l/E · d).
[78]) Vgl. ARNOLD EIGENBRODT: Entwicklungstendenzen in der Wasserversorgung der Bevölkerung. In: Kongreß und Ausstellung Wasser Berlin e. V. (Hrsg.): Kongreß und Ausstellung Wasser Berlin 1968, Vorträge, Berlin 1969, S. 48 f.
[79]) Vgl. KARL IMHOFF: Taschenbuch der Stadtentwässerung, a. a. O., S. 85.

Im Gegensatz hierzu die *gewerblichen Abwässer:* Ihre Zusammensetzung bestimmt sich weitgehend nach der jeweiligen Wassernutzung im Betrieb und variiert damit von Industriezweig zu Industriezweig. Dabei bezieht sich die Heterogenität der industriellen Abwässer nicht nur auf die in ihnen enthaltenen Fremdstoffe (gelöst, emulgiert, suspendiert), sondern auch auf die *Menge* und die *Art ihres Anfalls* (kontinuierlich, diskontinuierlich). Trotzdem ergeben sich für viele Industriezweige branchenspezifische Charakteristika. Als Beispiele seien genannt[80]:

1. Zellstoffabrikation: Sulfitablaugen, Waschwässer,
2. Lebensmittelindustrie: Abwässer mit hochmolekularen Eiweißkörpern, Kohlenhydraten und Fetten einschließlich anorganischen Salzen bzw. erdigen Beimengungen,
3. Erzbergbau: Grubenwässer mit löslichen Mineralsalzen und
4. Kaliindustrie: Schachtwässer als verdünnte, kochsalzreiche Kalisalzlösungen; Endlaugen mit Magnesium-, Kalium- und Natriumchlorid sowie Magnesiumsulfat.

Eine Sonderstellung nimmt auch hier die *Chemische Industrie* ein. Wenn für diesen Industriezweig überhaupt von einem abwasserbezogenen Branchenspezifikum gesprochen werden kann, dann ist es die Verschiedenartigkeit von Betrieb zu Betrieb, die jede Verallgemeinerung verbietet. Die betriebswirtschaftlich-technischen Besonderheiten dieses Industriezweiges, wie naturgesetzlich-determinierte Verbundproduktion, Heterogenität des Leistungsprogramms sowie die durch technischen Fortschritt bzw. veränderte Marktkonstellation gleichermaßen erzwungene produktionswirtschaftliche Dynamik verleihen jeder Konkretisierung des Abwasserproblems nur betriebsindividuelle Bedeutung.

Darüber hinaus ist durch Verfahrensumstellungen, saisonbedingte Produktionsschwerpunkte und partiellen Chargenbetrieb mit erheblichen Schwankungsbreiten hinsichtlich des Abwasseranfalls einschließlich seiner analytischen Merkmale zu rechnen, so daß die Zeitbezogenheit selbst betriebsindividuelle Aussagen relativieren kann. Auch unser Untersuchungsobjekt BASF macht dabei keine Ausnahme.

Die hier z. Z. noch im Mischverfahren abgeleiteten Werksabwässer können zu rd. 17 % = 14 000 m³/h als im eigentlichen Sinne verschmutzt angesehen werden. Der pH-Wert liegt zwischen 2 und 3 und der Gehalt an gelösten anorganischen Verbindungen bei 1 g/l. Nach der Größenordnung ihres Anfalls setzen sie sich aus

Chloriden,
Sulfaten,
Nitraten und
Karbonaten

zusammen, wobei der mit 200 mg/l angegebene Nitratgehalt relativ hoch ausfällt. Er ist — ebenso wie der nur unbedeutende Anteil an suspendierten Stoffen — ein Charakteristikum des BASF-Abwassers und wird noch im Zusammenhang mit den biologischen Reinigungsmöglichkeiten gesondert zu berücksichtigen sein.

---

[80] Vgl. hierzu ausführlich: F. MEINCK; H. STOOFF und H. KOHLSCHÜTTER: Industrie-Abwässer. 4., völlig neubearbeitete Auflage von Nr. 6 der „Schriftenreihe des Vereins für Wasser-, Boden- und Lufthygiene, Berlin-Dahlem". Stuttgart 1968, S. 519 ff., S. 308 ff., S. 172 ff. und S. 236 ff.

Die Analyse der organischen Verunreinigungen weist äußerst heterogene Verbindungsgruppen aus (Tab. 48):

Tabelle 48

Organische Verunreinigungen des BASF-Abwassers
(1968)

Verbindungsgruppen	Anteil (%)
Aliphatische Mono-, Di- und Oxycarbonsäuren (1 bis 6 C-Atome)	69,1
Aliphatische Alkohole und Aldehyde	9,5
Andere aliphatische Verbindungen	9,5
Aromatische Verbindungen	11,9
	100,0

Sie verursachten 1968 einen BSB_5 von rd. 0,5 g/l, das entspricht rd. 170 tato BSB_5 bzw. 3,2 Mio. EGW[81]). 1969 konnte die Schmutzfracht durch (noch zu erörternde) abwassertechnische Maßnahmen auf rd. 96 tato BSB_5 bzw. 1,8 Mio. EGW gesenkt werden. Biologisch-toxisch wirkende Stoffe gelten als „im Abwasser praktisch nicht enthalten", das gleiche bezieht sich auf Öle, Benzine und Lösungsmittel, da ihre Abscheidung bereits im Werk erfolgt.

Das bei der BASF dominierende Kühlwasser (= 83 %) wird z. Z. noch gemeinsam mit dem Schmutzwasser abgeleitet und übt insofern auf den Gehalt an Wasserinhaltsstoffen konzentrationsmindernde Wirkung aus. Die absolute Schmutzfracht bleibt hiervon unberührt.

3.2.2.2. *Lokale Entwässerungsmöglichkeiten*

Das Problem der Raumwirksamkeit chemiebetrieblicher Abwässer darf nicht allein unter dem Gesichtspunkt gegebener Abwassermengen einschließlich ihrer Zusammensetzung gesehen werden. Das Ausmaß umwelthygienischer Einflußnahme bestimmt sich vielmehr erst nach zusätzlicher Berücksichtigung eines wechselbezüglichen Sachzusammenhangs mit den *lokalen Entwässerungsmöglichkeiten*. Auch das ist eine regionalwirtschaftliche Rahmenbedingung, die über Gunst bzw. Ungunst von Industriestandorten entscheidet. Dabei impliziert der nunmehr abfallwirtschaftliche Bezugsrahmen grundsätzlich andere Erfordernisse als die bisherigen Beschaffungspotentialüberlegungen zur Sicherstellung des betrieblichen Wasserbedarfs, so daß die standortanalytischen Ergebnisse möglicherweise differieren können.

---

[81]) Der Einwohnergleichwert (EGW) gibt den 5tägigen biochemischen Sauerstoffbedarf (BSB_5) an, der zum oxidativen Abbau einer je Einwohner und Tag anfallenden häuslichen Abwassermenge benötigt wird; er beträgt für deutsche Verhältnisse 54 g.

Als Ableitungsarten stehen zur Disposition:

1. Einleitung in öffentliche Gewässer,
2. Anschluß an städtische Entwässerungsnetze,
3. Versickerung und Versenkung,
4. Landwirtschaftliche Verwertung und schließlich
5. Vernichtung des Abwassers.

Um mit der ältesten, aber auch zugleich ungeeignetsten Ableitungsart zu beginnen, der *Versickerung* und *Versenkung:* Ihre Ausübung verbietet sich bei der Chemischen Industrie allein unter Hinweis auf die Beeinträchtigungen der Grundwasserbeschaffenheit, eine Gefahr, die bei den geschilderten analytischen Merkmalen des BASF-Abwassers nicht näher begründet zu werden braucht.

Ähnliche Gesichtspunkte sprechen auch gegen eine *landwirtschaftliche Verwertung*, nur daß hier noch zusätzliche Gefahrenmomente, wie u. a. die humuszerstörenden Eigenschaften freier Säuren und Alkalien sowie die Pflanzenschädlichkeit hoher Salzgehalte, zu berücksichtigen sind und schon deshalb die eigentliche Zwecksetzung dieser Ableitungsart ad absurdum führen. Die Ausnutzung des Düngewertes dürfte damit nur jenen Abwasserarten vorbehalten bleiben, die oxidativ abbaubare organische Substanz möglichst ohne störende Bestandteile enthalten, wie möglicherweise die häuslichen Abwässer oder die Abwässer der Lebensmitelindustrie.

Wenn in der Systematik der Ableitungsarten auch die *Vernichtung von Abwasser* angeführt ist, dann soll damit weniger die *Ableitung* als vielmehr die Beendigung eines wasserwirtschaftlichen Nutzungsprozesses im Industriebetrieb durch physiko-chemische *Zerlegung* angesprochen werden. Insbesondere betriebswirtschaftliche Erwägungen, wie z. B. die Rückgewinnung wertvoller Abwasserbestandteile, führten zu dieser Form der Abwasserbeseitigung. Als Beispiel sei die Sulfatzellstoffherstellung erwähnt, bei der sich durch thermische Behandlung des Abwassers 95 % und mehr der aus dem Holz gelösten organischen Substanz zur Isolierung von Aufschlußchemikalien verwerten läßt. Gleichzeitig ergibt sich damit ein wichtiges Abgrenzungskriterium zur *Abwasserreinigung*, bei der es zwar auch um den Entzug bzw. die chemische Umwandlung bestimmter Wasserinhaltsstoffe geht, die aber im übrigen den Zwang zur *Wasserableitung* nicht aufhebt. In der Chemischen Industrie werden sich unter den Bedingungen einer äußerst heterogenen sowie im Zeitablauf sich wandelnden Abwasserzusammensetzung nur partielle Anwendungsmöglichkeiten der thermischen Abwasservernichtung bieten; sie scheidet mithin ebenfalls als grundsätzliche Ableitungsart aus.

Der *Anschluß an städtische Entwässerungsnetze* kommt nur für Industriebetriebe mit mäßigem Abwasseranfall in Betracht. Soweit chemische Großbetriebe — wie die BASF — noch nach dem Mischverfahren entwässern, würden hierdurch städtische Kanalisationsbauten bzw. Kläranlagen von gigantischen Ausmaßen notwendig, und das noch bei einer Abwassermenge, für die zu über 80 % (= Kühlwasser) überhaupt keine Klärnotwendigkeit besteht. Im Falle der Stadt Ludwigshafen, die ihre kommunalen Abwässer z. Z. nur grob-mechanisch reinigen kann, um sie anschließend dem Rhein zuzuführen, würde der Anschluß an das städtische Kanalisationsgesetz ohnehin nur als bloße Verlängerung des Ableitungsweges anzusehen sein, dem keinerlei Reinigungseffekt entspricht.

Somit verbleibt die *Einleitung in öffentliche Gewässer* als die von der Chemischen Industrie grundsätzlich zu nutzende Entwässerungsmöglichkeit. Dabei entscheiden Selbstreinigungskraft und Abflußverhältnisse eines Wasserlaufs über das Ausmaß seiner Belastbarkeit und damit der umwelthygienischen Einflußnahme durch chemiebetriebliche Abwässer. Der Rhein hat sich auch hier im Vergleich zu anderen Flüssen bis in die jüngere Vergangenheit noch als idealer Vorfluter erwiesen, der dank seiner reichlichen Wasserführung (Tab. 13) den Umfang der Verunreinigungsmerkmale in Grenzen hielt. Insofern ist auch unter dem Gesichtspunkt der lokalen Entwässerungsmöglichkeit der BASF-Standort als ausgesprochen günstig anzusehen.

Inzwischen haben sich jedoch einige Veränderungen im Gewässerzustand des Rheins ergeben, die ihn für den Raum Mannheim—Ludwigshafen schon vor der Einleitung von BASF-Abwässern die Wassergüteklasse III, d. h. stark verschmutzt mit bereits überforderter Selbstreinigungskraft, annehmen ließen[82]). Bei dieser Sachlage ist die Frage nach abwasserbezogener Standortgunst nicht mehr ausschließlich unter einem Wasserführung/Abwasserlast-Kalkül zu stellen, sie hat gleichermaßen die Wechselbezüglichkeit zwischen qualitativer Beschaffenheit des lokalen Vorfluters und *zusätzlicher* Abwasserlast durch chemiebetriebliche Verursacher zu beachten.

3.2.3. *Abwasserlast und Gewässerschutz*

Während sich die bisherigen Ausführungen um eine isolierte Darstellung von Bestimmungsfaktoren bemühten, die in ihrer Wechselbezüglichkeit Art und Umfang der umwelthygienischen Einflußnahme durch Chemieabwässer bestimmen, soll nunmehr diese Raumwirksamkeit selbst zum Gegenstand der weiteren Analyse gemacht werden. Dabei lohnt es sich, zunächst einmal nach der Würdigung dieses Sachverhalts durch den unmittelbaren Verursacher, mithin die Chemische Industrie, zu fragen, zumal sich in der Vergangenheit ein bemerkenswerter Wandel im Problemverständnis vollzog. Das Spektrum der hier bekannt gewordenen und im einzelnen noch nachzuweisenden Interpretationsmöglichkeiten läßt sich mit den Stichworten

„mehr oder weniger ausgeprägte Vernachlässigung",

„bewußte Relativierung" und

„Hervorhebung als Standortfaktor mit zentraler Bedeutung"

umreißen.

So heißt es hinsichtlich der Klärnotwendigkeit des BASF-Abwassers unmittelbar nach der Gründungszeit (1865): „Zur besonderen Behandlung des Abwassers bestand bei dem guten Zustand der Gewässer kein Anlaß"[83]). Daran war damals sicher nur soviel richtig, daß die geringe Vorbelastung bzw. der hohe Verdünnungsgrad des Rheins die Beeinträchtigung des natürlichen Vorfluters durch BASF-Abwässer vernachlässigbar klein erscheinen ließen. Bei dieser Sachlage jedoch auf chemiebetriebliche Abwasserreinigung zu verzichten, bedeutete schon damals eine absolute Verkennung der möglichen Folgen. Im Vertrauen auf ein günstiges Wasserführung/Abwasserlast-Verhältnis blieb der jeweilige Beitrag zur *ab*-

---

[82]) Vgl. Arbeitsgemeinschaft der Länder zur Reinhaltung des Rheins (Hrsg.): Die Verunreinigung des Rheins und seiner wichtigsten Nebenflüsse in der Bundesrepublik Deutschland. Stand Ende 1965. o. O. und J. Anlage 8.3: Der Rheinstrom (Wasserbeschaffenheit), Kartenmaßstab 1 : 1 500 000.

[83]) HUBERT ENGELHARDT: Der Rhein soll sauberer werden. In: BASF-Nachrichten, o. Jg., Nr. 6/1966, S. 1.

soluten Gewässerverschmutzung durch industrielle Gewässernutzer mehr oder weniger unberücksichtigt. Gleichzeitig wurde damit aber eine Entwicklung eingeleitet, deren Ergebnis wir im gegenwärtigen Stand der Rheinverschmutzung zu beklagen haben[84]).

Tabelle 49

Einwohner (in 1 000)	Öffentliches Abwasserwesen der Bundesrepublik[1]) (1963)			
	Davon waren an die öffentliche Sammelkanalisation (in %)			
	angeschlossen			nicht an- geschlossen
	mit gemeinde- oder verbands- eigene Kläranlage	ohne	insgesamt	
Bundesgebiet 57 606	50,6	19,2	69,8	30,2
davon:				
Hessen 4 974	50,3	33,0	83,3	16,7
Rheinland-Pfalz ... 3 494	28,7	37,9	66,6	33,4
Baden-Württemberg 8 081	52,3	26,0	78,3	21,7

[1]) Im Raumordnungsbericht 1970 der Bundesregierung wird der Bevölkerungsteil, der weder an eine Kanalisation noch an eine Kläranlage angeschlossen ist, in der BRD für Ende 1968 mit 25 % (= 15,2 Mio.) angegeben. Lediglich kanalisiert wurden die Abwässer von 16 % (= 9,6 Mio.) der Einwohnerschaft, während darüber hinaus für 21 % (= 12,6 Mio.) eine mechanische bzw. für 38 % (= 22,8 Mio.) eine kombiniert mechanisch-teil/vollbiologische Abwasserreinigung durchgeführt werden konnte. Vgl. Der Bundesminister des Innern (Hrsg.): Raumordnungsbericht 1970 der Bundesregierung vom 4. November 1970. Bundestagsdrucksache VI/1340, S. 46.

Es entsprach wohl jener Zeit der stürmischen Produktionsausweitungen, daß den rein abfallwirtschaftlichen Fragen einschließlich ihrer Raumwirksamkeit, wenn überhaupt, ein nur geringer Stellenwert zukam; mögliche Schadwirkungen wurden entweder nicht erkannt oder aber bewußt verdrängt. Wie anders läßt es sich sonst erklären, daß es damals zum gewohnten Erscheinungsbild einer Chemischen Fabrik gehörte, wenn Rohstoffe und Abfallprodukte ohne Rücksicht auf mögliche Grundwasserschädigungen im Werksgelände frei abgelagert wurden?

---

[84]) Der Hinweis, daß diese Entwicklung nicht ausschließlich der Chemischen Industrie anzulasten ist, sondern mehr oder weniger auf branchengenerellen Versäumnissen beruht, versteht sich fast von selbst. Im übrigen lehrt ein Blick auf Tab. 49, daß auch im *öffentlichen* Abwasserwesen noch ein erheblicher Nachholbedarf besteht. Vgl. Statistisches Bundesamt, Wiesbaden (Hrsg.): Öffentliche Wasserversorgung und öffentliches Abwasserwesen 1963, a. a. O., S. 40.

Als Beispiele mit möglichen Schadwirkungen im BASF-Bereich seien u. a. genannt:
1. das in der ersten Stufe des Leblanc-Sodaprozesses erzeugte bzw. für die zweite Stufe benötigte Natiumsulfat, das zu „weißen Bergen" vor der Soda-Fabrik lagerte [85] [86]),
2. die bei der Sodafabrikation mit 1 bis 1,5 t je t Endprodukt anfallenden Rückstände, die sich im wesentlichen aus Schwefelcalcium, -natrium, -eisen, Calciumkarbonat, Ätzkalk, Tonerde, Arsenverbindungen, Sand und Kohle zusammensetzten[87]) und ebenfalls auf Halde gingen, sowie
3. die sog. „Kiesabbrände" der Schwefelsäurefabrikation, die beim Abrösten sulfidischer Erze anfielen und bei ihrer Lagerung im Freien an durchsickernde Niederschlagswässer freie Schwefelsäure bzw. die entsprechenden Metallsulfate abgaben.

Hierdurch eingetretene Grundwasserschädigungen sind oft erst nach Jahrzehnten nachzuweisen.

Die mit einer gewissen Unbekümmertheit in Umweltfragen zu charakterisierende chemieindustrielle Gründerzeit wurde durch eine Periode abgelöst, in der sich diese Versäumnisse der Vergangenheit in einer zunehmenden Gewässerverschmutzung bemerkbar machten. Es konnte nicht ausbleiben, daß die Öffentlichkeit diese Erscheinung mit Vorrang der Chemischen Industrie als dem Hauptwassernutzer anlastete. Die vielfach rein emotional und oft nur am Phänomen der Verunreinigung orientierte Diskussion führte jedoch zu einem branchenbezogenen Rechtfertigungsprozeß, der zwar viel zur Versachlichung des Problems beitrug, im übrigen aber die möglichen Schadwirkungen von Chemieabwässern *bewußt relativierte*.

Einige Zitate seien hier pars pro toto wiedergegeben: „... unter Abwasser [wird] vom Laien sehr oft etwas ganz Falsches verstanden, nämlich etwas in jedem Falle Ungesundes, Giftiges und Schädliches, das beseitigt werden muß ... Oft ist gebrauchtes Wasser reiner und besser als das Rohwasser, aus dem es stammt. Denken wir z. B. an ein durch Belüftung, Enteisenung, Entmanganung, Chlorung und Filterung aufbereitetes Trinkwasser, das nur zum Kühlen oder zum Betrieb von hydraulischen Apparaten benutzt wurde. Rund 80 v. H. des von der Chemischen Großindustrie benutzten Brauchwassers werden z. B. nur als Kühlwasser benutzt. Natürlich gibt es auch Abwasser, auf das die obigen Attribute mit Recht angewandt werden. Zu ihnen gehören in erster Linie alle fäulnisfähigen und pathogene Keime enthaltenden gebrauchten Wasser, als deren Prototyp die kommunalen Abwasser genannt seien."[88])

An anderer Stelle fordert der Autor, daß vor der Isolierung bestimmter Schadstoffe im betrieblichen Abwasser die diesbezügliche Vorbelastung des natürlichen Vorfluters zu beachten sei, wodurch sich in bestimmten Fällen der Zwang zur Abwasserreinigung aufhebe: So erübrige sich z. B. die Klärung des Abwassers von Schwebstoffen, wenn hierdurch der Schwebstoffgehalt des Vorfluters nur unwesentlich beeinflußt würde; denn „die Beschaffenheit des Vorfluters ist ... als völlig gleich zu bezeichnen, ob er nun einen Schwebestoffgehalt von 100,0; 100,7 oder 101,0 aufweist. Die Forderung einer Reduktion von 75 mg auf [wasserrechtlich oft geforderte, Anmerkung des Verfassers] 50 mg/l und die Erstellung und der Betrieb einer Kläranlage zu diesem Zweck wäre daher einwandfrei

---

[85]) Vgl. BASF (Hrsg.): Im Reiche der Chemie, a. a. O., S. 12.
[86]) Zum Leblanc-Sodaprozeß vgl. auch S. 85.
[87]) Vgl. F. Meinck, H. Stooff und H. Kohlschütter: Industrie-Abwässer, a. a. O., S. 245.
[88]) Bernhard Wurzschmitt: Wie können wir die Abwässer reinigen? In: Wasserwirtschaft, Beilage zu „Der Volkswirt", Nr. 18 vom 7. Mai 1955, S. 33.

als Fehlinvestition zu betrachten, wenn auch die so beliebt und modern gewordene Umrechnung auf große Zahlen eine Schwebestoffmenge von rd. 100 t pro Tag ergibt... Dieselben Überlegungen ergeben sich in bezug auf kleine Mengen gelöster Salze, Säuren oder Laugen"[89]).

Derartige Überlegungen sind schon deswegen nicht vertretbar bzw. verleiten zu Fehlinterpretationen, weil sie die realen Abflußverhältnisse für chemiebetriebliche Abwässer nicht berücksichtigen. So vermischen sich die aus den Werkskanälen der BASF dem Vorfluter zugeführten Abwässer durchaus nicht unmittelbar und vollständig mit der *gesamten* Rheinwasserführung des jeweiligen Uferabschnitts. Vielmehr werden sie mit der natürlichen Flußströmung zunächst überwiegend laminar fortgeführt, so daß zu ihrer örtlichen Verdünnung nur ein schmaler Wasserstreifen zur Verfügung steht. Entsprechende Belasungsspitzen des Ludwigshafener gegenüber dem Mannheimer Rheinufer sind durch Flußwasseruntersuchungen der Stadt Mannheim regelmäßig nachgewiesen worden. Die Raumwirksamkeit chemiebetrieblicher Abwässer beginnt nicht erst nach ihrer — übrigens mehrere Kilometer in Anspruch nehmenden — turbulenten Vermischung mit der gesamten Flußwasserführung, sondern bereits unmittelbar an der Einleitungsstelle.

Aber ganz abgesehen davon: Während in der von uns mit „ausgeprägter Vernachlässigung des Abwasserproblems" apostrophierten Periode ein Zwang zur Abwasserreinigung wegen des günstigen Wasserführung/Vorbelastung/Abwasserlast-Verhältnisses nicht gegeben schien, sollen nunmehr derartige Anstrengungen einfach deswegen unterbleiben, weil der Vorfluter ohnehin schon stark belastet ist.

Spricht diese Form der verkehrten Logik bereits für sich, so stimmt es weit bedenklicher, wenn die Notwendigkeit zum Gewässerschutz vom Grad betriebswirtschaftlicher Zweckmäßigkeit abhängig gemacht werden soll: „Eine Abwasseraufbereitung ist unmöglich und kann dann auch nicht gesetzlich vorgeschrieben werden, wenn dafür kein Verfahren bekannt und trotz Forschung auch noch nicht gefunden ist... Die Kosten der gesamten Aufbereitung müssen wirtschaftlich tragbar sein, d. h. sie dürfen die Fabrikation nicht so belasten, daß der Gestehungspreis wirtschaftlich untragbar wird"[90]).

Ist es auch verständlich und in verkehrswirtschaftlich organisierten Gesellschaftssystemen sogar legitim, derartige Forderungen zu erheben, so darf doch nicht übersehen werden, daß zwischen den Fragen einer optimalen Kapitalverzinsung und denen des Landschaftsschutzes grundsätzliche Inkommensurabilität besteht, so daß hier nur auf Grund von gesellschaftlich gesetzten Prioritäten entschieden werden kann. „Unsere Gewässer müssen im hochindustrialisierten Lebensraum auch den Brauchwasserentnahmen für die Industrie und der Ableitung industrieller und häuslicher Abwässer durch Gemeinden und Industriebetriebe... dienen"[91]), *auch,* aber nicht *nur.* Innerhalb der Nutzungsmöglichkeiten von Oberflächengewässern kommt der Kategorie „Vorflut für Chemieabwässer" nur die Bedeutung *einer* Nutzungsart unter vielen zu, wobei sich das Spektrum der Hauptnutzungsarten wie folgt umreißen läßt:

1. Trinkwasserversorgung und Abwasserbeseitigung der Städte und Gemeinden,
2. Brauchwasserversorgung und Abwasserbeseitigung der Industrie,
3. Versorgung der Landwirtschaft,

---

[89]) BERNHARD WURZSCHMITT: Wie können wir die Abwässer reinigen?, a. a. O., S. 34.
[90]) BERNHARD WURZSCHMITT: Die Industrie und das Abwasserproblem. In: Verband der Chemischen Industrie e. V., Frankfurt a. M. (Hrsg.): Wasserprobleme? Diskussionsbeiträge aus dem Gebiet der Wasserwirtschaft und des Wasserrechts, Folge 2, o. O. 1956, S. 13.
[91]) WOLFGANG TESKE: Abwasserreinigung in der chemischen Industrie als technische und wirtschaftliche Integrationsaufgabe. In: Wasser, Luft und Betrieb, 12. Jg., Nr. 3/1968, S. 135.

4. Ausübung der Fischerei,
5. Gütertransport durch die Schiffahrt,
6. Betrieb von Wärmekraftanlagen und — last not least —
7. Nutzung als Erholungsstätte der Bevölkerung.

Inzwischen hat sich in der Diskussion um die Behandlungswürdigkeit von Chemieabwässern eine realistischere Haltung durchgesetzt. Mit Inkrafttreten des Wasserhaushaltsgesetzes und der zwischenzeitlich ergangenen Landeswassergesetze wurde auch bei allen chemischen Großbetrieben ein Prozeß des Überdenkens der jeweiligen abwassertechnischen Situation ausgelöst, dessen Ergebnis sich zumeist — wie bei der BASF — in dem Satz zusammenfassen ließ: „Dieses praktizierte System entspricht nicht mehr den heutigen Anforderungen an eine Abwasserreinigung"[92]).

Für die Folgezeit wurden grundsätzliche Umstellungsmaßnahmen erforderlich. Sie setzten sich zum Ziel, durch Verminderung der betriebsindividuellen Abwasserlast einen Beitrag zur Wiedererlangung der Selbstreinigungskraft des örtlichen Vorfluters zu leisten. Abwasserbezogene Standortgunst von Chemiebetrieben soll sich nicht mehr in einer Degradierung von Flußläufen zu reinen Werkskanälen äußern. Sie soll vielmehr verantwortungsbewußte Nutzung einer natürlichen Standortressource sein, die sich zwar am Partikularinteresse des jeweiligen Betriebes zu orientieren hat, damit aber nicht gleichzeitig die übrigen, an anderer Stelle bereits skizzierten Einsatzmöglichkeiten von Oberflächenwasser grundsätzlich ausschließt.

Vor Würdigung des BASF-Anteils an der Gewässerverschmutzung im Rhein-Neckar-Raum soll zunächst ganz allgemein die Wirkung von Chemieabwässern auf natürliche Vorfluter am Beispiel definierter Bestandteile und Temperaturen erörtert werden.

Von zentraler Bedeutung sind hier die sauerstoffzehrenden Eigenschaften des jeweiligen Abwassers[93]). *Gelöste* und *kolloide organische* Bestandteile benötigen zu ihrem biochemischen Abbau bestimmte Sauerstoffmengen (BSB!). Reicht der Sauerstoffgehalt des Gewässers hierzu nicht aus, vollzieht sich dieser Vorgang „anaerob", d. h. lediglich durch bakterielle Reduktion unter Freisetzung von Kohlensäure, Stickstoff, Schwefelwasserstoff, Ammoniak und anderen Spaltprodukten.

Fett- und *ölartige* Stoffe im Abwasser sind zwar auch an chemischen Reaktionen mit gelöstem Sauerstoff beteiligt; ihre besondere Gefährlichkeit geht jedoch von der bereits bei geringem Mengenanfall zu beobachtenden Film- und Schichtenbildung aus, die eine Sauerstoffaufnahme des Vorfluters aus der Atmosphäre verhindert.

Gelöste anorganische Bestandteile entziehen sich z. T. biochemischen Klärprozessen. Ihre Einleitung in den Vorfluter löst bei unterschiedlichem Konzentrations- und pH-Wert-Niveau rein chemische Umsetzungen aus, die z. B. bei Fällungen zwangsläufig mit Schlammablagerungen im Flußbett verbunden sind und bei Alkali- und Erdalkalisalzen in gelöster Form zu der bekannten Versalzung des Wasserlaufs beitragen.

Die Gefahr der Schlammablagerung spricht auch gegen die Einleitung *ungelöster* Abwasserbestandteile, nur daß bei organischen Sinkstoffen noch Sauerstoffzehrung und Faulprozesse hinzukommen einschließlich der bereits geschilderten Freisetzung von Abbauprodukten infolge bakterieller Reduktion.

---

[92]) H. ENGELHARDT und W. HALTRICH: Vorarbeiten für die Gemeinschaftskläranlage der BASF und der Stadt Ludwigshafen am Rhein, a. a. O., S. 275.
[93]) Vgl. hierzu u. a. auch F. MEINCK, H. STOOFF und H. KOHLSCHÜTTER: Industrie-Abwässer, a. a. O., S. 3 ff.

Hervorzuheben sind auch die — je nach Konzentration — zu biologischer Verödung führenden *toxischen* Abwasserbestandteile. Hierzu zählen insbesondere die Schwermetallsalze des Chroms, Kupfers, Nickels, Zinks, Cadmiums und Eisens, aber auch die Phenole, Cyanide und Nitrite.

Schließlich darf die mit der Einleitung von *Kühlwasser* verbundene Temperaturbelastung des Vorfluters nicht unerwähnt bleiben. Lokale Erwärmung fördert in der Regel das Wasserpflanzenwachstum und damit die Eutrophierung bzw. Verkrautung des Gewässers. Phosphate und Nitrate im Abwasser unterstützen diesen Vorgang als „Quasidünger". Andererseits kommt es zu einer temperaturabhängigen Verminderung des Sauerstoffgehalts, was wiederum das Mißverhältnis zum Bestand an biologisch abbaubarer Substanz im Oberflächengewässer nur noch verstärkt. Wegen dieser Wirkungen hat der Gesetzgeber das Kühlwasser ebenfalls zu einer auflagengebundenen Abwasserkategorie erklärt und seine Einleitungstemperatur auf 30 °C begrenzt.

Aus den dargestellten Partialwirkungen einzelner Abwasserbestandteile läßt sich die Raumwirksamkeit von ungeklärten bzw. nur z. T. vorbehandelten Chemieabwässern entnehmen: Sie besteht in einem direkten Eingriff in eine Lebensgemeinschaft von Wasserorganismen (Biocoenose), die mit ihren Stoffwechselprozessen die natürliche Selbstreinigungskraft eines Gewässers aufrechterhalten. Wird dieses Gleichgewicht gestört, setzen nicht nur biologische Verödungsprozesse ein, wie sie im Fischsterben wohl am vordergründigsten in Erscheinung treten, sondern es können gleichzeitig Giftstoffe und pathogene Keime in das Grundwasser gelangen und so über die Trinkwasserversorgung die menschliche Gesundheit unmittelbar gefährden.

Der Versuch, den Anteil der BASF an der Flußwasserverschmutzung im Rhein-Neckar-Gebiet zu bestimmen, muß mit sehr vielen Unsicherheitsfaktoren unternommen werden. Das beginnt bereits bei der Ermittlung der Vorbelastung von Rhein und Neckar, für die allein der Hinweis auf die Wassergüteklasse III noch keine quantitative Aussage gestattet.

Es war daher notwendig, auf Ergebnisse der von der Stadt Mannheim drei- bis viermal im Jahr durchgeführten Rheinwasseruntersuchungen zurückzugreifen. Die entsprechenden Analysenwerte geben die Sauerstoffzehrung nach 5 Tagen in mg/l an (BSB_5) und entstammen jeweils drei gemittelten Einzelproben im Flußwasserquerschnitt (links, Mitte, rechts) bei Rhein-km 412. Es versteht sich von selbst, daß diese wenigen Werte eine zu schmale Basis darstellen, um mit ihnen den Rheinwasserzustand oberhalb Mannheims für ein ganzes Jahr hinreichend zu charakterisieren. Mit ihrer Bezugnahme auf die gesamte Flußwasserführung täuschen sie zudem eine homogene Wassergüte im Horizontal- und Vertikalprofil vor, die für natürliche Flußläufe durchaus nicht gegeben ist.

Für den Neckar waren selbst derartige Angaben nicht zu erhalten, weil im Jahre 1969 bei den jeweiligen Proben der BSB_5 höher lag als das ursprüngliche Sauerstoffangebot. Der zusätzliche Sauerstoffbedarf hätte sich hier nur nach der von der Abwasseranalytik bekannten Methode der künstlichen Anreicherung mit sauerstoffhaltigem Wasser bestimmen lassen. Das lag aber nicht im Rahmen der Mannheimer Untersuchungen. Immerhin ist den Ergebnissen soviel zu entnehmen, daß der Neckar im Verhältnis zum Rhein als noch stärker belastet anzusehen ist. Um überhaupt erst eine Vorstellung von der Vorbelastung durch den Neckar zu gewinnen, wurde daher die mittlere Flußwasserführung[94] mit einigen in den Jahren 1965 und 1966 noch bestimmbaren BSB_5-Werten in Beziehung

---

[94]) 1965: 176 m³/s; 1966: 175 m³/s (Pegel Rockenau, 61 km vor der Mündung in den Rhein). Der Zufluß bis zur Mündung beträgt im Jahresmittel nur rd. 1 m³/s und ist damit vernachlässigbar klein.

Tabelle 50

Anteil der BASF an der zusätzlichen Belastung des Rheins mit BSB$_5$-Einwohnergleichwerten im Rhein-Neckar-Raum

	Strom-km	Einwohner	%	Industrie (EGW)	%	Flußwasser (EGW)	Summe (EGW)	%
1. *Vorbelastung*[97]:								
Rhein, oberhalb Mannheim	412,0	—	—	—	—	4 900 000	4 900 000	—
Neckar, 4 bis 5 km vor der Rheinmündung		—	—	—	—	1 070 000	1 070 000	—
Summe						5 970 000	5 970 000	
2. *Zusätzliche Belastung:*								
Stadt Ludwigshafen[98]	424,7	175 000	4,3	140 000	3,4	—	315 000	7,7
BASF[98]	426,2	—	—	1 800 000	44,4	—	1 800 000	44,4
Stadt Mannheim[98]	431,5 / 429,3	326 000	8,0	500 000	12,3	—	826 000	20,3
Erdölraffinerie Mannheim[99]	430,5	—	—	250 000	6,1	—	250 000	6,1
Zellstoff Waldhof[99]	431,8	—	—	800 000	19,7	—	800 000	19,7
Stadt Frankenthal[100]	432,8	38 000	0,9	36 000	0,9	—	74 000	1,8
Summe		539 000	13,2	3 526 000	86,8	—	4 065 000	100,0
3. *Erhöhung der Belastung:*								
(in % der Vorbelastung)		—	9,0	—	59,1	—	—	68,1
davon: BASF								30,2

gesetzt und — wie im Falle des Rheins — in Einwohnergleichwerte (EWG) umgerechnet[95]). Auch hier ließen sich natürlich Bedenken anmelden, sowohl hinsichtlich des zu günstigen BSB_5-Ausweises als auch aus der Tatsache, daß der Neckar durch zahlreiche Staustufen und Schleusen keinen natürlichen und gleichmäßigen Abfluß mehr hat und wegen seiner relativ geringen Wasserführung in viel stärkerem Maße Belastungsstößen ausgesetzt ist als der Rhein. Schließlich sei noch auf die insbesondere für industrielle Abwasserlastzahlen im Zeitablauf zu beobachtende hohe Veränderungsrate hingewiesen, die eine Betrachtung auf Jahresbasis stark relativiert[96]). — Die in Tab. 50 angestellten Berechnungen können damit keineswegs den Anspruch einer siedlungswasserwirtschaftlich exakten Analyse erheben. Andererseits hätte allein der Zeitfaktor auch deren Aussagekraft inzwischen schon wieder stark eingeschränkt. Für die vorliegende Untersuchung mag es daher genügen, wenn überhaupt erst einmal die *Größenordnungen* sichtbar werden, mit denen sich ein Chemiebetrieb, wie die BASF, an der regionalen Flußwasserverschmutzung beteiligt.

3.3. *Möglichkeiten und Grenzen der chemiebetrieblichen Abwasserreinigung*

3.3.1. *Herkömmliche Reinigungsverfahren*

Das Bild einer umweltbelastenden Chemischen Industrie muß solange unvollständig bleiben, bis nicht gleichzeitig die bisherigen Bemühungen dieses Industriezweiges um Senkung der betriebsindividuellen Abwasserlast zur Sprache gekommen sind. Denn es gilt bereits jetzt festzuhalten, daß die Gewässerverunreinigung nicht etwa wegen völlig unterbliebener, sondern *trotz* z. T. umfangreicher Klärmaßnahmen das gegenwärtige Ausmaß angenommen hat. Abgesehen von der bereits erwähnten Periode klärtechnischer Abstinenz orientierten sich diese Maßnahmen allerdings nur an der Schadwirkung *einzelner* Verunreinigungsmerkmale. Sie blieben bis in die jüngste Vergangenheit — für die BASF sogar bis heute — überwiegend auf die Anwendung *mechanischer* und *chemischer* Methoden beschränkt und sollen insofern zusammenfassend als „herkömmliche Reinigungsverfahren" bezeichnet werden. Die im einzelnen noch darzustellende Begrenztheit ihres Kläreffekts gegenüber bestimmten Abwasserbestandteilen läßt sie zwar für eine grundsätzliche Lösung des Abwasserproblems nur partiell geeignet erscheinen. Das schließt aber nicht aus, daß ihnen auch künftig noch eine große Bedeutung zukommt.

---

[95]) 4 bis 5 km vor der Mündung in den Rhein; 1965: 9,47 mg/l (Februar) und 6,22 mg/l (Mai); an den Probeentnahmetagen im August und November lagen die Zehrungswerte über dem Angebot; 1966: 9,05 mg/l (März), 7,85 mg/l (Mai) und 5,5 mg/l (November). — Die Tabelle 50 zugrunde gelegten BSB_5-Werte des Rheinwassers aus dem Jahre 1969 betragen 2,16 mg/l (März), 3,23 mg/l (August) und 2,96 mg/l (November) bei entsprechenden Abflußverhältnissen von 1 670 m³/s, 962 m³/s und 845 m³/s.

[96]) So z. B. für die BASF (in Mio. EGW) 1965: 1,9; 1968: 3,2 und 1969: 1,8.

[97]) Berechnet nach schriftlichen und mündlichen Auskünften des Chemischen Untersuchungsamtes der Stadt Mannheim; für den Rhein: Stand 1969, für den Neckar: Stand 1965/66 (vgl. hierzu die Anmerkungen im laufenden Text!)

[98]) Lt. schriftlichen bzw. mündlichen Auskünften der jeweiligen Abwassereinleiter (Stand: 1969).

[99]) Lt. schriftlichen Auskünften des Chemischen Untersuchungsamtes der Stadt Mannheim Stand 1969; in Verbindung mit: Arbeitsgemeinschaft der Länder zur Reinhaltung des Rheins (Hrsg.): Die Verunreinigung des Rheins und seiner wichtigsten Nebenflüsse in der Bundesrepublik Deutschland. Stand Ende 1965, a. a. O., Anlage 8.2.1.

[100]) Stand Ende 1965; vgl. Arbeitsgemeinschaft der Länder zur Einhaltung des Rheins (Hrsg.): a. a. O., Anlage 8.2.1.

Gewässerverunreinigung äußert sich u. a. in erhöhter Schwebstofffracht und dem Bestand an mit Petroläther extrahierbaren Stoffen. Der chemiebetrieblichen Abwasserrreinigung fällt dabei zunächst die Aufgabe zu, durch mechanische Behandlungsmethoden die im Wasser unlöslichen und spezifisch schwereren bzw. leichteren Substanzen aus dem Abwasser zu isolieren und damit dem örtlichen Vorfluter fernzuhalten. Die *Sedimentation* von Feststoffen vollzieht sich in Absetzanlagen (Abb. 51), während aufschwimmbare Stoffe, wie z. B. Öle, Fette und Lösungsmittel, einschließlich der in ihnen löslichen Bestandteile in *Leichtstoffabscheidern* zurückgehalten werden. Um den Wirkungsgrad derartiger Anlagen zu erhöhen, werden sie einem relativ geringen Abwasseranfall ausgesetzt und den einzelnen Betriebsteilen eines Chemiewerkes direkt zugeordnet. Gleichzeitig erklärt sich damit ihr sehr zahlreicher — für die BASF mit mehr als 200 Stück zu beziffernder — Einsatz[101]. Feinstsuspendierte bzw. kolloid-dispers verteilte Feststoffe entziehen sich jedoch einfachen Absetzvorgängen. Eine Sedimentation auch dieser Abwasserbestandteile läßt sich meist erst nach einer pH-Wert-Korrektur und/oder Zugabe von Flockungschemikalien, wie z. B. Eisen-III- und Aluminiumsalzen sowie synthetischen Präparaten, auf organisch-chemischer Basis erreichen. Die Reinigung von Abwässern aus Abortanlagen, Bädern und Sozialräumen vollzieht sich bei mechanischer Verfahrensweise — wie z. Z. noch bei der BASF — durch Absetzen und Ausfaulen in Drei-Kammer-Gruben.

Abb. 51: Absetzbecken

Allen diesen mechanischen Klärmaßnahmen ist der Anfall von Sink- und Schwimmschlämmen gemeinsam, für deren Entwässerung und Verbrennung bzw. Deponie der Chemiebetrieb ebenfalls Sorge tragen muß. Gleichzeitig werden aber damit abfallwirtschaftliche Probleme nachgeschalteter Reinigungsstufen angesprochen, auf die an anderer Stelle ohnehin noch einzugehen sein wird. Entsprechendes gilt auch für die Behandlung leichtflüchtiger Bestandteile im Abwasser, wie z. B. Schwefelwasserstoff, Ammoniak und Merkaptane: Das Ausdämpfen („Strippen") dieser starkriechenden und schädlichen Sub-

---

[101] Zu konstruktiven Einzelheiten und ihren Wirkungsmechanismen vgl. F. MEINCK, H. STOOFF und H. KOHLSCHÜTTER, a. a. O., S. 80 ff.

stanzen schafft aus dem *Abwasserproblem* ein *Abluftproblem*, falls nicht ihre anschließende Verbrennung, wie z. B. das „Abfackeln", auch diese Wirkung unterbinden hilft.

Außer zur Unterstützung von Absetzvorgängen werden Chemikalien vornehmlich zur *Neutralisation* saurer oder alkalischer Abwässer sowie zu deren Entgiftung von bestimmten Metallsalzen und anderen Substanzen eingesetzt. Dabei ist zu beachten, daß mit der Neutralisation nicht ausschließlich positive Wirkungen auf den örtlichen Vorfluter verbunden sind. Vielmehr erhöht sich mit dem Anfall von Salzlösungen partiell auch dessen Salzgehalt — ein Problem, auf das bereits an anderer Stelle hingewiesen wurde. Im Vertrauen auf den hohen Verdünnungsgrad eines wasserreichen Vorfluters unterbleiben jedoch meistens derartige Neutralisationsbemühungen, so daß sie sich im Gewässer selbst vollziehen. Kommt es dabei zu Ausfällungen, kann Verstopfung der Gewässersohle und damit fortschreitende Herabsetzung der gewinnbaren Menge uferfiltrierten Grundwassers die Folge sein. Derartige neutralisationsbedingte Ausfällungen können natürlich auch innerhalb des Kanalnetzes eines nach dem Mischsystem entwässernden Chemiebetriebes eintreten und zu Querschnittsverengungen und damit Ableitungsschwierigkeiten führen.

Mit der *Abwasserentgiftung* soll der Gehalt an biologisch-toxisch wirkenden Bestandteilen auf ein in umwelthygienischer Hinsicht unbedenkliches Maß gesenkt werden. Einen Anhaltspunkt für den Grad der Giftigkeit geben sowohl die vom United States Public Health Service (USPHS) und der Weltgesundheitsorganisation (WGO) aufgestellten Grenzwerte dieser Stoffe im Trinkwasser als auch die von den Wasseraufsichtsbehörden der BRD geforderten Endkonzentrationen im gewerblichen Abwasser. Tab. 52 enthält die entsprechenden Daten für Chrom, Cyanide und Phenole.

Tabelle 52

Grenzwerte der noch zulässigen Konzentrationen für Giftstoffe im Trinkwasser und gewerblichen Abwasser (mg/l)				
	Trinkwasser		Gewerbliches Abwasser	
	USPHS[102])	WGO[103])	Galvanisierbetriebe[104])	BASF[105])
Gesamt-Chrom (Cr) ..	0,05	0,05	2,0	Grundsätzliches Verbot der Ableitung; nur „Spurenwerte" zulässig.
Cyanide (Cn)	0,01	0,01	0,1	
Phenole (C_6H_5OH) ..	0,001	0,001	—	

[102]) F. MEINCK; H. STOOFF und H. KOHLSCHÜTTER, a. a. O., S. 16.
[103]) HEINRICH KRUSE: Einheitliche Anforderungen an die Trinkwasserbeschaffenheit und Untersuchungsverfahren in Europa. Vorschlag einer vom europäischen Büro der Weltgesundheitsorganisation einberufenen Studiengruppe. Schriftenreihe des Vereins für Wasser-, Boden- und Lufthygiene. Heft 14 a. Stuttgart 1960, S. 23 und 28. Vgl. hierzu auch Deutscher Verein von Gas- und Wasserfachmännern (DVGW) (Hrsg.): Leitsätze für die Trinkwasserversorgung. DIN 2000. Fassung Mai 1959.
[104]) Länderarbeitsgemeinschaft Wasser (LAWA) (Hrsg.): Normalanforderungen für Abwasserreinigungsverfahren, a. a. O., S. 21.
[105]) Wasserrechtlicher Bescheid der Bezirksregierung der Pfalz, Neustadt a. d. Wstr. vom 25. September 1964 (Tab. 53).

Die Erfüllung dieser Auflagen macht den Einsatz von Oxidations- und Reduktionsmitteln sowie von Säuren, Laugen, Lösungsmitteln und anderen Aufbereitungschemikalien notwendig, dem andererseits ein z. T. erheblicher apparativer Aufwand zur Seite gestellt werden muß. So erfolgt die Entgiftung der chromsauren bzw. cyanid- oder phenolhaltigen Abwässer durch Reduktion des 6wertigen Chroms in das 3wertige Chrom bzw. durch Oxidation des Cyanids in Cyanat. In beiden Fällen hat sich noch die Neutralisation zum ausfällbaren Hydroxid anzuschließen. Dagegen setzen sich Entphenolungsanlagen in Großbetrieben zumeist die Rückgewinnung des Phenols zum Ziel. Sie arbeiten in herkömmlicher Weise auf der Basis von Extraktions-, Ausdämpf- und Adsorptionsverfahren. Wegen ihres nur begrenzten Kläreffekts sind sie allerdings vielfach noch mit Phenolvernichtungsverfahren kombiniert.

Mit diesen mechanischen und chemischen Teilreinigungsverfahren erschöpfen sich bereits die traditionellen Möglichkeiten zur abwassertechnischen Sanierung von Chemiebetrieben. Große Teile der echt bzw. kolloid gelösten anorganischen und vor allem organischen Bestandteile sowie der nichtabsetzbaren Schwebstoffe entziehen sich weitgehend diesen Behandlungsmethoden. Sie werden mit dem betrieblichen Abwasser nach wie vor dem örtlichen Vorfluter zugeführt und erhöhen dessen Verschmutzungsgrad. Die hohen Abwasserlastkennziffern der BASF werden damit verständlich.

3.3.2. Rationalisierung der Abwasserreinigung

3.3.2.1. Überblick

Die grundsätzliche Verbesserung der chemiebetrieblichen Abwasserverhältnisse hat sich zunächst an den begrenzten Kläreffekten der herkömmlichen Reinigungsverfahren zu orientieren, denn: für einen abwassertechnisch traditionell ausgerichteten Chemiegroßbetrieb sind es weniger die petrolätherextrahierbaren toxischen und sedimentierbaren Verunreinigungen, die heute das Ausmaß „seines" Abwasserproblems bestimmen, sondern die bisher noch nicht isolierten gelöst-organischen und -anorganischen Bestandteile mit ihren sauerstoffzehrenden bzw. den Salzgehalt des Vorfluters erhöhenden Eigenschaften. Die Reduzierung ihrer Abwasserkonzentration auf vertretbare Grenzwerte ist aber nicht nur ein allgemeines Anliegen der Umwelthygiene, sondern zugleich auch ein von den Wasseraufsichtsbehörden — z. T. mit zeitlichem Aufschub — zwingend vorgeschriebenes Richtmaß (Tab. 53).

Sollte das betriebswirtschaftliche Kalkül die Beibehaltung von Leistungsprogramm und Standort nahelegen, wird allerdings das Branchenspezifikum der naturgesetzlichdeterminierten Verbundproduktion den Rahmen möglicher Rationalisierungsbestrebungen erheblich einengen. So ist eine diesbezügliche abwassertechnische Dispositionsfähigkeit für Chemiegroßbetriebe z. Z. eigentlich nur in dreifacher Weise denkbar:

1. Die aus dem betrieblichen Abwasser isolierten Schadstoffe werden nicht mehr dem örtlichen Vorfluter zugeführt, sondern in Regionen verbracht, für die der Umweltbelastungseffekt vergleichsweise geringer einzustufen ist.
2. Durch Änderung der verfahrenstechnischen Grundlage bei der Produktion bestimmter Erzeugnisse läßt sich eine Verminderung der Abwassermenge und des Verschmutzungsgrades erreichen.
3. Wegen der zunehmenden Bedeutung organisch gelöster Substanzen im Chemieabwasser kann der Kreis der traditionellen Industrie-Klärtechniken um biologische Behandlungsmethoden erweitert werden.

Der inhaltlichen Konkretisierung abwasserbezogener Rationalisierungsbestrebungen im Chemiebetrieb sei daher als Gliederungsgesichtspunkt diese Dreiteilung zugrunde gelegt.

Tabelle 53

*Wasserrechtlicher Bescheid der Bezirksregierung der Pfalz
zur Abwassereinleitung der BASF in den Rhein
vom 25. September 1964*

(Stichwortartige Zusammenfassung der wesentlichsten Auflagen)

1. *Rechtsgrundlage:* §§ 5, 15, 17 WHG und §§ 136, 138, 20, 100, 101 und 102 LWG Rheinland-Pfalz; Übergangsregelung bis zu der (im Zusammenhang mit der Gemeinschaftskläranlage) in Aussicht gestellten Bewilligung gemäß § 8 WHG.
2. Allgemeine Verpflichtung zur Verbesserung der Abwasserbeschaffenheit[1]).
3. Richtwerte für die Abwasserbeschaffenheit:

Toxische Stoffe (insbesondere Phenole, Blausäure, Schwefelwasserstoff oder ihre Verbindungen):	Grundsätzliches Einleitungsverbot
Petrolätherextrahierbare Stoffe:	≦ 5 mg/l Zuwachs in Einzelproben gegenüber dem Rheinwasser
Abwassertemperatur:	≦ 30 °C am Einlauf in den Rhein
Schwimmstoffe:	Grundsätzliches Einleitungsverbot
Absetzbare Stoffe:	≦ 0,3 ml/l (Einzelprobe)[1]) ≦ 0,2 ml/l (Tagesdurchschnitt)[1])
pH-Wert:	6—8,5[1]) 6 (für Einzelprobe anzustrebendes Ziel[1])
Gelöste anorganische Salze:	≦ 500 mg/l Zuwachs im Tagesdurchschnitt gegenüber dem Rheinwasser[1])

4. Vermeiden von Abwasserbelastungsstößen[1]).
5. Installierung und Betreiben selbstregistrierender Meßinstrumente für Abflußmenge, Temperatur und pH-Wert in den Einleitungsanlagen; darüber hinaus Verpflichtung zur Abwasseranalyse durch — wöchentlich abwechselnd — tägliche Einzelproben oder Mischproben über jeweils 24 Stunden.
5. Schutzvorschriften gegen Beeinträchtigungen der Wasserstraße bzw. der Schiffahrt.
6. Schaffung baulicher Voraussetzungen zur jederzeitigen Kontrollmöglichkeit der Einleitungsanlagen sowie der Abwasserbeschaffenheit durch Beauftragte der Wasserbehörden.

---

[1]) Verpflichtung, für die jährlich zum 31. Dezember ein Erfüllungsnachweis verlangt wird.

3.3.2.2. Entlastung des örtlichen Vorfluters durch Transport von Schadstoffen in das offene Meer

Von der Belastung natürlicher Wasserläufe mit anorganischen Verbindungen aus gewerblichen Abwässern hat die „Salzfracht" des Rheins zweifellos die größte Publizität erfahren. Sie wird zumeist in Chlorid-Ionen ausgedrückt und beträgt nach Untersuchungen der „Internationalen Kommission zum Schutze des Rheins gegen Verunreinigungen" an der deutsch-niederländischen Grenze im jährlichen Mittel (1965) rd. 30 000 t pro Tag[106]). Wenn auch diese Angaben nur im Zusammenhang mit der reichlichen Wasserführung des Rheins gesehen werden dürfen — die Gefahr, der Magie einer „Tonnenideologie" zu erliegen, ist zu offenkundig —, so gebietet doch allein schon die spezifische Interessenlage eines — wie Holland — weitgehend auf Oberflächenwasser angewiesenen Landes, daß die Bemühungen um Reduzierung der gewerblichen Abwasserlast auch auf die *anorganischen* Verunreinigungskomponenten auszudehnen sind.

Soweit es sich um die Chloridionenfracht aus gelösten Erdalkali (Mg)- und Alkali (Na, K)-Salzen handelt, entstammt sie überwiegend den Schachtwässern, Endlaugen und Waschwässern der elsässischen Kaliindustrie[107]). Versuche mit der Aufhaldung von Abfallstoffen bei finanzieller Beteiligung der unmittelbar betroffenen Länder Frankreich, BRD und Holland sollen hier wirksame Abhilfe schaffen; der Erfolg bleibt abzuwarten.

Ein nicht unerheblicher Teil der Salzzuführungen entfällt auch auf die Chemische Industrie, nur ist bislang kein generelles Abwasserentsalzungsverfahren bekannt geworden, das zugleich der chemieindustriellen Forderung nach wirtschaftlicher Vertretbarkeit entspricht. Aber selbst bei Lösung dieses Problems bleibt immer noch die branchenspezifische Belastung der örtlichen Vorfluter mit anorganischen Abfallsäuren bestehen. Sie fallen in großen Mengen, überwiegend als ca. 20%ige Schwefelsäure, an und werden mit ihrer Einleitung in natürliche Gewässer dortselbst entweder zu Gips oder zu Salzlösungen neutralisiert. Auch hier haben zweifellos der hohe Aufbereitungs- bzw. Rückgewinnungsaufwand und/oder die geringe Verwendungsmöglichkeit von Dünnsäuren für mindere Zwecke ihre einfache Ableitung als Prozeßabwasser begünstigt.

Vor diesem Hintergrund wird es verständlich, wenn Wasseraufsichtsbehörden der BRD in jüngster Zeit darauf dringen, daß chemische Großbetriebe ihre Abfallsäuren nicht mehr dem örtlichen Vorfluter zuführen, sondern in das offene Meer verbringen. So haben in Nordrhein-Westfalen drei Chemieunternehmen mit einer Reederei einen Transportvertrag mit 13jähriger Laufzeit zur Verschiffung ihrer Dünnsäuren via Rotterdam in vorgeschriebene Seegebiete abgeschlossen. Um welche Größenordnungen es sich dabei handelt, geht aus Tab. 54 hervor.

---

[106]) Vgl. Arbeitsgemeinschaft der Länder zur Reinhaltung des Rheins (Hrsg.): Die Verunreinigung des Rheins und seiner wichtigsten Nebenflüsse in der Bundesrepublik Deutschland, a. a. O., Textheft, S. 20.
[107]) Die „Internationale Kommission ..." schlüsselt die Belastungsanteile der gewerblichen Einleiter wie folgt auf: 41 % elsässische Kaligruben, 26 % Soda- und sonstige Industrien, 17 % deutscher Steinkohlenbergbau, 13 % Industrien an Mosel und Saar und 3 % verschiedener Herkunft, überwiegend Kommunalabwässer. Die Untersuchungsergebnisse gestatten mithin keine quantitativ exakte Aussage über die Beteiligung der *Chemischen Industrie* an der Salzfracht des Rheins. Vgl. Arbeitsgemeinschaft der Länder zur Reinhaltung des Rheins (Hrsg.), a. a. O., S. 20.

Der nunmehr auf die Küstengewässer Hollands verlagerte Umweltbelastungseffekt soll sich durch ein vorgeschriebenes Verdünnungsverhältnis von 1 : 5 000 unmittelbar nach der Einleitung in vertretbaren Grenzen halten. Als zusätzliche Sicherung ist vorgesehen, daß die von den niederländischen Aufsichtsbehörden ausgesprochenen Genehmigungen auf jeweils ein Jahr begrenzt bleiben. Im Zusammenhang mit der Langfristigkeit des Transportvertrages ergibt sich damit ein erhöhtes unternehmerisches Risiko. Die mit 9,— DM/t für den Transport Leverkusen—Seegebiet sowie mit weiteren 2,— DM/t für die werksinterne Sammlung der Säuren angegebenen Kosten sind weitere Hinweise auf den ökonomischen Stellenwert dieser — doch nur einen Teilaspekt der betrieblichen Abwasserreinigung betreffenden — Rationalisierungsbestrebungen.

Tabelle 54

	Verschiffung von Abfallsäuren in das offene Meer[108] (jato)		
	seit 1969	ab 1971	ab 1973
Farbenfabriken Bayer AG	ca. 100 000	ca. 200 000	ca. 400 000
Titangesellschaft, Leverkusen	ca. 200 000	ca. 200 000	—
Pigment-Chemie, Homberg	ca. 150 000	ca. 180 000	ca. 200 000
	ca. 450 000	ca. 580 000	ca. 600 000

Für die BASF sind derartige, über pH-Wert-Vorschriften hinausgehende und sich spezifisch auf die Ableitung von Abfallsäuren beziehende Auflagen nicht bekannt geworden; z. T. sind es die verminderten Größenordnungen isolierbarer Abfallsäuren, die einen Seetransport nicht rechtfertigen, z. T. wird hier die Chance einer diesbezüglichen Abwasserreinigung mehr auf dem Gebiet der Verfahrenstechnik gesehen[109].

3.3.2.3. Abwassertechnische Sanierung durch Verfahrensumstellung

Wenn eingangs die chemische Technik als Inbegriff naturgesetzlich determinierter Verbundproduktion charakterisiert wurde, deren Stoffumsatz nur nach Maßgabe vorgegebener Prozeßvariablen beeinflußbar ist, so bezieht sich das notwendigerweise auch auf den Abwasseranfall nach Menge und Verschmutzungsgrad. Ein Chemiebetrieb wird daher die Verbesserung seiner abwassertechnischen Situation — unabhängig vom Einsatz spezieller *Reinigungsmaßnahmen* — auch durch Änderung der jeweiligen verfahrenstechnischen Grundlagen zu erreichen versuchen.

Soweit behördliche Auflagen derartige Maßnahmen nicht zwingend vorschreiben, verbleibt als traditionell entscheidendes Regulativ ihre betriebswirtschaftliche Vertretbarkeit. Auf diese, für verkehrswirtschaftlich orientierte Betriebe konstitutive Bedingung

---

[108] Vgl. STEFAN GRAF SCHLIPPENBACH: Abfallsäure ins Meer — Entsalzung des Rheins. In: Technik und Forschung, 11. Jg., Nr. 48/1968, S. 164.

[109] 1968 wurden Planungen bekannt, nach denen die BASF im Verbund mit einer Schwefelverbrennungsanlage eine Produktionsstätte zur Aufarbeitung von täglich 200 t Abfallschwefelsäure errichten will.

kann nicht deutlich genug hingewiesen werden, wenn vom „chemiebetrieblichen Beitrag zur Gewässerreinhaltung" die Rede ist. Produktbezogene Verfahrensumstellungen werden in der Regel vom Markt her erzwungen und setzen sich zumeist verbesserte Stoffumsatzverhältnisse einschließlich Reaktionsführung sowie erhöhte Kapazitäten zum Ziel. Die Rückgewinnung wertvoller Abwasserbestandteile und ihr wiederholter Einsatz als Prozeßkomponente bzw. ihre Weiterverarbeitung zu verkaufsfähigen Produkten führen zwar zu einer Entlastung des örtlichen Vorfluters, sind aber nichtsdestoweniger nur ein Teilausdruck der oben genannten *ökonomischen* Überlegungen und als solche auch zu werten.

Daß wirtschaftlich begründete Verfahrensumstellungen mitunter erst Abwasserprobleme entstehen lassen, lehrt das historische Beispiel der *Sodafabrikation*. Die verfahrenstechnische Grundlage war hier zunächst der „trockene Schmelzprozeß" (LEBLANC, 1791), der das aus Natriumchlorid und Schwefelsäure hergestellte Natriumsulfat durch Glühen mit Calciumcarbonat und Kohle in Natriumcarbonat (Soda) und Calciumsulfid umwandelte:

$$2\ NaCl + H_2SO_4 \rightarrow Na_2SO_4 + 2\ HCl$$

$$Na_2SO_4 + 2\ C \rightarrow Na_2S + 2\ CO_2$$

$$Na_2S + CaCO_3 \rightarrow Na_2CO_3 + CaS$$

Abwässer fielen nicht an, dafür jedoch in größerem Umfange feste Rückstände mit den bereits an anderer Stelle erwähnten möglichen Schadwirkungen.

Die Entwicklung des rationeller arbeitenden „Ammoniaksodaprozeß" (SOLVAY, 1866) führte zu Preiseinbrüchen am Sodamarkt und nahm dem bisherigen Verfahren seine Konkurrenzfähigkeit. Insbesondere folgende Faktoren ließen den trockenen Schmelzprozeß für die Sodafabrikation in relativ kurzer Zeit praktisch bedeutungslos werden:

1. die billigen bzw. großtechnisch zu erzeugenden Ausgangsprodukte Natriumchlorid (Kochsalz) bzw. Ammoniak,
2. die Rückgewinnung und der wiederholte Einsatz von Ammoniak und Kohlendioxid in das Prozeßgeschehen,
3. die Umgehungsmöglichkeit der Schwefelsäure und
4. die Sicherstellung des hohen Bedarfs der Chemischen Industrie am Leblanc-Nebenprodukt durch die aufkommende Chloralkalielektrolyse.

Der Solvayprozeß besteht im Grunde in einer Umsetzung des Ammoniumbicarbonats mit Kochsalz zum Natriumbicarbonat und Ammoniumchlorid, dem sich das Glühen („Calcinieren") zu Soda („calcinierte Soda") anschließt. Im einzelnen ergeben sich folgende Reaktionsgleichungen:

$$NH_3 + CO_2 + H_2O \rightleftarrows NH_4HCO_3$$

$$NH_4HCO_3 + NaCl \rightarrow NaHCO_3 + NH_4Cl$$

$$2\ NaHCO_3 \rightarrow Na_2CO_3 + H_2O + CO_2$$

$$2\ NH_4Cl + Ca(OH)_2 \rightarrow CaCl_2 + 2\ NH_3 + 2\ H_2O$$

Dem Gleichungssystem ist allerdings auch zu entnehmen, daß bei der Rückgewinnung des Ammoniaks durch Kalkmilch eine calciumchloridhaltige Endlauge anfällt, in der durch unvollständige Umsetzung des Ammoniumchlorids auch noch Kochsalz verbleibt. Die Analyse der mit 10 m³ je t calc. Soda anfallenden Endlauge weist hohe Salzkonzentrationen aus (Tab. 55).

Tabelle 55

Zusammensetzung der Chlorcalciumendlaugen von Ammoniaksodafabriken[110]			
$CaCl_2$	85—95 g/l	$Mg(OH)_2$	3—10 g/l
NaCl	45—50 g/l	CaO	2— 4 g/l
$CaCO_3$	6—15 g/l	$Fe_2O_3 + Al_2O_3$	1— 3 g/l
$CaSO_4$	3— 5 g/l	SiO_2	1— 4 g/l

Die Reinigung dieser Endlauge beschränkt sich im wesentlichen auf die Zurückhaltung der Schlämme, bestehend aus Calcium- und Magnesiumcarbonat, Gips, Eisen- und Aluminiumoxid sowie Silikaten, während die Chloride in Lösung bleiben und mit ihrer Ableitung die Chloridionenfracht des Vorfluters entsprechend erhöhen.

Läßt sich am Beispiel der Sodafabrikation nachweisen, wie die ökonomisch-technische Rationalität den Erfordernissen der Umwelthygiene im Konfliktfall und bei betrieblicher Dispositionsfreiheit nur subsidiäre Bedeutung bezumessen bereit ist, so zeigen die folgenden Verfahrensumstellungen aus dem Bereich der BASF, daß sich das Primat der Ökonomität *auch* in einer Verminderung der chemiebetrieblichen Abwasserlast äußern kann. Dabei sei zunächst auf den steigenden *Chlorbedarf* der Chemischen Industrie hingewiesen, der durch die weltweit betriebene Chloralkali (NaCl)-Elektrolyse gemäß

$$\text{Energie} + 2\,\text{H}\;\boxed{\text{OH} + 2\,\text{Na}}\;\text{Cl} \rightarrow H_2 + 2\,NaOH + Cl_2$$

auch gedeckt werden kann.

Das Hauptanwendungsgebiet liegt hier im organisch-chemischen Bereich, indem Chlor bei der Erzeugung von Kunststoffen, Farbstoffen, Waschrohstoffen und Synthesekautschuk, von Lösungs-, Pflanzenschutz- und Schädlingsbekämpfungsmitteln, aber auch von Pharmazeutika eine bedeutende Rolle spielt. Bei der Chlorierung organischer Verbindungen fällt aber regelmäßig die Hälfte des eingesetzten Chlors wieder als Chlorwasserstoff bzw. Salzsäure an, wie sich aus den folgenden Beispielen der fortschreitenden Methanchlorierung und PVC-Herstellung leicht entnehmen läßt:

Methanchlorierung

CH_4 — Methan
$+ Cl_2 \downarrow - HCl$
CH_3Cl — Chlormethan: Kühlmittel, Methylisierungsmittel
$+ Cl_2 \downarrow - HCl$
CH_2Cl_2 — Dichlormethan: Lösungsmittel
$+ Cl_2 \downarrow - HCl$
CH_3Cl_3 — Trichlormethan („Chloroform"): Lösungsmittel, Narkotikum
$+ Cl_2 \downarrow - HCl$
CCl_4 — Tetrachlormethan („Tetra"): Lösungsmittel

---

[110] Vgl. F. MEINCK; H. STOOFF und H. KOHLSCHÜTTER, a. a. O., S. 246.

Äthylenchlorierung

$$CH_2 = CH_2 \xrightarrow{+ Cl_2} ClCH_2-CH_2Cl \xrightarrow[- HCl]{400°} CH_2 = CHCl \rightarrow \left\{ \begin{array}{c} -CH_2-CH- \\ | \\ Cl \end{array} \right\}_n$$

$$\text{1,2 Dichloräthan} \quad \text{Vinylchlorid} \quad \text{Polyvinylchlorid (PVC)}$$

Im Gegensatz zum Chlor bestehen für das Nebenprodukt Chlorwasserstoff nicht die entsprechenden Absatzmöglichkeiten, so daß es bisher — wenn auch in verdünnter Form — dem betrieblichen Abwasser beigemischt werden mußte. Erst die Entwicklung eines Aufbereitungsverfahrens zur Konzentrierung der Abfallsäure mit anschließender Elektrolyse in Chlor und Wasserstoff gemäß

$$\text{Energie} + 2\,HCl \rightarrow H_2 + Cl_2$$

hat ihren erneuten Einsatz als technisches Gas bei gleichzeitiger Entlastung des Vorfluters ermöglicht.

Auch bei der Herstellung von *Äthylenoxid,* einem wichtigen aliphatischen Zwischenprodukt der BASF, das in mehr als 300 Verkaufsprodukte eingeht, ließen sich durch Verfahrensumstellung die Chancen eines technisch wie ökonomisch verbesserten Rohstoffeinsatzes in sinnvoller Weise mit dem Streben nach vermindertem Abwasseranfall verbinden. Der Chemismus des bisherigen „Clorhydrinverfahrens" bestand in einer alkalischen Verseifung des aus Äthylen gewonnenen Äthylenchlorhydrins:

$$CH_2 = CH_2 \xrightarrow{+ HOCl} \begin{array}{c} CH_2-CH_2 \\ | \quad\quad | \\ Cl \quad\, OH \end{array} \xrightarrow{+ Ca(OH)_2} \underset{O}{CH_2 \diagdown \diagup CH_2} + CaCl_2 + H_2O$$

Äthylen   Äthylenchlorhydrin   Äthylenoxid   Calciumchlorid

Entsprechend den beteiligten Einsatzstoffen ergab sich zwangsläufig ein sowohl spezifisch hoher als auch mit Calciumchlorid, Calciumhydroxyd sowie durch Wasseranlagerung an Äthylenoxid auch mit Äthylenglykol stark belasteter Abwasseranfall:

$$\underset{O}{CH_2 \diagdown \diagup CH_2} + H_2O \xrightarrow{(H+)} \begin{array}{c} CH_2-CH_2 \\ | \quad\quad | \\ OH \quad OH \end{array}$$

Äthylenoxid   Äthylenglykol

Das bereits seit vielen Jahren bekannte Verfahren der Luftoxidation des Äthylens am Silberkontakt arbeitet dagegen mit vergleichsweise sehr geringem Abwasseranfall, da Chlor und Kalk als Prozeßbeteiligte fehlen:

$$CH_2 = CH_2 + \tfrac{1}{2}\,O_2 \xrightarrow{(Ag)} \underset{O}{CH_2 \diagdown \diagup CH_2}$$

Äthylen   Äthylenoxid

Allerdings standen bislang diesem Verfahren sowohl in der geringeren Ausbeute als auch in den sehr aufwendigen und technisch schwierigen Bemühungen um quantitative

Isolierung des Oxids aus den verdünnten Reaktionsgasen schwerwiegende ökonomische Hemmnisse entgegen, die erst durch die zunehmende Verbilligung des Ausgangsprodukts Äthylen infolge erhöhter Kapazitäten auf petrochemischer Basis mehr als kompensiert werden konnten. Die Werte in Tab. 56 lassen deutlich den Umfang der abwassertechnischen Verbesserung bei Verfahrenswechsel erkennen.

Tabelle 56

Abwasseranfall und -zusammensetzung bei der Äthylenoxid-Herstellung
(m^3 je t Fertigprodukt)

	Abwasseranfall	*mit:*
Chlorhydrinverfahren	60 m^3	2 500 kg $CaCl_2$
		275 kg $Ca(OH)_2$
		110 kg CH_2OH-CH_2OH
Katalytische Luftoxidation	0,3 m^3	10 kg $NaHCO_3$
		5–10 kg CH_2CHO und
		CH_2OH-CH_2OH

Den apparativen Hintergrund zu der oben angegebenen Reaktionsgleichung vermittelt Abb. 57.

Auch bei der Herstellung von Folgeprodukten des Cyclohexans ließen sich durch Variation der Prozeßbedingungen ähnliche abwassertechnische Erfolge erzielen. So entsteht bei der katalytischen *Cyclohexanoxidation* mit Luft in flüssiger Phase neben den wichtigen Zwischenprodukten Cyclohexanol und Cyclohexanon auch eine 30%ige organische Afallsäure, aus der nunmehr durch Oxidation mit Salpetersäure u. a. Adipinsäure, als ein Ausgangsprodukt zur Herstellung von Nylon, isoliert werden kann. Die damit bewirkte Entlastung des Vorfluters von organischer Substanz wird von der BASF mit monatlich rd. 1 500 t angegeben.

Schließlich sei noch auf die durch Verfahrenswechsel bei der *Hydroxylaminsynthese* erzielte Verminderung der betrieblichen Abwasserlast hingewiesen. Hydroxylamin (NH_2OH), ein wichtiges Zwischenprodukt bei der Synthese von Polyamiden, wird wegen seiner Zersetzungsgefahr und Sauerstoffempfindlichkeit nur als Hydroxylammoniumsalz eingesetzt. Seine Herstellung erfolgte nach dem bisherigen Verfahren durch Einwirken von Natriumnitrit und schwefliger Säure (Röstgase) auf Natriumhydrogensulfatlösung, so daß sich zunächst Natriumhydroxyamindisulfonat bilden konnte:

$$NaNO_2 + NaHSO_3 + SO_2 \rightarrow HON(SO_3Na)_2$$

Bei der Isolierung des Hydroxylammoniumsulfats ($[NH_3OH]_2SO_4$) zur Oximierung des Cyclohexanons fielen je t Endprodukt 13,5 m^3 Abwasser mit 2,7 t Natriumsulfat (Na_2SO_4) an. Bei einer Jahresproduktion von rd. 100 000 t Caprolactam (1968) ent-

*Abb. 57: Äthylenoxid-Anlage
(Direktoxidation, Kapazität 40 000 jato)*

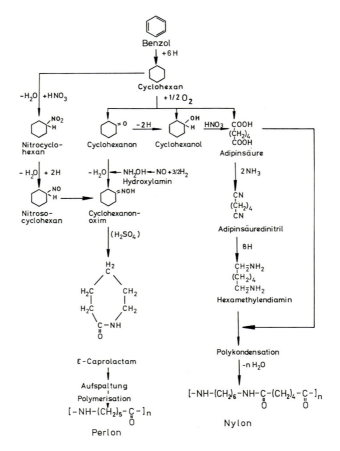

Abb. 58: Folgeprodukte der Cyclohexanoxidation

sprach das einer Belastung des Vorfluters mit rd. 350 000 t Natriumsulfat. Erst die Umstellung des Verfahrens auf die katalytische Reduktion von Stickstoff mit Wasserstoff bei Anwesenheit verdünnter Schwefelsäure ließ das Abwasserproblem der Hydroxylaminsynthese praktisch bedeutungslos werden. Neben dem Hydroxylammoniumsulfat entsteht nunmehr lediglich Ammoniumsulfat ($[NH_4]_2SO_4$), das sich zu verwertbaren Mengen anreichern läßt und als verkaufsfähiges Düngemittel die Wirtschaftlichkeit des Verfahrens erhöht.

Die Verknüpfung der hier abwassertechnisch angesprochenen Cyclohexanoxidation mit der Hydroxylaminsynthese als wichtige Ausgangsprozesse bei der Herstellung von Nylon und Perlon zeigt Übersicht 58.

3.3.2.4. *Verbesserung der Abwasserverhältnisse durch wasserwirtschaftliche Kooperation mit der Gebietskörperschaft*

3.3.2.4.1. *Behandlung des Abwassers in einer Gemeinschaftskläranlage nach dem Belebungsverfahren*

Trotz ihrer z. T. spektakulären Erfolge vermögen Verfahrensumstellungen nur jeweils *partiell* an der Verminderung der betrieblichen Abwasserlast mitzuwirken. Eine echte Verbesserung der Abwasserverhältnisse wird nur dann zu erreichen sein, wenn sich derartige Anstrengungen nicht mehr ausschließlich am Kriterium ihrer betriebswirtschaftlich-technischen Opportunität und somit am Einzelfall orientieren, sondern im Interesse der Umwelthygiene das *gesamte* Abwasser des Chemiebetriebes berücksichtigen. Das wird um so dringlicher, als sich mit der zunehmenden Bedeutung petrochemisch erzeugter Zwischen- und Endprodukte der Anteil organisch gelöster Verunreinigungen zwangsläufig erhöht, dem aber andereseits unter den Verhältnissen expandierender Produktion allein durch vereinzelte Verfahrensumstellungen nur begrenzt begegnet werden kann.

Diese Überlegungen führten im Zusammenhang mit entsprechenden wasserrechtlichen Bescheiden bei vielen Werken der Chemischen Großindustrie zu dem Entschluß, die trotz innerbetrieblicher Vorreinigungsmaßnahmen noch mit Fremdstoffen beladenen Prozeßabwässer künftig vor ihrer Einleitung in den Vorfluter zentral zu erfassen und sie in einer Sammelkläranlage weiteren Aufbereitungsprozessen zu unterwerfen.

Dabei galt es, zunächst zwei Fragen zu beantworten:

1. Welche der bekannten und technisch beherrschbaren Klärprinzipien lassen sich bei den werksspezifischen Chemieabwässern mit höchster Effizienz einsetzen?
2. Welche Kooperationsmöglichkeiten mit anderen abwassertechnisch interessierten Institutionen bestehen am jeweiligen Standort?

Um mit der zweiten, da für den Standort Ludwigshafen relativ unproblematischen Frage zu beginnen: Hier bot sich von vornherein die gemeinsame Reinigung der BASF-Abwässer mit den bislang nur grobmechanisch geklärten kommunalen Abwässern der Stadt Ludwigshafen an. Nach entsprechenden Verhandlungen auch vertraglich fixiert und am 15. Oktober 1965 vom Ludwigshafener Stadtrat bestätigt, wurde diese Lösung zu einem wichtigen Datum der weiteren Planungsarbeiten.

Ungleich schwieriger gestalteten sich dagegen die mit Frage 1 ausgelösten abwassertechnischen Erhebungen. Zwar lag es nahe, wegen der organischen Verschmutzung des BASF-Abwassers ein biologisches Reinigungsverfahren zu wählen, doch waren die im kommunalen Bereich mit derartigen Anlagen gemachten Erfahrungen nur sehr bedingt verwertbar. Biologische Abwasserreinigungsverfahren, wie insbesondere das für die BASF nur in Frage kommende *Belebungsverfahren*[111]), setzen sich die bereits an anderer Stelle angesprochenen Selbstreinigungsvorgänge im Vorfluter zum Modell, wonach im Wasser befindliche organische Substanz von Mikroorganismen z. T. in energiearme anorganische Verbindungen, wie z. B. Wasser, Kohlensäure und Nitrat, z. T. aber auch durch Assimilation in neues Zellmaterial umgewandelt wird[112]). Notwendige Voraussetzung dieser biochemischen Reaktionsabläufe ist eine ausreichende Sauerstoffzufuhr; sie entscheidet damit über den Erfolg jeder aerob betriebenen künstlichen Abwasserreinigung. Außer dieser allgemein formulierten, für Kommunal- und Chemieabwässer gleichermaßen konstitutiven Bedingung sowie dem Erfordernis optimaler Nährstoffverhältnisse für den mikrobiellen Abbau fehlt es jedoch an weiteren verwertbaren abwassertechnischen Gemeinsamkeiten.

Das beginnt bereits bei der Frage, was als behandlungsbedürftiges Abwasser anzusehen ist. Im städtischen Bereich ist es die der Kanalisation insgesamt zugeleitete Wassermenge, gleichgültig, ob es sich dabei um den Trockenwetter- oder Regenwetterabfluß handelt. Für einen nach dem „Mischsystem" entwässernden Chemiebetrieb von der Größenordnung der BASF verbietet sich eine derartige Betrachtung allein unter Hinweis auf den extrem hohen Kühlwasseranteil, für den eine Klärnotwendigkeit nicht besteht. Damit wird aber das Prinzip der sogenannten „Trennkanalisation" zu einer unabdingbaren Voraussetzung bei der abwassertechnischen Sanierung von chemischen Großbetrieben: Die anfallenden Abwässer werden hier bereits in den Produktionsstätten nach ihrer Behandlungsbedürftigkeit getrennt und gesonderten Kanalnetzen zugeführt. Nur der behandlungsbedürftige, d. h. organische, biologisch abbaubare Schmutzstoffe enthaltende Teil, erhöht um den städtischen Abwasseranfall, bestimmt die Bemessungsgrößen einer geplanten Gemeinschaftskläranlage, während das nichtbehandlungsbedürftige Kühlwasser wie bisher direkt, d. h. unter Umgehung der letzten Reinigungsstufe, in den Vorfluter gelangt.

Auch die Frage nach der voraussichtlichen Beschaffenheit des behandlungsbedürftigen Abwassers läßt sich für den Chemiebetrieb nicht ohne weiteres mit Erfahrungswerten beantworten, wie das etwa bei den städtischen Abwässern möglich ist. Hier können nur

---

[111]) Eine andere verfahrenstechnische Variante der biologischen Abwasserreinigung ist das sogenannte „Tropfkörperverfahren". Das Abwasser wird hier mit Drehsprengern über einen mit faustgroßen Lavasteinen oder Kunststoffmaterialien luftdurchlässig angefüllten Turm (Tropfkörper) verteilt, so daß sich auf der Oberfläche des Brockenmaterials ein aus Mikroorganismen bestehender „biologischer Rasen" bilden kann, der die gelösten bzw. kolloiden organischen Abwasserinhaltsstoffe adsorbiert und aerob abbaut. Anpassungsschwierigkeiten gegenüber schwankenden Abwassermengen, die vergleichsweise geringere Abbauleistung sowie kapazitive Gesichtspunkte lassen den Einsatz des Tropfkörperverfahrens bei der chemiebetrieblichen Abwasserreinigung häufig erst in Kombination mit einer Belebtschlammstufe sinnvoll erscheinen — ein Weg, der von der BASF allerdings nicht beschritten wurde. Zu verfahrenstechnischen Grundlagen vgl. F. MEINCK; H. STOOFF und H. KOHLSCHÜTTER: Industrie-Abwässer, a. a. O., S. 112 ff.

[112]) Zu den morphologischen und physiologischen Grundlagen der biologischen Abwasserreinigung vgl. J. MUSKAT: Grundprinzipien der biologischen Abwasserreinigung. In: Chemie-Ingenieur-Technik. 39. Jg., Nr. 4/1967, S. 179 ff.

umfangreiche Erhebungen, in deren Verlauf sämtliche Produktionsstätten des Werkes über die angefallenen Abwässer nach Menge und Zusammensetzung „befragt" werden, einen hinreichend zuverlässigen Überblick geben.

Von der BASF wurden derartige Untersuchungen z. T. in Zusammenarbeit mit dem Forschungs- und Entwicklungsinstitut für Industrie- und Siedlungswasserwirtschaft sowie Abfallwirtschaft e. V. in Stuttgart in den Jahren 1960 bis 1965 durchgeführt. Parallel hierzu betriebene Laborversuche erbrachten den Beweis, daß sich die Werksabwässer sowohl allein als auch in Gemeinschaft mit dem kommunalen Anteil in einer zentralen Kläranlage biologisch reinigen lassen[113].

Das Problem solcher abwassertechnischen Vorarbeiten liegt in der Schwierigkeit, über Bestandsaufnahmen hinaus auch *künftige* Abwasserverhältnisse zu simulieren. Die sowohl branchen- als auch betriebsspezifische Heterogenität des Chemieabwassers sowie die sich ständig wandelnde Abwasserlast infolge produktionswirtschaftlicher Dynamik bringen schwer kalkulierbare Unsicherheitsmomente in jede Planung. Vor welchem Hintergrund das zu sehen ist, mag aus folgenden — hier nur jeweils kurz andiskutierbaren — Belastungsgrößen der chemieindustriellen Abwassertechnik zu entnehmen sein:

Es wurde bereits darauf hingewiesen, daß für den mikrobiellen Abbau organisch gelöster Abwasserinhaltsstoffe u. a. ein ausreichendes *Nährstoffangebot* vorliegen muß; zu denken ist hier insbesondere an physiologisch verwertbaren Stickstoff (N) und Phosphor (P). Über die Höhe des abwassertechnischen Reinigungseffektes entscheidet allerdings weniger der absolute Stiffstoff- bzw. Phosphorgehalt als vielmehr das gewichtsanalytische Verhältnis, in dem diese Elemente zueinander stehen. Die Abwassertechnik bezieht das erforderliche Nährstoffangebot auf den biochemischen Sauerstoffbedarf und nennt als ersten Näherungswert

$$BSB_5 : N : P = 100 : 5 : 1\text{[114]}$$

Festgestellte Unterproportionen senken automatisch die biologische Abbauleistung. Für die BASF ergab sich ein derartiges Problem aus dem verminderten Gehalt an reduzierten Stickstoffverbindungen. Erst die künstliche Zugabe von Harnstoff erhöhte im Laborversuch die BSB_5-Abbaurate auf 90 bis 95 %; ein etwaiger Phosphormangel war allein durch den entsprechenden Überschuß im beigemischten häuslichen Abwasser zu kompensieren.

Die Forderung nach günstigen Lebensbedingungen für die den biologischen Abbau betreibenden Mikroorganismen bezieht sich insbesondere auch auf den *Sauerstoffbedarf*. Er richtet sich nach den im Abwasser enthaltenen organischen Substanzen und weist — wie ein Blick auf Tab. 59 lehrt — für Chemiebetriebe z. T. erhebliche Schwankungsbreiten auf:

---

[113] Vgl. BERNHARD JÄGER und WALTER HALTRICH: Erfahrungen mit dem Betrieb von Versuchsanlagen zur biologischen Reinigung industrieller Abwässer nach dem Belebtschlammverfahren. In: Das Gas- und Wasserfach, 104. Jg., Nr. 36/1963, S. 1045 ff.
[114] Vgl. F. MEINCK; H. STOOFF und H. KOHLSCHÜTTER: Industrie-Abwässer, a. a. O., S. 110.

Tabelle 59

Sauerstoffbedarf bei der Reinigung verschiedener Mischabwässer der chemischen Industrie[115] (O_2-Gehalt des Belebtschlamm-Beckens = 2 mg/l; Wirkungsgrad, bezogen auf BSB_5 = 92—95 %)	
Art des Betriebes	O_2-Bedarf (kg O_2/kg BSB_5-Abbau)
Kunststoff-Betrieb (Phenol-Formaldehyd)	2,1
Petrochemischer Betrieb (Lösemittel, Produkte der Hochtemperatur-Pyrolyse, Kunststoffe)	2,1
Kunststoff-Betrieb (Formaldehyd)	2,0
Chemisch-pharmazeutischer Betrieb (Citronensäure, pharmazeutische Produkte)	1,2
Chemisch-pharmazeutischer Betrieb (Zwischenprodukte, Farbstoffe)	1,5
Chemischer Betrieb (Zwischenprodukte, Insecticide) ..	1,4
Chemischer Betrieb (organische Zwischenprodukte, Lösemittel, Kunststoffe)	2,2
Pharmazeutischer Betrieb	1,15

Die von der kommunalen Abwasserreinigung her bekannten Verhältniswerte („OC/load")[116] aus Sauerstoffzufuhrleistung (Oxygenation Capacity) und BSB_5-Belastung (load) sind hier nur sehr bedingt anwendbar. Ein Chemiebetrieb mit heterogener und sich wandelnder Abwasserzusammensetzung wird daher bei der Auswahl eines geeigneten Belüftungssystems in besonderem Maße auf dessen Leistungsfähigkeit im Sauerstoffeintrag zu achten haben. Für die BASF war in diesem Zusammenhang insofern eine besondere Schwierigkeit zu umgehen, als der relativ hohe *Nitrat-Gehalt* des Abwassers von rd. 200 mg/l zwangsläufig zu den bekannten Störungen im Nachklärbecken durch Stickstoff-Flotation des belebten Schlamms führen muß. Derartige Störungen beruhen auf der Fähigkeit anaerober Bakterien, bei Sauerstoffmangel das Nitrat fermentativ zu spalten (Denitrifikation). Während der freigesetzte Sauerstoff veratmet wird (Nitratatmung), kann sich der Stickstoff nach Überschreiten der Löslichkeitsgrenze als freie Gasblasen den Schlammflocken anlagern und diese zum Aufschwimmen bringen; die Abscheidung des Schlamms, und damit die Funktionsfähigkeit der Nachklärung überhaupt, wäre weithend unmöglich gemacht. Um diesen Schwierigkeiten zu begegnen, ist daher geplant, dem eigentlichen Belüftungsprozeß eine unbelüftete Stufe vorzuschalten, damit der sich hier unter anaeroben Bedingungen bildende Stickstoff anschließend wieder leicht ausgetrieben

---

[115] Vgl. D. HEINICKE: Möglichkeiten und Grenzen der biologischen Reinigung von Abwässern der chemischen Industrie. In: Chemie-Ingenieur-Technik, 39. Jg., Nr. 4/1967, S. 189.
[116] Vgl. KARL IMHOFF: Taschenbuch der Stadtentwässerung, a. a. O., S. 170 ff.

werden kann und den Absetzvorgang des Schlamms im Nachklärbecken nicht weiter beeinträchtigt. Der Gesamtwirkungsgrad von Denitrifikation und Belüftung läßt sich so auf rd. 94 % steigern.

Über die *Flockungs-* und *Sedimentationsfähigkeit* des belebten Schlamms entscheidet allerdings auch der Gehalt an anorganisch suspendierten Stoffen im Abwasser, da ungelöste Partikel den Mikroorganismen zugleich als Anlagerungskerne dienen. Wegen der nur unbedeutenden Menge suspendierter Verunreinigungen im behandlungsbedürftigen BASF-Abwasser kam es bereits im Versuchsstadium zur Bildung eines aus fadenförmigen Bakterien (Spaerotilus natans) bestehenden „Blähschlamms", der sich im Nachklärbecken nur schwer abtrennen ließ. Erst das Beimischen von tonhaltigem Filterrückspülwasser von den Wasserwerken schuf wirksame Abhilfe: der Schlammindex sank von 300 bis 500 ml/g auf rd. 100 ml/g.

Mit der *Wasserstoffionenkonzentration* sei ein weiterer Einflußfaktor bei der biologischen Reinigung von Chemieabwässern erwähnt. Auch hier haben praktische Erfahrungen gezeigt, daß sich die Geschwindigkeit des mikrobiellen Abbaus ceteris paribus in Richtung saures bzw. basisches Milieu verringert, mithin der neutrale Bereich als optimal anzusehen ist (Tab. 60).

Tabelle 60

Einfluß des pH-Wertes auf die biologische Abwasserreinigung[117])	
pH	
3,0	
saurer Grenzbereich:	Biologische Reinigung möglich, jedoch stark herabgesetzter Wirkungsgrad. Artenarme Biozönose.
4,5	
saurer Adaptionsbereich:	Biologische Reinigung mit befriedigendem Wirkungsgrad, wenn extreme pH-Werte eingehalten werden. Hemmung der Nitrifikation.
6,5	
sicherer pH-Bereich:	Biologische Reinigung mit gutem Wirkungsgrad.
9,0	
alkalischer Adaptionsbereich:	Biologische Reinigung mit befriedigendem Wirkungsgrad, wenn extreme pH-Werte eingehalten werden. Hemmung der Nitrifikation.
10,5	
alkalischer Grenzbereich:	Biologische Reinigung möglich, jedoch stark herabgesetzter Wirkungsgrad. Artenarme Biozönose.
11,5	

---

[117]) Vgl. K.-H. JACOBITZ: Die Ableitung industrieller Abwässer in öffentliche Entwässerungen und die gemeinsame Behandlung mit häuslichem Abwasser. Diss. TH Darmstadt 1965, S. 164.

Saure Abwässer, wie die der BASF, müssen daher zunächst durch Zugabe von Dosiermitteln neutralisiert werden, bevor sie in die biologischen Reinigungsstufen gelangen. Wegen der besonderen baulichen Voraussetzungen, wie z. B. unterirdischer Abwasseranfall in großen Mengen, fehlendes Gelände für übliche Neutralisationsanlagen, war schon im Versuchsstadium abzuklären, inwieweit sich der Neutralisationseffekt durch Zugabe von Chemikalien in die fließende Welle unter gleichzeitiger Ausnutzung der vorhandenen bzw. künstlich erzeugten Turbulenz erzielen läßt. In Zusammenarbeit mit dem Institut für Hydromechanik, Stauanlagen und Wasserversorgung der TH Karlsruhe konnte durch Modellversuche ermittelt werden, daß für die Wirksamkeit einer pH-Vorregulierung mit Kalkmilch die „natürliche" Mischung einer in 15 Minuten durchflossenen Reaktionsstrecke von 1,8 km ausreichend ist, während bei der Endneutralisation mit Natronlauge erst zwei in die Fließstrecke und unterhalb der Dosierstellen eingebaute Absturzbauwerke von 50 bzw. 65 cm Höhe den notwendigen Mischeffekt durch turbulente Diffusion ermöglichen.

Schließlich sei noch auf ein für Chemiebetriebe typisches abwassertechnisches Risiko hingewiesen, wonach *diskontinuierlich* und/oder mit *wechselnder physikalisch-chemischer Zusammensetzung* anfallende Abwässer die Stoffwechselvorgänge der Mikroorganismen und damit die Effizienz des Klärbetriebes beeinträchtigen können. Insbesondere folgende Faktoren üben auf den mikrobiellen Abbau einen ungünstigen Einfluß aus:

1. Konzentrationsschwankungen im Angebot organischer Substanz,

2. hydraulische Überlastungen, die vom Puffervolumen der Anlage nicht aufzufangen sind,

3. schwankende Wasserstoffionenkonzentration, selbst innerhalb der lt. Tab. 60 an sich noch möglichen pH-Wert-Arbeitsbereiche,

4. plötzlicher Wechsel in der Abwassertemperatur, zumal wenn über den Bereich von 8 bis 35 °C jeweils hinausgehend[118]), und

5. Stoßbelastungen durch spezielle Giftstoffe, wobei es zwar *auch* auf das Einhalten der in Tab. 61 auszugsweise wiedergegebenen Grenzwerte ankommt, in stärkerem Maße jedoch auf das Vermeiden jeder *plötzlichen* Konzentrationsänderung.

---

[118]) Vgl. K. VIEHL: Über den Einfluß der Temperatur auf die biologischen Umsetzungen im Wasser und Schlamm unter besonderer Berücksichtigung der Wirkung von Warmwassereinleitungen auf Vorfluter. In: Gesundheits-Ingenieur, 71. Jg., Nr. 21/22/1950, S. 350.

Tabelle 61

*Schädlichkeitsgrenzen für toxische Substanzen
bei der biologischen Abwasserreinigung*[119])
(Belebungsverfahren)

Gift	*Ausgedrückt als*	*Grenzwert*	
Blausäure, Natrium- und Kaliumcyanid	CN	1—1,6	mg/l
Cadmiumverbindungen	Cd	1—5	mg/l
Chlor	Cl_2	>0	mg/l
Dinitrophenol	$(NO_2)_2C_6H_3OH$	4	mg/l
Hexamethylentetramin	$(CH_2)_6N_4$	>2	g/l
Kupferverbindungen	Cu	1	mg/l
Natronlauge, Kalilauge, Ätzkalk, Soda	pH-Wert	9—9,5	
Nickelverbindungen	Ni	6	mg/l
Phenol (Reinphenol)	C_6H_5OH	>250	mg/l
Salzsäure, Phosphorsäure, Salpetersäure, Schwefelsäure	pH-Wert	5	
Schwefelwasserstoff, Sulfid	S^{2-}	5—25	mg/l
Zinkverbindungen	Zn	1—3	mg/l

Allein diese vereinzelt oder simultan auftretenden Faktoren bedingen eine Vielzahl von Wirkungsalternativen, die es bereits im Planungsstadium durch projektierte Regelungsmechanismen technisch beherrschbar zu machen gilt. Auf die innerbetrieblichen „traditionellen" Vorreinigungsmaßnahmen wird deshalb auch künftig nicht zu verzichten sein.

Zusammenfassend kann festgestellt werden, daß die Chemische Industrie bei der Lösung ihres Abwasserproblems mit Hilfe biologischer Reinigungsverfahren auf umfangreiche Vorarbeiten angewiesen ist. Die dabei im Laborversuch und/oder halbtechnischen Maßstab gewonnenen Erkenntnisse haben nur betriebsindividuelle Aussagekraft. Verall-

---

[119]) Vgl. HANS LIEBMANN: Handbuch der Frischwasser- und Abwasser-Biologie. Band II. München 1958, nach S. 974 (Tab. 85).

gemeinerungen sind nur insofern zulässig, als der gemeinsame Nenner des angestrebten optimalen Kläreffekts die Einhaltung bestimmter Grunderfordernisse bei der chemiebetrieblichen Abwasserreinigung notwendig macht. Hierzu zählen in Stichworten

1. die Beseitigung eines bestehenden Nährstoffdefizits,

2. die Sauerstoffversorgung unter Ausnutzung eines u. U. gegebenen Nitratgehalts,

3. die Verbesserung der Absetzeigenschaften des belebten Schlamms, insbesondere die Anwesenheit suspendierter Stoffe als Siedlungsflächen für die Mikroorganismen,

4. die Notwendigkeit eines Konzentrations- und Mengenausgleichs,

5. die Möglichkeit einer pH-Wert-Steuerung,

6. die Einhaltung optimaler Abwassertemperaturen und

7. die separate Ableitung des Kühlwassers.

Bei der BASF konnten die Vorarbeiten inzwischen zu einem ersten Abschluß geführt werden, so daß bereits konkrete Vorstellungen über Aufbau und Wirkungsweise der geplanten Gemeinschaftskläranlage bestehen. Wie das Sankey-Diagramm in Abb. 62 erkennen läßt, sollen die behandlungsbedürftigen Abwässer der BASF und der Stadt Ludwigshafen zunächst durch Zugabe von Kalkmilch und — nach Passieren einer Misch- und Reaktionsstrecke — durch regelbare, zweistufige Dosierung mit Natronlauge neutralisiert werden. Ein nachgeschalteter Rechen hält grobe Schmutzstoffe zurück; ein Pumpwerk hebt das Abwasser auf ein höheres Niveau und befördert es über eine Druckrohrleitung in die eigentliche Kläranlage, bestehend aus Sandfang, Denitrifikations-, Belüftungs- und Nachklärbecken. Als gereinigter Ablauf gelangt es schließlich in den Vorfluter (Rhein). Ein Teil des sich im Nachklärbecken absetzenden Schlamms wird als Rücklaufschlamm zur Aufrechterhaltung der biologischen Abbauvorgänge in den Zulauf zur Denitrifikationsstufe zurückgepumpt, während der überschüssige Rest nach einem — bislang noch offenen — Aufbereitungsverfahren deponiefähig gemacht wird.

Bevor voraussichtlich Ende 1972 mit den Bauarbeiten begonnen werden kann, sollen noch Erfahrungen mit einer 1970 fertiggestellten Versuchskläranlage hinsichtlich Dimensionierung, Schlammbehandlung und ingenieurtechnischer Details, wie Baumaterialien, Maschinenaggregate u. a., gesammelt werden. Mit ihrem Abwasserdurchsatz von rd. 60 m³/h entspricht sie bereits der Kläranlage einer kleinen Stadt (15 000 bis 20 000 Einwohner).

Im Einvernehmen mit den Wasseraufsichtsbehörden ist geplant, die Gemeinschaftskläranlage Anfang 1975 in Betrieb gehen zu lassen. Als Standort ist ein z. T. in Frankenthaler Gemarkung liegendes Gelände zwischen Autobahn und Frankenthaler Kanal vorgesehen (Abb. 121). Gleichzeitig wird damit die immer dringlicher gewordene Forderung nach Senkung chemiebetrieblicher — und hier auch kommunaler — Abwasserlast zu einem großen Teil erfüllt sein.

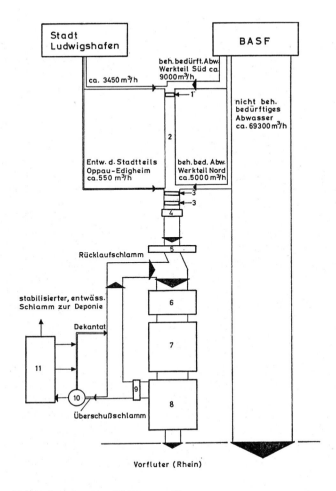

1: Kalkmilchdosierung zur pH-Vorregulierung
2: Misch- und Reaktionsstrecke (Länge rd. 1,8 km)
3: Natronlaugedosierung zur Endneutralisation mit Absturz als Mischbauwerk
4: Abwasserpumpwerk mit vorgeschaltetem Rechen
5: Sandfang und Grobentschlammung
6: Denitrifikationsbecken (Erdbecken mit Rührern)
7: Belüftungsbecken (Erdbecken mit Oberflächenbelüfter)
8: Nachklärbecken (maschinell geräumte Rechteckbecken)
9: Rücklaufschlammpumpwerk
10: Eindicker für Überschußschlamm
11: Schlammentwässerung und weitergehende Schlammbehandlung

Abb. 62: Gemeinschaftskläranlage BASF/Stadt Ludwigshafen a. Rh.
(Fließschema der Abwasserbehandlung — Sankey — für Trockenwetterabfluß)

3.3.2.4.2. Neuordnung des chemiebetrieblichen Kanalnetzes

Die bisherigen Erörterungen zum Problem der Abwasserreinigung waren vornehmlich *qualitativ-analytisch* angelegt: Art und Umfang der umwelthygienischen Einflußnahme, ihre chemiebetrieblichen Bedingtheiten sowie die bestehenden Chancen zur Verringerung der Abwasserlast standen im Mittelpunkt des Interesses. Ingenieurtechnische Überlegungen zur Kanalisation, deren funktionsgerechte Anlage am Erfolg jeder abwassertechnischen Sanierung ebenso beteiligt ist wie die eigentlichen Klärmaßnahmen selbst, blieben weitgehend ausgeklammert; von ihnen soll im Folgenden die Rede sein.

Es wurde bereits darauf hingewiesen, daß historisch gewachsene Chemiebetriebe, wie z. B. die BASF, traditionell nach dem „Mischsystem" entwässern, d. h., sämtliche Abwässer, gleich welcher Zusammensetzung und damit Behandlungsbedürftigkeit, werden in gemeinsamen Kanälen dem örtlichen Vorfluter zugeführt (Abb. 63). Mit dem Entschluß, künftig zwischen behandlungsbedürftigen und nichtbehandlungsbedürftigen Abwässern zu unterscheiden und die Reinigungsmaßnahmen nur auf den Teil zu beschränken, der organisch und biologisch abbaubare Verunreinigungen enthält, wird zugleich die Installation eines zusätzlichen Kanalnetzes erforderlich. Gegenüber dem bisherigen „Mischsystem" ergibt sich damit für die „Trennkanalisation" eine erweiterte Aufgabenstellung:

1. Getrennte Erfassung von behandlungsbedürftigen und nichtbehandlungsbedürftigen Abwässern,
2. direktes Ableiten des nichtbehandlungsbedürftigen Teils in den Vorfluter und
3. Zusammenführen und Homogenisieren der behandlungsbedürftigen Abwässer durch einen Sammelkanal, der darüber hinaus noch den Weitertransport in die biologische Reinigungsstufe übernimmt.

Die Verwirklichung dieses Konzepts ist mit umfangreichen Bauarbeiten verbunden. Gemäß der sachlogischen Dreiteilung in der Funktionsweise einer Trennkanalisation konzentrieren sie sich zunächst auf die Errichtung eines weiteren Kanalsystems.

Es ist evident, daß — wie im Falle der BASF — die neu zu verlegenden Kanäle überwiegend dem *behandlungsbedürftigen Abwasser* vorbehalten bleiben, da mitunter nur so den im Verhältnis zum bisherigen Mischabwasser erhöhten Anforderungen hinsichtlich Säurebeständigkeit, Fugenabdichtung usw. durch geeignetere Materialien entsprochen werden kann.

Außer diesem erzwungenen Rückgriff auf den technischen Fortschritt im Abwasserkanalbau ergeben sich für den Chemiebetrieb besondere Probleme bei der Schaffung von Verlegeplätzen für den zusätzlichen Kanalbedarf. Er wird für die BASF mit rd. 25 km angegeben. Auf den Werksteil Süd entfallen dabei rd. 6,5 km, auf den Werksteil Nord rd. 19 km. Schon ein Vergleich mit der Länge der befestigten Fahrstraßen im Werk (= 82 km), an deren Grundstruktur sich die Kanalführung zu orientieren hat (Abb. 64), zeigt das Ausmaß der von diesen Baumaßnahmen ausgehenden innerbetrieblichen Beeinträchtigungen. Sie berühren nicht nur den werksinternen Verkehr, sondern sind zugleich potentielle Gefahrenmomente für den laufenden Produktionsbetrieb: Die bereits mit alten Abwasserkanälen, Fluß-, Grund- und Trinkwasserleitungen, Erdgasleitungen, Kabeltrassen, Rohrbrückenfundamenten und Eisenbahngleisen belegten Werkstraßen lassen nur unter großen baulichen Schwierigkeiten die Installation neuer Kanäle zu (Abb. 67).

Für den Aufbau des Kanalnetzes für *nichtbehandlungsbedürftige Abwässer* sind die Probleme insofern etwas einfacher gelagert, als zu einem großen Teil auf bereits vorhandene Kanäle zurückgegriffen werden kann; sie entwässern bei der BASF künftig über

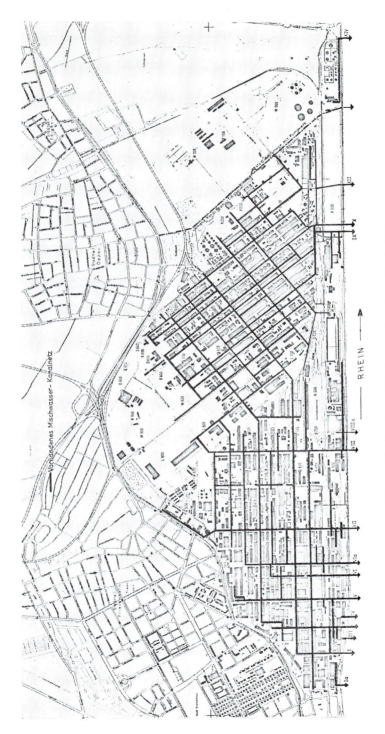

Abb. 63: Vorhandenes Mischwasserkanalnetz der BASF

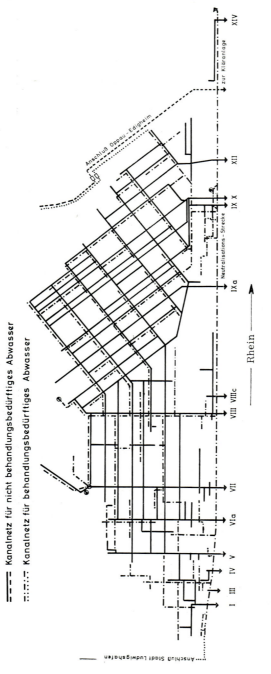

Abb. 64: Projektierte Trennkanalisation der BASF

*Abb. 65: Abwasser-Sammelkanal
(Plattenbauweise)*

*Abb. 66: Abwasser-Sammelkanal
(Vorpreßverfahren, Arbeiten vor Ort)*

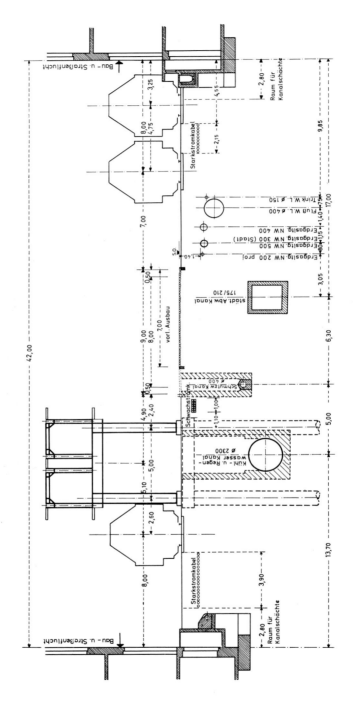

Abb. 67: Querschnitt einer Werkstraße der BASF

*Abb. 68: Abwasser-Sammelkanal
(Vorpreßverfahren)*

*Abb. 69: Abwasser-Sammelkanal
(Vorpreßverfahren, Hauptpreßgrube)*

13 Ausläufe direkt in den Rhein. Die Anlage der beiden Kanalnetze war im Oktober 1969 im Werksteil Süd zu rd. 90 %, im Werksteil Nord zu rd. 40 % abgeschlossen.

Ungleich schwieriger gestalteten sich dagegen die mit der Projektion eines *Sammelkanals* zu bewältigenden Bauarbeiten: Ein Sammler, der — wie bei der BASF — über Stichkanäle sowohl sämtliche behandlungsbedürftigen Abwässer des Werks (rd. 14 000 m³/h) als auch die der Stadt Ludwigshafen (rd. 4 000 m³/h) aufzunehmen hat, muß zur Gefälleausnutzung notwendigerweise in Vorfluternähe und in großer Tiefe verlegt werden. Für die Verlegearbeiten bedeutet das: Umbau sämtlicher vorhandenen Abwasserausläufe sowie zeitweilige Grundwasserabsenkungen.

Die Bauplanung der BASF sieht vor, den Sammelkanal in drei Abschnitten zu je 2 km entlang dem Rheinufer zu verlegen. Der erste, noch in offener Baugrube und mit stahlbetonummantelten Keramikplatten sowie Kunstharzfugenabdichtung im Profil von 2 × 2 m ausgeführte Kanalabschnitt wurde bereits Ende 1968 fertiggestellt (Abb. 65). Die Entwicklung des neuen Baustoffs „Polybeton", eines Gemischs aus mineralischen Zuschlägen und Polyesterharz Palatal® unter Verzicht auf das herkömmliche Bindemittel Zement, ermöglichte den Bau großer Rundprofile mit sehr guten Festigkeitseigenschaften, so daß für den zweiten Bauabschnitt auf das rationellere Verfahren der hydraulischen Vorpressung von Rohren mit 2 600 mm Innendurchmesser übergegangen werden konnte (Abb. 66 und 68). Bis auf die Anlage von Vortriebskästen (Abb. 69) vollziehen sich die Verlegearbeiten unterirdisch und beeinträchtigen somit nicht mehr den werksinternen Verkehr. Diese Vorteile veranlaßten die BASF, das Verfahren noch an mehreren anderen Stellen des Werks anzuwenden. Mit der Fertigstellung des zweiten Bauabschnitts Ende 1969 konzentrieren sich die Planungs- bzw. Baumaßnahmen auf den dritten Abschnitt des Sammelkanals.

Dem Zeitplan dieser seit Anfang 1966 z. T. simultan ausgeführten Bauarbeiten ist zu entnehmen, daß die 1970 errichtete Versuchskläranlage die behandlungsbedürftigen Abwässer der Werksteile Süd und z. T. auch Nord dem bereits fertiggestellten Teilstück des Längssammlers entnehmen kann. Der Kapazität dieser Anlage entsprechend werden hiervon allerdings nur rd. 60 m³/h erfaßt, so daß der „Rest" für die Übergangszeit bis zur Inbetriebnahme der Gemeinschaftskläranlage Anfang 1975 noch ungereinigt in den Rhein abgeleitet werden muß.

3.4. *Kosten der chemiebetrieblichen Abwasserreinigung*

Bei der Frage nach dem *ökonomischen* Stellenwert der abwassertechnischen Sanierung im Chemiebetrieb ist es erforderlich, den Begriff der Abwasserreinigungskosten in fünffacher Weise zu problematisieren:

1. Abwasserreinigungskosten sind ein Ausdruck behördlicher Einflußnahme auf den Prozeß der chemiebetrieblichen Leistungserstellung. Sie tragen Auflagencharakter und sind insofern einzelwirtschaftlich „ungewollt".

2. Abwasserreinigungskosten werden aufgewendet, um die Beeinträchtigungen der bereits an anderer Stelle erwähnten übrigen, d. h. über die „Vorflut für Chemieabwässer" hinausgehenden Gewässernutzungsmöglichkeiten in definierbaren Grenzen zu halten. Läßt sich ein derartiger Umweltbelastungseffekt nicht völlig vermeiden, entstehen volkswirtschaftliche Kosten in Form von Nutzungseinbußen, für die die Gesellschaft, zumindest aber *andere* Wirtschaftssubjekte als der verursachende Betrieb, aufzukommen haben. Bei dem in der Abwasserreinigung gegenwärtig praktizierten Kompromiß zwischen „Tech-

nisch Möglichem" und „Wirtschaftlich Vertretbarem" ist diese Form der Kostenverteilung — und damit das Entstehen von „social costs" — geradezu typisch geworden. Was auch immer an diesbezüglich hohen finanziellen Aufwendungen von der Chemischen Industrie genannt werden mag, sie können den Umweltbelastungseffekt nur vermindern helfen, nie ganz völlig aufheben, mit anderen Worten: das Kostenverursachungsprinzip gilt nur beschränkt.

3. Abwasserreinigungskosten dürfen immer nur vor dem empirischen Hintergrund *betriebsindividueller* Abwasserverhältnisse gesehen und als solche gewürdigt werden. Rahmenbedingungen, wie

    a) naturgesetzlich determinierbare Wechselwirkungen zwischen verfahrenstechnischer Grundlage und Abwassermenge bzw. -zusammensetzung,

    b) örtlich differierende Vorfluterverhältnisse sowie

    c) konkurrierende Zweckbestimmungen des Gewässers am gegebenen Standort

haben die Aufsichtsbehörden dazu veranlaßt, ihre Auflagen jeweils auf den Einzelfall zu beziehen und dabei lediglich Reinheitskriterien, wie pH-Wert, Temperatur, BSB_5, Ionenfracht usw., vorzuschreiben (Tab. 53). Die Wahl eines geeigneten Reinigungsverfahrens bleibt dem Chemiebetrieb überlassen und damit auch der ökonomische Ermessensspielraum in der Realisierungsphase.

4. Abwasserreinigungskosten sind innerhalb des chemiebetrieblichen Gesamtkostengefüges sowohl inhaltlich als auch der Höhe nach nur näherungsweise zu bestimmen. Soweit sie lediglich den wirtschaftlichen Gegenwert der bereits erwähnten umfangreichen Vorarbeiten zur abwassertechnischen Sanierung wiedergeben sollen, bestehen derartige Abgrenzungsprobleme kaum; sie belaufen sich bei der BASF auf rd. 1,6 Mio. DM; die Baukosten der 1970/71 betriebenen Versuchskläranlage betragen rd. 2 Mio. DM. Das gleiche gilt für die Investitionskosten der geplanten biologischen Gemeinschaftskläranlage einschließlich Sammelkanal und Trennkanalisation, die hier insgesamt 155 Mio. DM betragen und mit Ausnahme der vom Werk allein zu finanzierenden Trennkanalisation ($= 74$ Mio. DM $\triangleq 3\,000$ DM/m) auf die BASF und Stadt Ludwigshafen gemäß anteiliger Abwasserlast verteilt werden (Tab. 70).

Schwieriger ist es dagegen um die verursachungsgemäße Erfassung der im Zusammenhang mit herkömmlichen Reinigungsverfahren oder durch Umstellungen abwassererzeugender Verfahrenstechniken entstehenden Kosten bestellt. Soweit es sich um *Vorreinigungsmaßnahmen* in den einzelnen Produktionsstätten handelt, dürften wohl Mängel der praktizierten Betriebsabrechnung dafür verantwortlich sein, wenn — wie im Falle der BASF — hierüber keinerlei konkrete Kostenangaben gemacht werden können; es zeigt sich auch hier, daß die Kategorie „Abwasserreinigungskosten" erst jüngerer Natur ist. Soweit es den ökonomischen Hintergrund abwasserlastvermindernder *Verfahrensumstellungen* betrifft, so sind es branchengenerell geltende Abgrenzungsschwierigkeiten, die eine eindeutige Zuordnung von Reinigungseffekt und einzelwirtschaftlicher Kostenbelastung nicht gestatten. In diesem Zusammenhang sei auf das Beispiel der Äthylenoxidherstellung hingewiesen: Zweifellos handelt es sich bei der Umstellung des Chlorhydrinverfahrens auf die katalytische Direktoxidation um einen chemiebetrieblichen Beitrag zur Gewässerreinhaltung, der aber ebenso zweifelfrei unterblieben wäre, wenn sich nicht gleichzeitig die Situation im Rohstoffeinsatz grundlegend verbessert hätte (Petrochemie!).

Tabelle 70

Gesamtkosten der Gemeinschaftskläranlage BASF / Stadt Ludwigshafen a. Rh.	
Trennkanalisation Werksteil Süd rd. 22 Mio. DM	
Werksteil Nord rd. 52 Mio. DM	74 Mio. DM
Sammelkanal	46 Mio. DM
Kläranlage	35 Mio. DM
Insgesamt	155 Mio. DM

Die von der BASF für die Jahre 1965 bis 1968 angegebenen Abwasserreinigungskosten sind insofern nur als Teilgröße aufzufassen, die zumindest noch der Ergänzung um werksinterne, d. h. in den einzelnen Produktionsstätten anfallende Vorreinigungskosten bedürfen (Tab. 71).

Tabelle 71

Abwasserreinigungskosten der BASF (Mio. DM/Jahr)			
1965	1966	1967	1968
3,15	3,57	3,92	6,98

Die erwähnten Abgrenzungs- und Zuordnungsschwierigkeiten haben auch in der Literatur dazu geführt, Angaben zum ökonomischen Stellenwert der chemiebetrieblichen Abwasserreinigung nur auf den relativ eindeutig zu fixierenden Investitions- und Betriebskostenblock bestehender bzw. geplanter biologischer Kläranlagen zu beschränken. Unter Bezugnahme auf die jeweiligen abwassertechnischen Kenndaten lassen sich so — trotz der grundsätzlichen Heterogenität chemiebetrieblicher Abwasserverhältnisse — wenigstens vergleichbare Näherungswerte ermitteln (Tab. 72).

Die spezifischen Investitionskosten der Gemeinschaftskläranlage der BASF/Stadt Ludwigshafen a. Rh. betragen

— bei einer BSB_5-Last von rd. 113 tato (BASF: 96 tato, Stadt Ludwigshafen a. Rh.: 17 tato (Tab. 50) und
— ohne Berücksichtigung der Trennkanalisation und des Sammelkanals

rd. 310,— DM/kg $BSB_5 \cdot$ Tag. Sie entsprechen damit *größenordnungsmäßig* den in Tab. 72 gemachten Angaben. Die zwischenzeitlichen Veränderungen in der BSB_5-Last sowie die allgemeine Problematik von Projektionsdaten belasten diese (ohnehin nur als Näherungswert anzusehende) Kostengröße mit zusätzlichen Unsicherheitsmomenten. Darüber hinaus beinhaltet dieser Wert noch nicht die Kanalisationskosten, die aber — wie das Beispiel der BASF lehrt — die eigentlichen Reinigungskosten um ein Mehrfaches übersteigen können.

Die mit Tab. 72 ebenfalls ausgewiesenen Betriebskosten sind (bis auf den mit rd. 0,12 DM/kg BSB_5 anzugebenden Kapitaldienst[120]) für die Gemeinschaftskläranlage der BASF/Stadt Ludwigshafen a. Rh. naturgemäß noch nicht bestimmbar. Der Hinweis auf

Tabelle 72

	Investitions- und Betriebskosten von biologischen Kläranlagen der Chemischen Industrie		
1. Abwassertechnische Kenndaten	E. Merck AG, Darmstadt[121])	Farbwerke Hoechst AG — Westfabrik —[122])	Farbenfabriken Bayer AG/ Wupperverband[123])
Rohwasserzulauf	rd. 24 000 m³/Tag	rd. 24 000 m³/Tag	rd. 140 000 m³/Tag
Abbauleistung	rd. 20 t BSB_5/Tag	rd. 30 t BSB_5/Tag	rd. 113 t BSB_5/Tag
Belüftung	3 Aero-Accelatoren	2 Belebungsbecken mit je 8 Vortair-Oberflächenbelüftern	2 Belebungsbecken mit 8 bzw. 6 Vortair-Oberflächenbelüftern
Überschußschlammentwässerung	Vakuumdrehfilter und Verbrennung in Etagenofen	Vakuumdrehfilter (Verbrennung geplant)	Vakuumdrehfilter (Verbrennung geplant)
Schlammdeponie	rd. 10 t/Tag (Asche aus 1 000 bis 1 400 m³/Tag Ü.-Schlamm mit rd. 1 % Feststoffgehalt) 5 t Asche = Schlammaufbereitungszusatz	100 bis 120 m³/Tag (Filterkuchen, 20 bis 25 % Feststoffgehalt)	rd. 600 m³/Tag (Filterkuchen, 20 bis 25 % Feststoffgehalt)

[120]) Unter der Voraussetzung einer auch für die biologischen Kläranlagen der Chemieunternehmen Merck, Hoechst und Bayer lt. Tab. 72 gewählten Amortisationsdauer (= 10 Jahre) und Verzinsung (= 6 %).
[121]) Vgl. Der Hessische Minister für Landwirtschaft und Forsten, Abt. Landeskultur und Wasserwirtschaft, Wiesbaden: Jahresbericht der Wasserwirtschaft, Rechnungsjahr 1965, Einzelmaßnahmen: Die Abwasserbehandlungsanlage der Firma E. Merck AG, Darmstadt. In: Wasser und Boden, 18. Jg., Nr. 6/7/1966, S. 207 ff., und F. KOPPERNOCK: Reinigung stark wechselnder Abwässer der pharmazeutischen Chemie bei der Merck AG. In: Chemie-Ingenieur-Technik, 40. Jg., Nr. 6/1968, S. 263 ff.
[122]) Vgl. L. JAESCHKE und K. TROBISCH: Halbtechnische biologische Abwasserbehandlung Kohlenwasserstoff-haltiger Produktionsabwässer. In: Chemie-Ingenieur-Technik, 38. Jg., Nr. 3/1966, S. 366 ff., und K. TROBISCH und A. BAUER: Großanlage der Farbwerke Hoechst AG zur biologischen Reinigung von Betriebsabwässern. In: Chemie-Ingenieur-Technik, 40. Jg., Nr. 6/1968, S. 257 ff.
[123]) Vgl. o. V. (H. W. H.): Gemeinschaftswerk zur Reinhaltung von Rhein und Wupper. In: Wasser, Luft und Betrieb, 10. Jg., Nr. 9/1966, S. 627 f., und HANS H. WEBER und F. MERSCH: Vorarbeiten zur Gemeinschaftskläranlage der Farbenfabriken Bayer AG und des Wupperverbandes. In: Chemie-Ingenieur-Technik, 40. Jg., Nr. 6/1968, S. 272 ff.

Tabelle 72 (Fortsetzung)

2. *Investitionskosten*[124]	
Biologische Reinigung	
bei 1stufiger Reinigung:	150,— DM bis 250,— DM/kg $BSB_5 \cdot$ Tag
bei 2stufiger Reinigung:	180,— DM bis 280,— DM/kg $BSB_5 \cdot$ Tag
Aerobe Schlammbehandlung mit nachfolgender Entwässerung durch Chemikalien-Zusatz	50,— DM/kg $BSB_5 \cdot$ Tag
Verbrennung des entwässerten Schlamms	100,— DM bis 120,— DM/kg $BSB_5 \cdot$ Tag
Insgesamt	200,— DM bis 400,— DM/kg $BSB_5 \cdot$ Tag
3. *Betriebskosten* (Strom, Dosierchemikalien, Löhne, Instandhaltung, Reparaturen[124])	
Belebungsanlage	0,06 DM bis 0,15 DM/kg BSB_5
Schlammaufbereitung	0,03 DM bis 0,07 DM/kg BSB_5
Insgesamt	0,09 DM bis 0,17 DM/kg BSB_5
einschließlich Amortisation und Verzinsung	0,20 DM bis 0,30 DM/kg BSB_5
bei folgenden Annahmen: Strompreis = 0,07 DM/kWh; Jahreslohn je Bedienungsmann = 15 000,— DM; Reparaturen und Instandhaltungen = 2 % der Gesamtinvestition; Abschreibung = 10 %; Verzinsung = 6 %.	

bestehende bzw. geplante Kläranlagen vergleichbarer Chemiebetriebe soll auch hier nur die Größenordnungen vermitteln helfen, mit denen bei der Abwasserreinigung zu rechnen ist. Die Gesamtkosten belaufen sich jüngeren Untersuchungen zufolge auf 0,40 DM bis 1,50 DM je kg BSB_5-Abbau, allerdings ohne daß damit gleichzeitig der dominierend anteilige Kapitaldienst besonders kenntlich gemacht worden wäre[125].

5. Abwasserreinigungskosten haben hinsichtlich ihres Stellenwertes im Gesamtkostengefüge einen grundlegenden Bedeutungswandel erfahren. Wie wir bereits sahen, spielten Abwasserreinigungskosten im Kalkül des standortsuchenden Unternehmers im 19. Jahrhunderts eine nur untergeordnete Rolle. Die wasserwirtschaftlich relevante Standortproblematik beschränkte sich in jener Zeit lediglich auf die Überprüfung

---

[124] Zusammenstellung aus: D. HEINICKE: Möglichkeiten und Grenzen der biologischen Reinigung von Abwässern der chemischen Industrie, a. a. O., S. 191 f.
[125] Vgl. WOLFGANG TESKE: Wasserversorgung und Abwasserbeseitigung in der Chemischen Industrie in Deutschland, a. a. O.

a) der örtlichen Beschaffungspotentialverhältnisse und

b) der Aufnahmefähigkeit des Vorfluters bzw. der kommunalen Kanalisation.

Inzwischen haben die mit der Verwirklichung wasserrechtlicher Auflagen entstehenden Kosten einen Umfang angenommen, der sie zum unabdingbaren Bestandteil jeder Standortkalkulation macht. Für historisch gewachsene Unternehmen — wie die BASF — ergibt sich mit dieser Veränderung der regionalwirtschaftlichen Ausgangssituation ein typisches Elastizitätsproblem, das aber nicht nur im Zusammenhang mit dem sich erhöhenden Umweltbelastungseffekt des jeweiligen Chemiebetriebes gesehen werden darf, sondern ebenso Ausdruck einer sich wandelnden *öffentlichen* Interessenlage ist.

Der Gesetzgeber hat diesen Sachverhalt mit seinen einzelwirtschaftlichen Folgelasten durchaus erkannt und den Schritt zur abwassertechnischen Sanierung durch ein System von Steuer-, Kredit- und Bürgschaftshilfen erleichtert. Die größte Bedeutung kommt hier zweifellos den Sonderabschreibungen zu, die nach § 51 Abs. 1 Ziff. 2 Buchst. 1 EStG bzw. § 79 EStDV bei bereits existierenden Betrieben für „Anlagen zur Verhinderung, Beseitigung oder Verringerung von Schädigung durch Abwässer" vorgenommen werden dürfen[126]). Die BASF hat von dieser Möglichkeit zunehmend Gebrauch gemacht (Tab. 73):

Tabelle 73

Sonderabschreibungen für Maßnahmen der BASF zur Abwasserreinigung (in 1 000 DM/Jahr)				
1964	1965	1966	1967	1968
—	45	790	1 582	4 627

Von den Finanzierungserleichterungen sind insbesondere die „ERP-Kredite für Investitionen zur Abwasserreinigung" sowie die „Bürgschaften für Kredite des Kapitalmarktes zur Finanzierung von Maßnahmen zur Abwasserreinigung" zu nennen, von deren Vergabe aber die Chemische Großindustrie wegen mangelnder finanzieller Bedürftigkeit häufig ausgeschlossen bleibt[127]) [128]).

---

[126]) Vgl. Einkommensteuergesetz (EStG 1969) vom 12. Dezember 1969. BGBl I S. 2265; Einkommensteuer-Durchführungsverordnung (EStDV 1969) in der Fassung der VO vom 21. April 1970. BGBl I S. 373.
[127]) Eine diesbezügliche Anfrage an das ressortmäßig für Gewässerschutzfragen zuständige Bundesministerium für Gesundheit und Jugend wurde vom Bundesministerium des Innern mit dem Hinweis beantwortet, daß „eine Aufschlüsselung der ERP-Kredite nach Branchen... bisher nicht vorgenommen (wurde)" (schriftliche Auskunft von Dr. DÜRRE, Gesch.-Z. U II 2 321 — 9/70, vom 1. September 1970). Die Vergabepraxis hat jedoch gezeigt, daß bei den im Verhältnis zur EPR-Kreditnachfrage nur sehr begrenzt zur Verfügung stehenden Kreditmitteln das „Kriterium der Bedürftigkeit" letztlich entscheidend werden muß und das insofern eine Wachstumsindustrie, wie die Chemische Industrie, kreditmäßig „diskriminiert" (vgl. hierzu auch o. V.: Einige Aspekte zu Finanzierungshilfen für Gewässerschutz. In: Chemische Industrie, 21. Jg., Nr. 9/1969, S. 595 f.
[128]) Zum Umfang der insgesamt der Industrie gewährten Finanzierungshilfen durch EPR-Kredite auf dem Gebiet des Abwasserwesens vgl. Bundesschatzministerium (Hrsg.): ERP-Kredite für die deutsche Wirtschaft. Bühl/Baden 1969, S. 103.

4. Die Abfallstoffbeseitigung im Chemiebetrieb

4.1. *Müllanfall und technische Entwicklung*

4.1.1. *Begrenzung des Untersuchungsobjekts*

Im Rahmen der bisherigen Analyse konnte nachgewiesen werden, daß zur Beurteilung wasserbezogener Standortgunst nicht allein das Spannungsverhältnis zwischen betriebsindividuellem Wasserbedarf und örtlichem Beschaffungspotential gesehen werden darf, sondern auch die gegebenen Entwässerungsmöglichkeiten. Bei einem Industriezweig wie der Chemischen Industrie, zu dessen typisierenden Merkmalen nicht nur die Wasserintensität, sondern ganz allgemein die auf *Stoffumwandlung* ausgerichtete Produktionsweise zählt, gilt diese Art der standortpolitischen Verknüpfung notwendigerweise auch für die übrigen Komponenten des stofflichen Einsatzes. Auch hier fallen Produktionsrückstände an, mit zudem noch unterschiedlichster Konsistenz (fest, flüssig, gasförmig), für dessen einwandfreie und wirtschaftliche Beseitigung der Chemiebetrieb Sorge zu tragen hat. Da den standortabhängigen Immissionsproblemen ein gesonderter Abschnitt gewidmet ist, wird im Folgenden zunächst ein Überblick der im Chemiebetrieb anfallenden quasi-festen und — soweit nicht abwasserbezogen — auch flüssigen Abfallstoffe zu geben sein, um anschließend die sich anbietenden Abfallbeseitigungsmöglichkeiten sowohl unter dem Blickwinkel der

1. umwelthygienischen Erfordernisse

als auch

2. verfahrenstechnischen Bedingtheiten

einschließlich ihrer

3. kosteninduzierten betriebswirtschaftlichen Opportunität

zu diskutieren. Die BASF dient auch hierbei als Demonstrationsobjekt.

4.1.2. *Zur Erfassung des kommunalen und industriellen Müllaufkommens und der Müllzusammensetzung*

Die in das Standortkalkül des Chemiebetriebes mit einbezogene Abfallwirtschaft erweist sich zugleich als ein Teilaspekt volkswirtschaftlicher „Entsorgungs"-Problematik. Vor der Begrenzung des Untersuchungsgegenstandes sollen daher einige Hinweise auf die in der BRD insgesamt anfallenden festen Abfallstoffe gegeben werden.

Die Angaben der einschlägigen Literatur sowie der hierfür zuständigen Institutionen, wie z. B. der Zentralstelle für Abfallstoffbeseitigung des Bundesgesundheitsamtes, Berlin, beschränken sich zumeist nur auf Größenordnungen, da in der BRD eine auf repräsentativer Basis geführte allgemeine Müllstatistik, die alle Abfallstoffarten — gleich welcher Herkunft — erfaßt und periodisch fortschreibt, bislang noch fehlt. Als Ausnahmen gelten die Auswertungsergebnisse der 1961 in Gemeinden mit 10 000 und mehr Einwohnern erstellten Statistik sowie sporadische Untersuchungen auf Gemeinde- und Länderbasis[129]). Die in Tab. 74 wiedergegebenen Werte sind daher nur als erste Orientierungsgrößen zu verstehen.

Tabelle 74

Das Müllaufkommen in der Bundesrepublik

Abfallart	Bezugsjahr	Volumen	Gewicht	Stück
Hausmüll[130])	1966	40 Mio. m³	16 Mio. t	—
Industriemüll[130])	1966	15 Mio. m³	—	—
Klärschlamm[130])[131])	1966	13 Mio. m³	—	—
	1967	25 Mio. m³	—	—
Altautos (∕. Gebrauchtwagenexport)[131])	1968	—	—	718 000
Altöle, Rückstände aus Tankreinigung, Öl- und Benzinabscheider[131])	1966	—	0,37 Mio. t	—
Gesamtmenge der festen Abfallstoffe (einschl. Kehricht, Bauschutt, Aushub)[131])	1968	200 Mio. m³	—	—

---

[129]) Vgl. Fritz Quidde: Das Problem der Müllablagerungsflächen. In: Informationen (Institut für Raumforschung), 15. Jg., Nr. 7/1965, S. 235 ff.; Michael Ferber: Menge der festen Abfallstoffe. In: W. Kumpf, K. Maas und H. Straub, (Hrsg.): Handbuch der Müll- und Abfallbeseitigung. Bd. 1. Berlin Ausgabe 1969/70. Kennzahl 1740; Ferber, Kolkenbrock und Neukirchen: Müll-Anfall, Abfuhr und Beseitigung in Zahlen. Stuttgarter Berichte zur Siedlungswasserwirtschaft. Nr. 12. München 1964; Kolkenbrock, Bernhard: Müllabfuhr 1965. In: Deutscher Städtetag (Hrsg.): Statistisches Jahrbuch Deutscher Gemeinden. 54. Jg. 1966, S. 156 ff. sowie Auskünfte von Herrn Dipl.-Ing. Leonhardt von der Zentralstelle für Abfallstoffbeseitigung des Bundesgesundheitsamtes, Berlin.

[130]) Vgl. Der Bundesminister des Innern (Hrsg.): Empfehlungen des Beirats für Raumordnung beim Bundesminister des Innern. Folge 2. Bonn 1969, S. 72.

[131]) Vgl. Der Bundesminister des Innern (Hrsg.): Raumordnungsbericht 1968 der Bundesregierung vom 12. März 1969. Bundestagsdrucksache V/3958, S. 26.

Von den drei Hauptabfallstoffarten

Hausmüll,

Industriemüll und

Klärschlamm

läßt sich der *Hausmüll* rein quantitativ am sichersten abschätzen. Als personenbezogener Zivilisationsabfall bestimmt sich dessen Zusammensetzung nach dem technisch-wirtschaftlichen Entwicklungsstand eines Landes sowie — z. T. in Wechselwirkung hierzu — den Lebensgewohnheiten der Bevölkerung. Einzeluntersuchungen, die den jeweiligen Verstädterungsgrad der Bevölkerung einschließlich der regionalen Besonderheiten sowie die Jahreszeit mit ihrem Einfluß auf die Schwankungsbreite berücksichtigen und offen ausweisen, können daher *kurzfristig* durchaus als angenähert-repräsentativ angesehen werden. Danach liegt das durchschnittliche Müllaufkommen in der Bundesrepublik je Einwohner und Jahr in Gemeinden mit mehr als 10 000 Einwohnern bei 250 kg[132], eine Menge, die sich in Großstädten auf über 280 kg erhöhen kann[133], dagegen in ländlichen Gemeinden wesentlich niedriger anzusetzen ist (100 bis 180 kg)[134].

Langfristig bedingen die im Müllanfall zu beachtenden Implikationen hinsichtlich des technisch-wirtschaftlichen Entwicklungsstandes einer Volkswirtschaft und der Lebensgewohnheiten der Bevölkerung potentielle Veränderungstendenzen in der Müllzusammensetzung. Tatsächlich haben in der jüngeren Vergangenheit Faktoren wie u. a. die veränderten Heizgewohnheiten, die verpackungsintensive Produktgestaltung sowie die erhöhten Einkaufsfrequenzen bei Ver- und Gebrauchsgütern das Müllvolumen sprunghaft ansteigen lassen, dem andererseits das Müllgewicht nur in stark vermindertem Maße folgte. So stieg in West-Berlin das spezifische Müllvolumen (ohne Schlacken und Sperrmüll) von 1952 bis 1969 um rd. 280 % auf 1,22 m³ je Einwohner und Jahr, während sich im gleichen Zeitraum das spezifische Müllgewicht nur um 80 % auf 290 kg je Einwohner und Jahr erhöhte[135].

Auch bei einer *zeitpunktbezogenen* Betrachtung ergaben sich für das Müllvolumen mit steigender Gemeindegrößenklasse wesentlich höhere Zuwächse als beim Müllgewicht. Die Schwankungsbreite lag hier bei Gemeinden mit 10 000 und mehr Einwohnern 1961 zwischen 80 % und 130 % des Gesamtmittelwerts (= 749 l/EJ)[136].

Trotzdem bleibt festzuhalten, daß den Veränderungstendenzen durch die Grundstruktur der menschlichen Lebenshaltung auch Grenzen gesetzt sind. Darüber hinaus führt die Mischung vieler Einzelsubstanzen im Hausmüll zu einem Eigenschaftsprofil mit geringen Schwankungsbreiten (Tab. 75).

---

[132] Vgl. FERBER, KOLKENBROCK und NEUKIRCHEN, a. a. O., S. 21.
[133] Vgl. EBERHARD MAIER: Müllverbrennung mit Wärmeverwertung. In: Neue Kraftwerke in der Bundesrepublik, Handelsblatt — die technische Linie. 22. Jg., Nr. 8 vom 19. Februar 1969, S. 24 (Beilage zum Handelsblatt. 24. Jg., Nr. 35 vom 19. Februar 1969).
[134] Vgl. HANS STRAUB: Die Beseitigung der festen Abfallstoffe von Gemeinden und der Industrie. Gutachten für das Bundesministerium für Atomkernenergie, Bad Godesberg, Vervielfältigtes Manuskript 1961, S. 12.
[135] Nach Angaben der Berliner Stadtreinigung, Abteilung Müllverbrennung.
[136] Vgl. FERBER, KOLKENBROCK und NEUNKIRCHEN, a. a. O., S. 24.

Tabelle 75

Durchschnittliche Zusammensetzung des West-Berliner Hausmülls[137])
(Gewogenes Mittel in Gew.-% pro Jahr)

Bestandteile	1963	1972/73 (voraussichtl.)
Papier, Pappe	18,7	24,6
Textilien	1,8	2,5
Pflanzliche Stoffe	18,2	16,1
Brot	0,7	0,7
Knochen	1,0	0,9
Sonstige organische Stoffe	1,3	1,7
Kunststoffe	0,9	1,1
Gemisch 5 bis 20 mm	8,3	7,4
Heizungsschlacke > 5 mm	3,2	3,2
Buntmetall	0,4	0,4
Flaschen und sonstige Glasgefäße	6,8	6,9
Glasscherben	3,0	1,9
Sonstige anorganische Stoffe	4,3	3,5
Konservendosen	4,7	4,8
Sonstiger Eisenschrott	0,2	0,1
Feinelemente 0 bis 5 mm	24,2	21,6
Heizungsschlacke < 5 mm	2,3	2,6
	100	100

Anders beim *Industriemüll:* Seine Zusammensetzung richtet sich nach der im Einzelfall vorliegenden spezifischen Produktionsaufgabe, so daß generelle Aussagen hinsichtlich Zusammensetzung, Volumen und Gewicht nicht gemacht werden können. Mit Ausnahme der belegschaftsbedingten hausmüllähnlichen Abfälle herrschen wechselnd-spezifische Eigenschaften vor. Kommunale Entsorgungseinrichtungen können nur insoweit in Anspruch genommen werden, wie für die schadlose Beseitigung nicht zusätzliche Sicherungsmaßnahmen erforderlich sind bzw. die Größenordnung des betrieblichen Müllanfalls die Transport- und Beseitigungskapazitäten der Gebietskörperschaft übersteigt. Vor diesem Hintergrund muß die statistische Erfassung oder besser: Abschätzung des industriellen Müllaufkommens entsprechend unsicher ausfallen. Der in Tab. 74 angegebene Wert relativiert sich damit von selbst.

---

[137]) Entnommen aus: E. KNOLL: Planung der Müllverbrennungs- und Müllsinteranlage Berlin-Ruhleben. In: Mitteilungen der Vereinigung der Großkesselbesitzer (VGB), 45. Jg., Nr. 96/1965, S. 220.

Der *Klärschlamm* schließlich bezieht sich von vornherein nur auf kommunale Abwasserreinigungsanlagen und läßt die industriellen Verhältnisse außer Ansatz. Darüber hinaus fehlen Hinweise auf die das Volumen beeinflussenden Rahmenbedingungen, wie z. B. die Art des Schlammanfalls (Absetzgruben, Überschußschlamm aus Belebungsanlagen) und die Entwässerungstechnik, so daß auch hier starke Vorbehalte hinsichtlich der Aussagekraft dieser Werte bestehen.

4.1.3. *Kategorien chemiebetrieblicher Abfallstoffe*

Für die Frage nach den im Chemiebetrieb anfallenden Abfallstoffen und deren Beseitigungsmöglichkeiten am jeweiligen Standort erscheint es notwendig, zunächst den etwas pauschal verwendeten Begriff „Industriemüll" inhaltlich zu bestimmen. Er umfaßt die in der Regel wirtschaftlich nicht mehr verwertbaren Substanzen, für deren Beseitigung die Verfahren der Abwasserreinigung und die des Immissionsschutzes entweder von vornherein ausscheiden oder nur Zwischenmaßnahmen sein können. Diese im Gegensatz zur reinen Enumeration am Kriterium der umwelthygienischen Schadlosmachung orientierte Negativ-Definition soll bereits die äußerst heterogene Zusammensetzung der möglichen Abfallstoffe andeuten.

Als Kategorien lassen sich unterscheiden:
1. Allgemeiner Werkmüll,
2. Rückstände aus der chemischen Produktion,
3. Abbruchmaterialien und
4. Klärschlämme.

Den relativ geringsten Chemiebranchenbezug hat hiervon der *Allgemeine Werkmüll*, da unter diesem Oberbegriff zunächst einmal die in allen Industriebetrieben anfallenden hausmüllähnlichen Abfälle, wie Kehricht, Papier, Schrott, Abfälle aus Werksküchen, Verpackungsmaterialien u. ä., zusammengefaßt werden. Lediglich der hohe Kunststoffanteil (BASF $\approx$ 30 %) durch Abfälle aus technischen Versuchsanstalten und z. T. auch Produktionsbetrieben sowie Fehlchargen, Kontaktreste und Sperrmüll in Gestalt von Filterrahmen und dergleichen weisen auf die spezifischen Produktionsbedingungen hin.

Der chemiebetriebliche Bezugsrahmen kommt am deutlichsten in der zweiten Kategorie, den *Rückständen aus der chemischen Produktion*, zum Ausdruck. Das Spektrum der hier angesprochenen Abfälle reicht von Lösungsmittel- und Destillationsrückständen in pumpfähiger und nichtpumpfähiger Form über Neutralisations- und Fällungsschlämme bis hin zu Filter- und Farbstoffrückständen sowie Industrieschlacken und Verbrennungsrückständen. Es umfaßt mithin Stoffe jeder nur denkbaren physikalischen Konsistenz (fest, staubförmig, pastenartig, schlammig und flüssig); die chemische Zusammensetzung repräsentiert bei der breiten Produktionspalette der chemischen Großbetriebe praktisch das gesamte Gebiet der organischen und anorganischen Chemie (aliphatische und cyclische Kohlenwasserstoffe einschließlich ihrer Derivate, anorganische Stoffe mit überwiegend inertem Charakter). Darüber hinaus ist ein ständiger Wandel in der relativen Zusammensetzung des Müllaufkommens infolge produktionswirtschaftlicher Dynamik zu beobachten (Petrochemie!).

Der wirtschaftlich induzierte Zwang zur Kapazitätsausweitung und/oder Produktions- bzw. Verfahrensumstellung ist es auch, der zu entsprechenden Baumaßnahmen

Tabelle 76

Abfallstoffe der BASF

Abfallart	1967 Menge	1967 Beseitigung bzw. Verbleib	Abfallart	1968 Menge	1968 Beseitigung bzw. Verbleib
1. Bauschutt	211 000 t	Deponie	1. Bauaushub und Abbruchmaterial	167 200 t	Deponie (Feuerberg)
2. Baugrubenaushub	20 000 t	Deponie bzw. Grubenauffüllung	2. Bauaushub und Abbruchmaterial (Raumgewicht: 1,6 t/m³)	152 300 t	Deponie (Flotzgrün)
3. Schrott (Eisen)	47 000 t	Verkauf	3. Schrott, Eisen, NE-Metalle	48 820 t 1 000 t	Verkauf
4. Betriebsrückstände a) nicht brennbar	86 000 t	Deponie	4. Festmüll und Betriebsrückstände (Raumgewicht: 0,1 bis 1,0 t/m³)	205 500 t	Deponie (Flotzgrün)
b) Schlammrückstände (Abwassergruben, anorganische Schlämme)	27 000 t	Deponie			
c) brennbarer Werkmüll	28 800 t	je 50 % Deponie und Müllverbrennung			
d) Schlacke, Asche	53 000 t	Verkauf (Baustoffindustrie)	5. Schlacken	33 200 t	Verkauf (Baustoffindustrie)
e) Chemische Rückstände, brennbar	21 600 t	Müllverbrennung	6. Chemische Rückstände, brennbar	33 300 t	Müllverbrennung
	494 400 t			641 320 t	

führt, in deren Verlauf Abfallstoffe der dritten Kategorie in beträchtlichen Größenordnungen anfallen, wie *Abbruchmaterialien* einschließlich Bauschutt und Erdaushub, u. U. vermischt mit Holz und Isolierstoffen.

Die noch verbleibende Kategorie *Klärschlamm* ist für den chemieindustriellen Sektor erst relativ jüngeren Datums, da vom Betrieb biologischer Abwasserreinigung abhängig. Der Umfang der von der Chemischen Industrie auf diesem Gebiet unternommenen Anstrengungen bzw. geplanten Maßnahmen läßt jedoch die zunehmende Bedeutung des Schlammproblems im Rahmen der Abfallwirtschaft erkennen.

Der empirische Nachweis von Abfallstoffen im Chemiebetrieb sowie im Branchenvergleich nach oben angegebener Gruppierung ist insofern erschwert, als für die Kriterien der statistischen Erfassung — im Gegensatz zur Wasserversorgung und Abwasserreinigung — noch kein allgemeiner Konsens erzielt werden konnte. Bestimmend sind daher fast ausschließlich *betriebsindividuelle* Zweckmäßigkeitserwägungen, wie im Falle der BASF die jeweils gegebenen und im Zeitablauf je Kategorie unterschiedlich genutzten Beseitigungsmöglichkeiten (Tab. 76).

4.2. *Möglichkeiten und Grenzen der Abfallstoffbeseitigung im Chemiebetrieb*

4.2.1. *Überblick*

Der Zwang zur Beseitigung von Abfallstoffen ist für den Chemiebetrieb von jeher als im besonderen Maße raumbezogen aufgefaßt worden. Anders als bei dem mit Fremdstoffen beladenen Abwasser, das der freien Flutwelle mehr oder weniger unbedenklich anvertraut werden konnte, schied eine derartige „natürliche" Entsorgungsmöglichkeit bei festen Abfallstoffen und bestimmten Abwasser- bzw. Abluftbestandteilen von vornherein aus.

Sichtbar gewordene Rückstände, für die keine wirtschaftlich vertretbare Verwendungsmöglichkeit mehr besteht, senken bei ihrem Verbleib im Chemiebetrieb als raumintensive Materialien die betriebsraumbezogene spezifische Ertragskraft des Unternehmens. Die Bemühungen um Chemiemüllbeseitigung äußern sich daher folgerichtig zunächst im Abtransport der festen Abfallstoffe sowie der nicht dem Vorfluter zuzuführenden bzw. in die freie Atmosphäre ableitbaren Rückstände und ihre Ablagerung außerhalb des Werksgeländes. Mit einer echten Abfallbeseitigung hat diese Form der chemiebetrieblichen Entsorgung allerdings solange nichts zu tun, bis nicht durch vorherige physikalisch-chemische oder biologische Umwandlung der Abfallstoffe und andere Schutzmaßnahmen auch die hygienischen Anforderungen der unmittelbar betroffenen Umwelt berücksichtigt werden. Als Verfahrensprinzip bietet sich daher die *geordnete und kontrollierte Deponie* an.

Betriebsraumbezogene Wirtschaftlichkeitsüberlegungen lassen neben der schadlosen Ablagerung auch die *Volumenreduzierung* der Abfallstoffe als vordringliche Aufgabe erscheinen. Bei Entflammbarkeit des Materials wird dieses Ziel zweifellos am wirkungsvollsten durch *Verbrennen* zu erreichen sein, im übrigen ein Verfahrensprinzip, das bei gleichzeitiger Wärmeverwertung die Wirtschaftlichkeit der Abfallbeseitigung verbessern hilft. Auch hier fallen Rückstände an in Form von Schlacken, Flugasche und Verbrennungsgasen, die bei unkontrollierter Ablagerung bzw. ungehindertem Entweichen in die Atmosphäre die Umwelthygiene unmittelbar beeinträchtigen, so daß auch hier vom Chemiebetrieb Maßnahmen getroffen werden müssen, die einen derartigen Belastungseffekt in definierbaren Grenzen halten.

Das Bemühen um schadlose Wiedereingliederung von Abfallstoffen in den natürlichen Kreislauf kommt auch in dem Verfahren der *Kompostierung,* d. h. der Aufbereitung von Abfällen zu einem hygienisch einwandfreien Humus, zum Ausdruck. Störende Beimengungen im Chemiemüll, wie z. B. Gifte in schädlichen Konzentrationen, unverrottbare Kunststoffreste, setzen der Anwendungsmöglichkeit jedoch enge Grenzen.

Schließlich sei noch auf das *Versenken von Abfallstoffen in das offene Meer* hingewiesen. Abgesehen davon, daß es sich hier nur um eine Verschiebung des Umweltbelastungseffekts in Regionen handelt, für die er z. Z. noch als vergleichsweise gering erachtet wird, so scheidet diese Form chemiebetrieblicher Entsorgung bei den obigen Größenordnungen im Müllanfall als grundsätzliche Lösung allein wegen der entsprechenden Transportkostenbelastung von vornherein aus.

Somit sind die „geordnete Deponie" und die „Verbrennung" als die von der Chemischen Industrie hauptsächlich genutzten Abfallbeseitigungsmöglichkeiten anzusehen. Sie sind es auch, auf die sich die weiteren Erörterungen am Beispiel der BASF beschränken.

4.2.2. *Abfallstoffbeseitigung durch Verbrennen*

4.2.2.1. *Abfallerfassung und -sammlung*

Das betriebliche Entsorgungsproblem stellt sich zunächst als ein reines Transportproblem dar. Die vom Leistungsprogramm chemischer Großbetriebe her bestimmte Vielzahl von Produktions-, Forschungs- und Verwaltungsbauten auf ausgedehnten Flächen (BASF: 15 000 Bauten auf 5,6 km²) führt innerhalb des Werksgeländes zu einem entsprechenden räumlich-dispers verteilten Müllanfall. Dieser für alle Kategorien des betrieblichen Müllaufkommens gleichermaßen geltende Tatbestand zwingt zu erheblichen Transportleistungen. Bei den zur Verbrennung bestimmten Abfallstoffen können sie sich insofern noch erhöhen, da für den Standort der Müllverbrennungsanlage außer Transportüberlegungen auch Sicherheitsfragen maßgebend sind; die aber schreiben — wie im Falle der BASF — eine mehr periphere Lage vor (Abb. 121).

Zur Erfassung der brennbaren Abfälle ist das Werksgelände der BASF in 290 Ordnungsbezirke eingeteilt, in denen jeweils Betriebsführer und Ordnungsmeister für die sachgerechte Erfassung und Trennung der Müllkomponenten verantwortlich sind. Die Abfälle selbst werden an insgesamt 350 Stellen in geschlossenen Mulden von 3 bis 5 m³ Inhalt gesammelt und von dort fast täglich mit Spezial-Lkw (Meiller-Kipper) zu dem — aus Sicherheitsgründen — offenen und mit festmontierten Wasserwerfern leicht bestreichbaren Grabenbunker der Müllverbrennungsanlage von 3 m Tiefe und 5 000 m³ Fassungsvermögen abgefahren.

Diese zumeist auf den allgemeinen Werksmüll bezogene Verfahrensweise kann für Rückstände aus der chemischen Produktion nicht ohne weiteres übernommen werden. Hier ist es vielmehr notwendig, jede Abfallprobe im Anlieferungszustand auf ihre mögliche Gefährdung des Bedienungspersonals bzw. Beeinträchtigung des Verbrennungsvorganges hin zu untersuchen und die entsprechenden physikalischen und chemischen Daten auf einer Laufkarte festzuhalten. Das Ergebnis entscheidet über das Einhalten besonderer Schutzmaßnahmen (Atemschutzgeräte, Schutzkleidung usw.) und/oder Freigabe zur Verbrennung. Neben der Entflammbarkeit, dem Brennverhalten, der Ätzwirkung und Toxizität sind das insbesondere der Heizwert, Aschengehalt, Wassergehalt und die Mischbarkeit mit anderen Abfällen, mithin Daten, die allein bei festen Abfallstoffen erheblich streuen können (Tab. 77).

Tabelle 77

Grenzwerte der Eigenschaften von festen Abfällen[138])

Eigenschaft	Einheit	Minimum	Maximum
Raumgewicht	kg/m³	100	1 200
Wassergehalt	Gew.-%	5	70
Aschengehalt	Gew.-%	10	95
Heizwert	kcal/kg	0	10 000
Stückgröße		Staub	Sperrgut

Bei Flüssigkeiten bestimmt sich die Art der Anlieferung nach ihrer Pumpfähigkeit. Während verunreinigte, aber gut pumpfähige Rückstände in Kesselwagen oder — wie bei Altölen aus Werkstätten und Ölabscheidern — in Fässern bzw. Saugwagen angeliefert werden, um sie bis zur Verbrennung in hochstehende Tanks abzulagern (Abb. 78), entfällt diese Möglichkeit bei zähflüssigen Stoffen. Ein Beispiel hierfür geben die Destillationsrückstände, die bei Temperaturen von über 150 °C flüssig anfallen, bei Raumtemperatur jedoch zu erstarren pflegen. Für derartige Konsistenzverhältnisse stehen — je nach Bedarf — heizbare und transportable Druckbehälter von 1 bis 5 m³ Fassungsvermögen zur Verfügung, die ihren Inhalt durch Anschluß an 10-atü-Stickstoff-Druckleitungen unmittelbar in den Verbrennungsraum abgeben können (Abb. 78). Saubere, d. h. chlor-, schwefel- und feststofffreie sowie pumpfähige flüssige Rückstände werden direkt den Verbrennungsräumen der Kraftwerke zugeleitet. Die Anlieferung von nicht pumpfähigen Rückständen erfolgt in (verlorenen) Gebinden, wie Kannen, Trommeln, Hobbocks usw.

4.2.2.2. Zum Betrieb von Müllverbrennungsanlagen

Als Hauptaufgabe der Chemiemüllverbrennung kann

1. die Überführung der nicht ohne weiteres ablagerungsfähigen Stoffe in eine von umwelthygienisch bedenklichen Beimengungen möglichst freie Asche bzw. Schlacke bei
2. gleichzeitiger Verminderung des Volumens

angesehen werden. Hinter dieser lapidaren Forderung verbirgt sich zugleich ein Bündel technisch nur schwer lösbarer Probleme, deren Beherrschung aber letztlich entscheidend ist für die Effizienz betrieblicher Abfallwirtschaft.

Es beginnt bereits mit der Frage nach dem für chemiebetriebliche Abfallstoffe geeigneten *Verbrennungssystem:* Bis Mitte der fünfziger Jahre — dem Beginn der BASF-Planungen auf diesem Gebiet — gab es für die umwelthygienisch einwandfreie Verbrennung von Chemiemüll noch kein Vorbild. Lediglich im kommunalen Bereich, wo diese Form der Müllbeseitigung schon seit Jahrzehnten betrieben wurde, lagen entsprechende Erfahrungen vor. Es war für die BASF daher naheliegend, nach ersten Versuchen mit einem Schachtofen, der praktisch nur aus einem ausgemauerten stehenden Rohr von 1,4 m Durch-

---

[138]) Vgl. RUDOLF RASCH: Müll- und Abfallverbrennung. In: Chemiker-Zeitung/Chemische Apparatur/Verfahrenstechnik, 93. Jg., Nr. 10/1969, S. 372.

messer und 10 m Höhe bestand und ohne Wärmeausnutzung betrieben wurde, sowie mit einem abbruchreifen, ursprünglich zur Kiesabröstung eingesetzten Drehrohrofen der Schwefelsäurefabrik sich zunächst für ein Verbrennungssystem zu entscheiden, das mit seinen Elementen „beweglicher Treppenrost", „kontinuierliche Beschickung und Entschlackung", „Abhitzekessel" sowie „Verbrennungskammer für flüssige Abfälle" noch weitgehend den von der Stadtmüllverbrennung her bekannten Verfahrensprinzipien entsprach (Abb. 79 und 80).

Die Anlage ging 1960 in Betrieb und war mit der vorgesehenen maximalen Durchsatzmenge von 8,36 t/h oder 200 tato Müll den damaligen kapazitiven Forderungen des brennbaren BASF-Müllanfalls angepaßt. Die Andersartigkeit im Brennverhalten von Hausmüll und chemiebetrieblichen Abfällen führte jedoch bald zu Schwierigkeiten, mit denen die BASF bis heute nur z. T. durch konstruktive Änderungen bzw. modifizierte Fahrweise fertig werden konnte.

So bestätigten die Betriebserfahrungen, daß für die Auslegung der Roste, Feuerräume sowie der nachgeschalteten Heizflächen weniger die rein quantitativ-mechanischen als vielmehr thermischen Belastungsgrößen maßgebend sind. Aus der für diesen Ofentyp mit $15 \cdot 10^6$ kcal/h angegebenen Begrenzung der insgesamt freizumachenden Wärmemenge ist nämlich zu folgern, daß bei quantitativer Kapazitätsauslastung der Durchschnittsheizwert von 1 800 kcal/kg nicht überschritten werden darf, abgesehen von kurzzeitigen Spitzen mit höchstens 2 500 kcal/kg. Die heterogene Müllstruktur sowie insbesondere der wechselnd hohe Kunststoffanteil verursachen jedoch erhebliche Schwankungsbreiten der Tagesdurchschnittsheizwerte (Tab. 81), so daß sich die obige Forderung nach begrenzter thermischer Belastung nur über eine Reduzierung des jeweiligen Mengendurchsatzes auf zeitweise ein Drittel der Kapazität verwirklichen läßt. Eine zum Ausgleich der Heizwertschwankungen teilweise bis zu 50 % vorgenommene Beimischung von kalorienarmem Ludwigshafener Stadtmüll mußte bereits ab 1964 wegen entstehender Fehlkapazitäten wieder aufgegeben werden.

Tabelle 81

Heizwert-Mittelwerte und Volumenverminderung bei der Verbrennung von BASF-Festmüll					
	1964	1965	1966	1967	1968
1. *Heizwerte* (kcal/kg)					
Jahresmittelwert	2770	2840	3120	2760	3105
Niedrigster Tagesmittelwert	2000	1650	1920	1220	1720
Höchster Tagesmittelwert	3800	4270	4700	5440	4650
2. *Volumenverminderung* (Schlacke in % der Müllmenge)	20	17	20	23	20

Kunststoffabfälle und andere Fabrikationsrückstände mit fester und teigiger Konsistenz sind aber nicht nur für die hohen Heizwerte sowie die damit verbundenen hohen Temperaturen und örtlichen Überhitzungen verantwortlich zu machen, sie verursachen

*Abb. 78: Müllverbrennungsanlage
(Tanklager für Flüssigkeitsabfälle)*

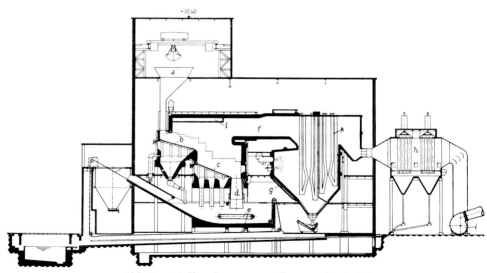

Abb. 79: Müllverbrennungsanlage[139]) *der BASF
(Rostofen)*

---

[139]) Mit freundlicher Genehmigung des Verlags Chemie GmbH, Weinheim/Bergstraße, entnommen aus B. FRANK: Erfahrungen mit der Verbrennung von Industrie-Abfällen in der BASF. In: Chemie-Ingenieur-Technik, 36. Jg., Nr. 11/1964, S. 1099.

Abb. 80: Müllverbrennungsanlage
(Gesamtansicht)

darüber hinaus auch mit ihrem Schlackenfluß z. T. erhebliche Betriebsstörungen: Sei es, daß durch Verstopfung der Roststäbe die für eine gleichmäßige Verbrennung notwendige Luftzufuhr unterbunden wird, sei es, daß durch Schlackenfluß an den Ofenwänden Abzehrungen des Mauerwerks auftreten, immer entstehen hierdurch reparaturbedingte Stillstandszeiten, die bei gleichzeitigem Fortfall einer Wärmeverwertung die Wirtschaftlichkeit der Abfallstoffbeseitigung erheblich senken[140].

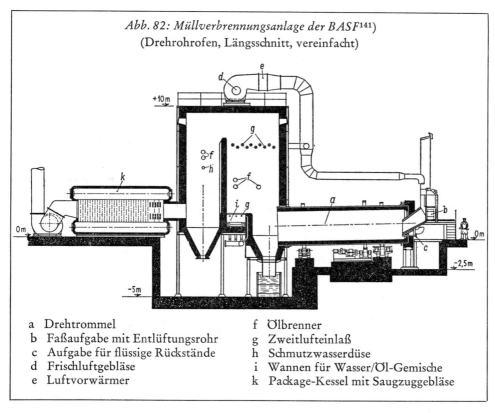

Abb. 82: Müllverbrennungsanlage der BASF[141])
(Drehrohrofen, Längsschnitt, vereinfacht)

a Drehtrommel
b Faßaufgabe mit Entlüftungsrohr
c Aufgabe für flüssige Rückstände
d Frischluftgebläse
e Luftvorwärmer
f Ölbrenner
g Zweitlufteinlaß
h Schmutzwasserdüse
i Wannen für Wasser/Öl-Gemische
k Package-Kessel mit Saugzuggebläse

Derartige Überlegungen sowie die Forderung nach einem für alle Konsistenzen gleichermaßen geeigneten Verbrennungssystem haben in der BASF dazu geführt, die im Jahre 1964 bereits ausgelasteten Kapazitäten nicht um eine weitere *Rostanlage,* sondern um zwei *Drehofeneinheiten* zu ergänzen, bestehend aus je einer Drehtrommel, Nachverbrennungskammer mit wahlweise betriebenen Flüssigkeitsbrennern und Abhitzekessel sowie einer gemeinsamen Rauchgasableitung (Abb. 82). Mit einem Tagesdurchsatz von zusammen 50 tato bei einem Heizwert von 5 000 bis 10 000 kcal/kg entlasten sie die Rost-

---

[140]) So konnten 1964 von der (theoretisch) maximal möglichen Betriebszeit (= 8 760 h/a) nur 3 900, 1968 immerhin schon 6 018 h genutzt werden.
[141]) Mit freundlicher Genehmigung des Verlags Chemie GmbH, Weinheim/Bergstraße entnommen aus: B. FRANK: Erfahrungen mit der Verbrennung von Industrieabfällen in der BASF, a. a. O., S. 1100.

anlage spürbar von heizwertintensiven Chemieabfällen[142]). Wegen der zunehmenden Bedeutung gerade dieser Abfallkategorie ist inzwischen (1969/70) eine weitere Drehofeneinheit erstellt worden. Andererseits soll die Verbrennung von Festmüll einschließlich der deponiefähigen Kunststoffreste in der Rostanlage zugunsten der billigeren Ablagerung völlig eingestellt werden, um auch hierdurch zusätzliche Kapazitäten für die Beseitigung flüssiger Abfallstoffe zu schaffen.

Danach ergibt sich für die BASF als zukünftige Abfallbeseitigungsregel, daß
1. flüssige und teigige Rückstände sowie schädliche Substanzen in der Müllverbrennungsanlage vernichtet bzw. mit ihrem Volumen auf sterile und ablagerungsfähige Schlacke reduziert werden, während
2. feste und in ihrer potentiellen Schadwirkung durch geordnete Deponie beherrschbare Abfallstoffe der Ablagerung auf Flotzgrün vorbehalten bleiben.

Schließlich sei noch auf ein besonderes Problem hingewiesen, das sich bei allen Müllverbrennungsanlagen mit Wärmeverwertung zwangsläufig einstellt: das Problem der rauchgasseitigen Heizflächenkorrosion an den Abhitzekesseln. Auslösendes Moment hierfür sind u. a. Chlorkomponenten im Rauchgas (Cl, Cl_2, HCl), die sich bei reduzierender Atmosphäre bzw. einer durch Rußflocken, nichtausgebrannte Strähnen usw. gegebenen lokalen Reduktionsmöglichkeit mit dem Eisen des Wärmeaustauschermaterials zum hochtemperaturflüchtigen Eisen-II-chlorid verbinden und damit Rohrabzehrungen verursachen. Trotz des hohen und weiter zunehmenden Anteils an PVC-Abfällen bzw. flüssigen chlorierten Kohlenwasserstoffen im Chemiemüll konnte die BASF durch

— Homogenisierung des Mülls und die damit erzielte gleichmäßigere Verbrennung sowie durch
— oxidierende Fahrweise und
— Begrenzung der Dampfüberhitzungstemperatur[143])

die potentiellen Schadwirkungen der Chlorwasserstoffkorrosion beherrschbar machen. Positiv wirkte sich auch die Trennung von Verbrennungsofen und Abhitzekessel aus — ein heute zwar veraltetes Konstruktionsprinzip, das aber andererseits die wünschenswerte Durchmischung der Rauchgase bereits vor Eintritt in den Kessel gewährleistet.

Dagegen haben sowohl die aus Gummi und anderen organischen Abfällen stammenden Schwefelverbindungen über die Bildung komplexer Eisen-Alkali-Sulfate als auch die erodierende Wirkung der Rauchgase zu verstärkten Korrosionen an den Berührungsheizflächen bzw. den quer zum Rauchgasstrom liegenden Bauelementen geführt und die BASF in der Vergangenheit zu einer konstruktiven Veränderung der Heizflächenanordnung gezwungen.

Mit der Verbrennung einer bestimmten Kategorie von Abfallstoffen erschöpft sich nicht das chemiebetriebliche Entsorgungsproblem. Der Verbrennungsprozeß hinterläßt vielmehr Rückstände in Gestalt von Schlacken und Flugasche und verursacht staub- und gasförmige Emissionen, deren umwelthygienischer Belastungseffekt vom Chemiebetrieb ebenfalls in definierbaren Grenzen zu halten ist — mithin ein Problem, das noch im Zusammenhang mit der Ablagerung fester Abfallstoffe bzw. den Fragen des betrieblichen Immissionsschutzes zu erörtern ist.

---

[142]) Höher chlorierte flüssige oder gasförmige Kohlenwasserstoffe werden in einer speziell hierfür vorgesehenen Anlage verbrannt.
[143]) 1 t Müll = 3,4 t Dampf von 20 at und 280 °C, Rohrwandtemperatur = max. 350 °C.

4.2.3. *Abfallstoffbeseitigung durch Ablagern*

4.2.3.1. *Abfallerfassung und -sammlung*

Die bereits im Zusammenhang mit der Müllverbrennung getroffene Feststellung, daß vor der eigentlichen Abfallstoffbeseitigung erhebliche Transportleistungen zu erbringen sind, gilt auch für die deponiefähigen Abfallstoffe. Allerdings bestimmen sich die bereitzustellenden Transportkapazitäten hier nicht allein

— nach Maßgabe eines *betriebsräumlich-dispersen Müllanfalls* von zudem noch wechselnder Intensität, sondern vor allem
— durch das im Verhältnis zum brennbaren Werksmüll um Größenordnungen *vermehrte Müllaufkommen* bei gleichfalls *erhöhtem Raumgewicht* (Tab. 76) sowie
— durch den Zwang zur *Deponieanlieferung außerhalb des Werksgeländes*.

Eine von Verfahrensumstellungen und Kapazitätsausweitungen ausgelöste rege Bautätigkeit und der damit verbundene Anfall von Bau- und Isolierschutt, Abbruch- und Aushubmaterial sowie die schrittweise Einstellung der Verbrennung von Festmüll haben in der BASF die Gesamtmenge deponiefähiger Abfallstoffe auf inzwischen (1969) über 500 000 jato ansteigen lassen. Nachdem in der Vergangenheit derartige Stoffe befristet im *Werksgelände* und später auf der kommunalen Müllkippe „*Maudacher Bruch*" abgelagert wurden, stehen heute der BASF sowohl am *Feuerberg* bei Bad Dürkheim als auch auf einer durch die Rheinregulierung bei Speyer entstandenen Insel *Flotzgrün* Ablagerungsflächen zur Verfügung, die mit ihrer Ausdehnung noch auf Jahrzehnte den deponiefähigen Werksmüll aufnehmen können (Abb. 83).

Sowohl von der gegenwärtigen Kapazität als auch den künftigen Ausdehnungsmöglichkeiten kommt der Deponie Flotzgrün die größte Bedeutung zu. Darüber hinaus eignen sich die hier zur Ablagerung gelangenden heterogenen Müllkomponenten vergleichsweise besser zur Diskussion potentieller Umweltbelastungseffekte als der relativ problemlose, da ausschließlich aus Bauschutt und Baugrubenaushub bestehende Müll der Deponie Feuerberg. Die weiteren Erörterungen beziehen sich daher vornehmlich auf die mit der Sammlung, dem Transport sowie der schadlosen Ablagerung auf Flotzgrün zusammenhängenden Probleme.

Im Gegensatz zur Deponie Feuerberg, deren „Belieferung" per Lkw erfolgt, ist die Altrheininsel Flotzgrün nur auf dem Wasserweg erreichbar. Die in den Betrieben anfallenden deponiefähigen Abfallstoffe müssen daher zunächst einer Zwischenlagerstelle zugeführt werden, die mit ihrer Ausdehnung nicht nur den täglichen Müllanfall einschließlich der wegen extrem hoher oder niedriger Wasserstände, Eisgang bzw. Nebel zeitweise nicht abzufahrenden Müllmengen aufzunehmen vermag, sondern darüber hinaus auch noch deponietechnische Manipulationen zuläßt. So erfordert der im einzelnen noch zu erörternde „geordnete und kontrollierte Deponiebetrieb" u. a. die schichtweise Ablagerung einzelner Müllkomponenten, so daß dem jeweiligen Abruf eine getrennte Zwischenlagerung voranzugehen hat. Hinzu kommt, daß eine gleichmäßige Lagerungsdichte von Rückstandsarten mit unterschiedlicher Korn- bzw. Stückgröße erst nach entsprechender Durchmischung bereits auf der Umschlagsanlage erreicht werden kann.

Die innerhalb des Werks und unmittelbar am Rheinufer angelegte Zwischenlagerstelle der BASF verfügt mit 10 000 km² über ausreichende Pufferkapazitäten. Die aus den Betrieben mit Lkw und Spezialfahrzeugen angelieferten Abfallstoffe von täglich rd. 1 500 t werden hier getrennt nach Bauschutt, Isolierstoffresten, Baugrubenaushub,

Abfallkalk, allgemeinem Werksmüll und Betriebsrückständen abgelagert und zu gegebener Zeit über zwei bewegliche Verladebrücken auf Schubschiffe umgeschlagen[144]). Die zwischen 500 und 2 500 t fassenden Einheiten übernehmen den Transport zu der 30 km stromaufwärts gelegenen Deponie Flotzgrün. Insgesamt werden drei Schiffszüge eingesetzt, von denen jeweils eine Einheit an den Umschlagstellen des Werks bzw. der Deponie zu Be- bzw. Entladearbeiten festliegt, während die dritte Einheit auf Fahrt ist. Für eine Bergfahrt sind rd. 8 Stunden anzusetzen, die Talfahrt reduziert sich auf rd. die Hälfte der Zeit (Abb. 84 und 85).

Die mit der Sammlung von Abfallstoffen und deren Umschlag auf Schubschiffeinheiten verbundenen technischen Arbeiten werden von der BASF in eigener Regie übernommen. Mit dem Transport und der Ablagerung auf Flotzgrün betraute sie dagegen langfristig ein anderes Unternehmen[145]).

4.2.3.2. Abfallablagerung und Umweltschutz

Mit der Erfassung chemiebetrieblicher Abfallstoffe, ihrer Verbrennung, Entwässerung und/oder direkten Deponieanlieferung sind im abfallwirtschaftlichen Sinne nur volumenvermindernde bzw. transporttechnische Manipulationen vorgenommen worden. Abgesehen von der partiellen Verwandlungsmöglichkeit fester Abfallstoffe in gasförmige Konfigurationen während des Verbrennungsprozesses, wie z. B. in CO_2, verbleibt als endgültige Abfallbeseitigungsmethode nur die Ablagerung. An dieser Begrenzung des abfalltechnischen Instrumentariums hat die Diskussion um die Entsorgungsproblematik bei zivilisatorischen Abfällen bis heute nichts ändern können[146]).

Gewandelt hat sich allerdings das Problemverständnis hinsichtlich der bei einer Ablagerung u. U. zu beachtenden Umweltbelastungseffekte. Spektakuläre Schadwirkungen durch unkontrollierte und offene Ablagerung lösten bei den jeweiligen Verursachern nach entsprechender öffentlicher Diskussion und behördlicher Einflußnahme einen Umdenkprozeß aus, der sich analog zum Problemverständnis industrieller *Abwassereinleiter* im Zeitablauf mit den Stichworten

„mehr oder weniger ausgeprägte Vernachlässigung",

„bewußte Relativierung" und

„Hervorhebung als Standortfaktor mit zentraler Bedeutung"

umreißen ließe, der aber hier in retrospektiver Schau nicht weiter verfolgt werden soll[147]).

Im Mittelpunkt der diskutierten Schadwirkungen stehen die mit der unkontrollierten Ablagerung von Abfallstoffen zu befürchtenden nachteiligen Veränderungen der *Grundwasserqualität*. So können im Abfallberg vorhandene spontan lösliche oder erst nach Alterung bzw. Verwitterung in Lösung gehende Stoffe unter der Einwirkung von Niederschlägen ausgelaugt und unmittelbar dem Untergrund mitgeteilt werden. Der Umweltbelastungseffekt besteht hier in einer entsprechenden Aufsalzung bzw. organischen und/oder anorganischen Verschmutzung des Grundwassers[148]), bei oberirdisch abfließenden Niederschlägen auch des Oberflächengewässers (Tab. 86).

---

[144]) Kunststoffreste in Form von Schnüren, Bändern und Gespinsten werden zur Vermeidung von Betriebsstörungen bei Transport, Be- und Entladung in Kunststoffsäcke verpackt, stark staubende Materialien, wie Ruß, Farbstoffreste usw., dagegen in Blechfässer abgefüllt.

[145]) Fa. Grieshaber OHG, Ludwigshafen.

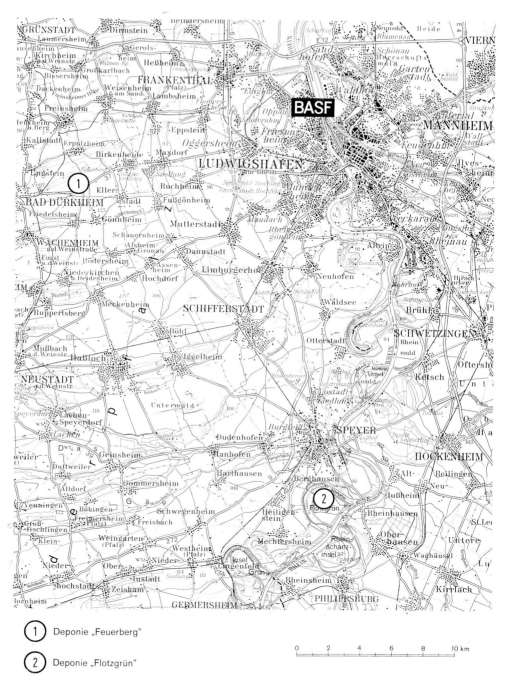

① Deponie „Feuerberg"

② Deponie „Flotzgrün"

Abb. 83: Geographische Lage der BASF-Mülldeponien „Feuerberg" und „Flotzgrün"

Abb. 84: Müllsammelplatz Werk Ludwigshafen (Zwischendeponie)

Abb. 85: Müllsammelplatz Werk Ludwigshafen (Zwischendeponie, Umschlag auf Schubschiff)

Tabelle 86

Auslaugung und Lösungsvorgänge in Mülldeponien[149]		
Spontan lösliche Stoffe	Lösliche Zwischenprodukte der Alterung	Lösliche Zwischenprodukte der Verwitterung
Lösung von Feststoffen, z. B. von Salzen, aus Abfällen	Organische Säuren, Aldehyde, Alkohole, Metallionen, Bikarbonate, Phosphate, Schwefelwasserstoff	Kohlendioxid, Sulfate, Nitrate, Phosphate, Kieselsäure, Metallionen
Erhöhung der Wasserdurchlässigkeit	Verhinderung der Bildung unlöslicher Endprodukte	Erhöhung der Wasserdurchlässigkeit
Aufsalzung von Grund- und Oberflächenwasser	Organische und anorganische Verschmutzung von Grund- und Oberflächenwasser	Aufnahme von Endproduken des biologischen Abbaus durch Grund- und Oberflächenwasser
Adsorption ausgelaugter Stoffe in Abhängigkeit von ihrer Art und der Beschaffenheit der Bodenschichten		

Die durch Sickerwasserabfluß verursachten Schadwirkungen von Abfalldeponien relativieren sich allerdings bei großflächiger Betrachtungsweise, da nunmehr auch andere grundwassergefährdende Bodennutzungen mit berücksichtigt werden müssen. So geht insbesondere von der Landwirtschaft mit ihrem hohen Düngemittelverbrauch und der damit zwangsläufig verbundenen Ausschwemmung von Stickstoff-, Phosphor- und Kalisalzen sowie der sie begleitenden Sulfate und Chloride eine erhebliche Verunreinigung des Grundwassers mit anorganischen Stoffen aus. Entsprechende Untersuchungen für den Regierungsbezirk Pfalz zeigen deutlich das Mißverhältnis zwischen der zuweilen etwas einseitig gesehenen Grundwassergefährdung durch Abfalldeponien und der um Größenordnungen vermehrten Belastung durch die Landwirtschaft (Tab. 87).

---

[146] „Begraben oder Verbrennen sind die Methoden, die schon die Höhlenbewohner angewendet haben. Wir sind eine Nation, die bis zu den Knien im Müll steht, und tun heute noch dasselbe." Zitat eines (namentlich nicht genannten) amerikanischen Müll-Sachverständigen nach ROBERT ADAM: Probleme der Müllbeseitigung in USA. In: Wasser, Luft und Betrieb, 12. Jg., Nr. 3/1968, S. 162.
[147] Vgl. S. 71 ff.
[148] Beispiele für Grundwasserverunreinigungen infolge ungeordneter und offener Ablagerung geben HANS-ERICH KLOTTER und WILHELM LANGER: Beispiele von Grundwasserverunreinigungen. In: W. KUMPF, K. MAAS und H. STRAUB (Hrsg.): Handbuch der Müll- und Abfallbeseitigung, Bd. 1, a. a. O., Kennzahl 4515, S. 1 ff.
[149] Zusammenstellung aus: WILHELM BUCKSTEEG: Abfalldeponien und ihre Auswirkungen auf Grund- und Oberflächenwasser. In: Das Gas- und Wasserfach (gwf), 110. Jg., Nr. 20/1969, S. 529 ff.

Tabelle 87

*Einfluß der Landwirtschaft auf die Grundwasserqualität
im Regierungsbezirk Pfalz[150])*

1. Grundwassergefährdende Flächen im Regierungsbezirk Pfalz

	km²	%
Müll-, Abfallplätze	2	0,037
Friedhöfe	12,5	0,23
Kanalisationen	20,9	0,38
Landwirtschaftliche Nutzflächen	2 264,2	41,5
Insgesamt	2 299,6	42,147

ohne Belegungsflächen für Mineralöltanks und Straßenflächen (Streusalz!)

2. Düngemittelverbrauch im Regierungsbezirk Pfalz 1966/67

Nährstoff im Düngemittel	t	kg/ha
N	16 962,3	65,3
P_2O_5	15 451,1	59,5
K_2O	24 210,4	93,2
CaO	5 738,0	22,1

3. Verlustrate bei Düngemitteln durch Auswaschung

Stickstoffdünger	(N)	$\geqq$ 50 %
Phosphatdünger	(P_2O_5)	5 bis 10 %
Kalisalze	(K_2O)	> 50 %

Trotzdem kann und darf auch die großräumige Betrachtungsweise die — wenn auch punktuellen — Schadwirkungen einer ungeordneten Abfalldeponie weder außer acht lassen noch bagatellisieren. Das gilt insbesondere für chemiebetriebliche Abfallstoffe, die bei gegebener Toxizität nicht nur die Bodenfauna und -flora nachhaltig schädigen, sondern darüber hinaus ihre Giftwirkung unmittelbar auf das Grund- bzw. Oberflächenwasser ausdehnen und bereits in relativ geringen Konzentrationen die menschliche Gesundheit beeinträchtigen können (z. B. Schwermetallverbindungen, cancerogene Kohlenwasserstoffe, wie das 3.4 Benzpyren, Nitrate, Phenole).

Hinzu kommen die für ungeordnete Deponien typischen Schwelbrände, Staubverwehungen, Geruchsbelästigungen und/oder allgemein-hygienischen Mißstände, indem die Abfallagerplätze zu Nist- und Brutstätten für krankheitsübertragende Organismen werden können. Schließlich sei auf die für herkömmliche Müllkippen typischen Beeinträchtigungen des Landschaftsbildes hingewiesen.

---

[150]) Zusammengestellt aus: HANS-ERICH KLOTTER und EBERHARD HANTGE: Abfallbeseitigung und Grundwasserschutz. In: Müll und Abfall, 1. Jg., Nr. 1/1969, S. 1 ff.

Aus diesem Katalog potentieller Umweltbelastungseffekte ergeben sich für eine möglichst schadlose Ablagerung fester Abfallstoffe bestimmte bodenphysikalische Erfordernisse, die — zusammengefaßt im Merkblatt G 7 der Arbeitsgemeinschaft für industrielle und gewerbliche Abfallfragen (AfIA)[151]) — zugleich als Verfahrensprinzipien des BASF-Deponiebetriebs auf Flotzgrün anzusehen sind[152]).

4.2.3.3. Zur Durchführung der geordneten und kontrollierten Ablagerung chemieindustrieller Abfallstoffe

Die chemiebetriebliche Abfallstoffbeseitigung durch Ablagern hat von grundsätzlich vier Problemstellungen auszugehen:

1. Gesucht werden Ablagerungsflächen, die mit ihrer Ausdehnung den kapazitiven Anforderungen eines Großbetriebes auch auf lange Sicht genügen.
2. Mit dem bisherigen Eigentümer bzw. den zuständigen Ordnungsämtern[153]) ist Einigung über die befristete Deklarierung des vorgesehenen Geländes zum technischen Ödland zu erzielen.
3. Die Ansiedlung des Chemiebetriebes im Mittelpunkt eines industriellen Ballungsraumes und der prinzipiell nur noch in größeren Entfernungen hiervon zu deckende abfallwirtschaftliche Flächenbedarf erzwingen die Bereitschaft zur Übernahme erheblicher Transportaufwendungen.
4. Die Abfallablagerung hat nach den Grundsätzen der „geordneten und kontrollierten Deponie" zu erfolgen und dabei zugleich die Besonderheiten eines chemiebetrieblichen Müllanfalls zu berücksichtigen.

Die BASF hat hinsichtlich des Flächenbedarfs nach mehrjährigen Bemühungen im Frühjahr 1966 auf der durch die Tullasche Rheinregulierung zwischen Rhein und Berghäuser Altrhein entstandenen rd. 320 ha großen Insel Flotzgrün (Gemarkung Mechtersheim) ein Areal von 80 ha käuflich erworben und hierfür von den zuständigen Behörden auch die Genehmigung zum Betrieb einer geordneten Deponie erhalten. Die seit November 1966 vom Werk per Schubschiff angelieferten Abfallstoffe werden über eine Umschlagsanlage am Berghäuser Altrhein auf Lastkraftwagen verladen und zu den Ablagerungsflächen transportiert.

Aus der Vielzahl der dabei auftretenden technischen Probleme bzw. der zu beachtenden bodenphysikalischen Erfordernisse seien an dieser Stelle nur die wichtigsten in stichwortartiger Aufzählung wiedergegeben:

1. Vertiefung der Fahrrinne zur Schiffbarmachung des Berghäuser Altrheinarmes,
2. Abstimmung der Umschlagskapazität auf die Beladeeinrichtungen im Werk,
3. Vermeidung von Betriebsstörungen bei Niedrigwasser durch weit in die Fahrrinne vorgeschobene Pfahlbaukonstruktion der Entladevorrichtungen (Abb. 88),
4. Sicherung der Umschlagsanlage gegen Hochwasser durch Aufschütten des Umschlagsgeländes um 3 bis 4 m,

---

[151]) Vgl. Arbeitsgemeinschaft für industrielle und gewerbliche Abfallfragen (AfIA) (Hrsg.): Merkblatt G 7. Die geordnete und kontrollierte Ablagerung von industriellen und gewerblichen Abfällen. O. O. u. J.

[152]) Das dem geordneten Deponiebetrieb innewohnende Bestreben nach Verminderung potentieller Umweltbelastungseffekte ist im Falle des Deponiebetriebs Flotzgrün noch um den Hinweis zu ergänzen, daß durch den schiffmäßigen Abtransport die Straßen spürbar von Lärm, Staub und sonstigen Verkehrsbelästigungen verschont bleiben.

[153]) Wasserwirtschaftsamt, Landesamt für Gewässerkunde bzw. -schutz, Gesundheitsamt, Geologisches Landesamt, Naturschutzbehörde, zuständige Planungsbehörde.

5. Errichtung von zusätzlichen technischen Anlagen (Werkstatthalle, Stromaggregate) und Personalbauten (Unterkunftsbaracken, sanitäre Anlagen),
6. Erhaltung des Landschaftsbildes und Abschirmung des geräusch-, lärm- und staubintensiven Deponiebetriebes vom nahen Naturschutz- und Erholungsgebiet durch zusätzliche Begrünungsarbeiten und/oder sinnvolle Übernahme bestehender Grüngürtel (Abb. 89),
7. Anlage von möglichst staubfreien und befestigten Straßen zum eigentlichen Müllablagerungsgelände,
8. Abdichtung des künftigen Abfallberges gegen den Untergrund durch Verfestigung des vorhandenen Humus (Rüttelwalzen, Lkw) bzw. Auffüllen mit bindigem Material oder Bodenvermörtelung,
9. Ablagerung der Abfallstoffe in horizontalen Schichten mit wechselnder Zusammensetzung (Bauschutt/Aushubmaterial und allgemeiner Festmüll, Betriebsrückstände, Schlacken) unter gleichzeitiger Ausnutzung der mechanischen Bodenpressung von drei mit je 20 t Tragfähigkeit bei 20 t Eigengewicht ausgelegten Muldenkippern sowie einer für den Einbau und die Verteilung der Abfälle eingesetzten 60-PS-Planierraupe (Abb. 90),
10. Vermeidung eines oberflächigen Abflusses von Niederschlagswasser durch seitliche Erhöhung der Abfallschichten,
11. Verhinderung von Abschlemmungen bei starken Regenfällen durch Einbau von 3 bis 4 m breiten und leicht ausgemuldeten Bermen im Höhenabstand von jeweils 7,5 m sowie durch schrittweise Begrünung der mit einer 30 cm starken kulturfähigen Bodenschicht zu versehenen Außenflächen des Abfallberges bei jeweils rd. 14 m Böschungslänge,
12. Anlage eines Sekundärdammes rings um die Kippstellen gegen entsprechende Gefahren bei etwaigem Hochwasserdammbruch sowie
13. Ausnutzung des Porenvolumens gegebener Müllzusammensetzung zur kapillaren Bindung des eindringenden Niederschlagswassers ($\approx$ 15 Vol.-%) und entsprechende Dimensionierung der Müllschichten bzw. Auffüllhöhen. Bei einem durchschnittlichen Jahresniederschlag von 800 mm und einer Verdunstungsrate von 50% ergibt das für den vorerst genutzten und 10 ha großen Teilabschnitt eine jährlich abzulagernde Mindesthöhe von rd. 5,5 m, bestehend aus je drei Schichten zu 1,35 m Müll und 0,50 m Bauschutt.

Die Gesamtmenge der inzwischen auf Flotzgrün abgelagerten Abfallstoffe hat im Frühjahr 1970 die Größenordnung von 1 Mio. m³ erreicht (Tab. 91).

Tabelle 91

Ablagerung von Abfallstoffen auf der BASF-Deponie Flotzgrün	
November 1966 bis April 1967	47 000 t
April 1967 bis Dezember 1967	160 000 t
1968	353 000 t
1969	358 000 t
Januar 1970 bis März 1970	82 000 t
Insgesamt	1 000 000 t

Abb. 88: Deponie „Flotzgrün" (Müllumschlag)

Abb. 89: Deponie „Flotzgrün" (bepflanzte Deponiefläche)

Abb. 90: Deponie „Flotzgrün" (Deponiearbeiten)

Die Kapazität der 80-ha-Deponie beträgt rd. 20 Mio. m³, sie wird nach vorsichtigen Schätzungen in etwa 60 Jahren erreicht sein. Es ist vorgesehen, den dann auf rd. 40 m Höhe bei 600 × 1 600 m Flächeninhalt angewachsenen Hügelzug vollständig zu begrünen und das Gelände dem vorherigen Eigentümer kostenlos zurückzugeben.

Nachteilige Veränderungen der Grundwasserqualität konnten bisher aus Proben der zu Kontrollzwecken eingesetzten Brunnen nicht nachgewiesen werden.

4.3 Kosten der chemiebetrieblichen Abfallstoffbeseitigung

Chemiebetriebliche Abfallstoffbeseitigungskosten dienen der Vermeidung bzw. Begrenzung abfallspezifischer Umweltbelastungseffekte. Als ökonomische Kategorie des allgemeinen Umweltschutzes entsprechen sie damit wesensmäßig den Abwasserreinigungskosten. Die Problematisierung hinsichtlich des Auflagencharakters, des Entstehens von „social costs", der zu berücksichtigenden Betriebsindividualität, der nur bedingten Kostenzurechenbarkeit sowie des veränderten Stellenwerts im Gesamtkostengefüge führt zu ähnlichen Ergebnissen, so daß auf eine Wiederholung bzw. analoge Anwendung verzichtet werden kann[154]).

Statt dessen soll hier nach dem sachlichen Inhalt dieser Kostenart gefragt werden, wie er sich im Zusammenhang mit den von der BASF genutzten Beseitigungsmöglichkeiten zwangsläufig ergibt. Das bedeutet

1. für die Abfallstoffbeseitigung durch *Verbrennen:* Kosten der Müllanlieferung, des Verbrennens in der Rostanlage bzw. den Drehofeneinheiten und des Abtransports der Rückstände sowie

2. für die Abfallstoffbeseitigung durch *Ablagern:* Kosten der Müllanlieferung zur Zwischendeponie, des Umschlags auf die Schubschiffeinheiten, des Schiffstransports zur Deponie Flotzgrün, des dortigen Umschlags auf Lkw und des Deponiebetriebes.

Die logischerweise an den funktionsgebundenen Manipulationstechniken orientierte Aufschlüsselung der Kosten ist nicht in jedem Fall empirisch belegbar, so daß auch hier hinsichtlich der zu fordernden Kostendifferenzierung einige Abstriche gemacht werden müssen.

Zu 1: Für den Transport der in Mulden gesammelten brennbaren Abfallstoffe nennt die BASF 9,— DM bis 11,— DM je Fahrt. Bei Berücksichtigung des Fassungsvermögens von 3 bis 5 m³ sowie eines mittleren Raumgewichts von $\gamma = 0{,}33$ ergibt sich für den Einsatz der Muldenabsetzkipper ein spezifischer Transportkostensatz von rd. 9,— DM/t, der aber bei geschlossener Ladung größerer Verbrennungspartien in normalen Lkw entsprechend niedriger ausfällt. Die schrittweise Einstellung der Festmüllverbrennung zugunsten der Ablagerung ändert zwar den innerbetrieblichen Transportweg, nicht aber die Höhe der spezifischen Kostenbelastung. Eine Senkung der Kosten läßt sich hier nur über den rationelleren Einsatz vergrößerter Transportkapazitäten erreichen. Dagegen wird die Anlieferung von flüssigen Rückständen in transportablen Druckbehältern zunehmend an Bedeutung gewinnen. Die spezifischen Transportkosten betragen hier rd. 3,— DM/m³.

Die spezifischen Müllverbrennungskosten fallen wesentlich höher aus. Ihre Aufschlüsselung nach Kapital-, Personal-, Reparatur-, Energie- und sonstigen Kosten zeigt Tab. 92. Dabei erweist sich die Abhitzeverwertung durch entsprechende Dampfgutschrift als ein bedeutender Faktor der Gesamtkostendeckung.

---

[154]) Vgl. S. 99 ff.

Tabelle 92

Spezifische Kosten und spezifische Dampfgutschrift der BASF-Müllverbrennung (1968)				
Spezifische Kosten			Spezifische Dampfgutschrift	
Kostenart	DM/t	%	DM/t	%
Kapitalkosten	44,—	35,0	Dampfgutschrift ..... 54,—	42,9
Personalkosten	28,—	22,2	Restkosten .... 72,—	57,1
Reparaturkosten	26,—	20,6		
Energiekosten	25,—	19,8		
Sonstige Kosten (Labor, Versicherung, Verwaltung usw.	3,—	2,4		
Gesamtkosten	126,—	100,0	126,—	100,0

Zu 2: Der Transport von ablagerungsfähigen Stoffen beschränkt sich zunächst auf die Anlieferung der Zwischendeponie am Rheinufer. Die hierfür ermittelte spezifische Kostenbelastung von 9,50 DM/t liegt in der bereits für brennbaren Werkmüll genannten Größenordnung. Die mit dem Schiffstransport und den Deponiearbeiten betraute Fremdfirma erhält ihre Leistungen mit 6,— DM/t vergütet. Das 80-ha-Gelände auf der Insel Flotzgrün wurde für 5 Mio. DM erworben. Die Abschreibungsdauer des baulichen Teils beträgt 20 Jahre, die des maschinellen Teils 10 Jahre. Nach Einbeziehung des Kapitaldienstes erhöhen sich die spezifischen Kosten auf 16,— DM bis 18,— DM. Ein Vergleich mit der Müllverbrennung zeigt eindrucksvoll die Vorteilhaftigkeit der Abfallbeseitigung durch Ablagern.

Für die in Tab. 93 angegebenen Gesamtkosten der Abfallstoffbeseitigung gilt die gleiche Einschränkung wie bei der Abwasserreinigung: Sie enthalten nicht die bereits in den Produktionsbetrieben vorgenommenen Manipulationen bzw. die sie verursachenden Kosten und sind deshalb ebenfalls nur als Teilgröße anzusehen.

Tabelle 93

Abfallstoffbeseitigungskosten der BASF (in Mio. DM/Jahr)			
1965	1966	1967	1968
7,41	12,59	12,51	12,71

5. Die Luftreinhaltung im Chemiebetrieb

5.1. *Zusammensetzung und Umwelteinfluß chemiebetrieblicher Abluftkomponenten*

5.1.1. *Betriebsabhängige Bestimmungsfaktoren der Luftverunreinigung*

5.1.1.1. *Chemiebetriebliche Emissionsarten*

Die mehrfach mit Stoffumwandlung charakterisierte chemisch-technologische Produktionsweise ist mit dem Anfall fester, flüssiger oder gasförmiger Abfallprodukte verbunden. Je nach ihrem biologischen Abbauvermögen, ihrer Ablagerungsfähigkeit bzw. Brennbarkeit bieten sich „biologische Abwasserreinigung", „geordnete Deponie" bzw. „Müllverbrennung" als Abfallbeseitigungsmethoden an. Nicht erfaßt werden dabei jene Substanzen, die während des Produktionsprozesses bzw. der Entsorgungsmanipulationen in die Atmosphäre entweichen (Emission) und durch natürliche Luftströmung, Luftzirkulation oder Diffusion den atmosphärischen Lebensraum des Menschen beeinträchtigen (Immission).

Das Auftreten chemiebetrieblicher Emissionen beruht zunächst auf den vielfältigen Einsatzmöglichkeiten von Luft in der chemischen Verfahrenstechnik: Sei es

1. die Ausnutzung des Luftsauerstoffs für zahlreiche Oxidationsvorgänge, wie z. B. die Schwefelkiesabröstung bzw. die Direktoxidation des Schwefels zum Anhydrit der Schwefelsäure, die Ammoniak-Oxidation zu Salpetersäure, die Cyclohexanoxidation zu Cyclohexanon sowie alle Verbrennungen fossiler Brennstoffe zur Energieerzeugung (Öl und Kohle), sei es

2. die Ausnutzung des Luftstickstoffs für entsprechende Nitrierungsreaktionen, wie z. B. die Umsetzung mit Wasserstoff zu Ammoniak nach Haber-Bosch, und sei es schließlich

3. der Einsatz von Luft als Trocknungs-, Belüftungs- bzw. pneumatisches Fördermittel —

stets vollziehen sich diese Vorgänge unter den wechselnd-spezifischen Bedingungen

— eines naturgesetzlich determinierten Prozeßgeschehens (stöchiometrische Gesetze, Gesetz von der Erhaltung der Masse nach Lavoisier),

— eines in der Regel nur unvollständigen Reaktionsablaufs einschließlich auftretender Nebenreaktionen sowie

— einer nicht immer zu verwirklichenden völligen Separierung des Prozeßraumes,

so daß die nunmehr mit Fremdstoffen beladene Luft in die Atmosphäre entweichen kann.

Daneben können auch die unter Luftausschluß durchgeführten Reaktionen, wie z. B. die Chloralkalielektrolyse oder die substituierenden Chlorierungsprozesse mit ihren flüchtigen Folgeprodukten, zu entsprechenden gasförmigen Emissionen führen (Cl_2, HCl), während andererseits Füll- und Entleerungsoperationen an Reaktionsgefäßen bzw. Transportbehältern sowie bestimmte physikalische Grundverfahren („unit operations"), wie z. B. Sieben, Sichten, Granulieren, mechanisches Fördern von trockenen Schüttgütern, zusätzliche Staubemissionen verursachen.

Die als Gase, Stäube und/oder Aerosole[155] emittierten Stoffe sind bei der breiten Produktionspalette chemischer Großbetriebe sowohl anorganischer wie organischer Natur. Zu den *anorganischen* Emissionen zählen insbesondere Schwefeldioxid (SO_2), Schwefeltrioxid (SO_3), Chlor (Cl_2), Chlorwasserstoff (HCl), Stickoxide (NO_x), Schwefelwasserstoff (H_2S), Fluorwasserstoff (HF), Ammoniak (NH_3) sowie diverse Salznebel und -stäube. *Organische* Emissionen sind wegen der für diesen Chemiezweig geltenden Verbindungsvielfalt meistens nur als Stoffklassen anzugeben: Amine (R-NH_2), Aldehyde (R-CHO), diverse Benzolderivate (C_6H_5-R), Ketone (R-CO-R), Merkaptane (R-SH), chlorierte Kohlenwasserstoffe (R-Cl), Schwefelkohlenstoff (CS_2) und andere Lösungsmitteldämpfe sowie Farb- und sonstige organische Stäube.

5.1.1.2. *Umwelthygienische Belastungseffekte*

Die lufthygienische Bedeutung chemiebetrieblicher Emissionen besteht in der Anreicherung der Atmosphäre mit absolut luftfremden oder nur in ihrer Konzentration atypischen Stoffen bzw. Stoffkombinationen. Der damit verbundene Umwelteinfluß erstreckt sich zwar grundsätzlich auf Mensch, Tier, Pflanze und Sachgut, er wird aber vornehmlich biologisch-medizinisch gesehen, indem fortschreitende Belastungsintensität über die Störung des menschlichen Wohlbefindens zu einer potentiellen Gefährdung, wenn nicht sogar akuten Schädigung, der Gesundheit führen kann.

Die von chemiebetrieblichen Emissionen ausgehenden Wirkungen auf die menschliche Gesundheit sind nicht einheitlich interpretierbar. Ihr physiologischer Effekt bestimmt sich vielmehr nach dem Vorhandensein definierbarer Abluftkomponenten bei gegebener Konzentration. Dieser Tatbestand hat zur Ermittlung kritischer Konzentrationswerte geführt, von denen nach dem gegenwärtigen Stand des medizinischen Wissens angenommen wird, daß erst mit ihrem Überschreiten Gesundheitsschädigungen zu erwarten sind. Als „Maximale Arbeitsplatzkonzentrationen" (MAK-Werte) berücksichtigen sie die relativ kurzfristige Einwirkdauer des achtstündigen Arbeitstages im Betrieb, während die „Maximalen Immissionskonzentrationen" entweder auf die Dauereinwirkung unseres allgemeinen atmosphärischen Lebensraumes abgestellt sind (MIK_D-Werte) oder als Kurzzeitwerte gewisse Belastungsspitzen innerhalb definierter Zeitintervalle tolerieren (MIK_K-Werte). Tab. 94 enthält die entsprechenden Werte der bedeutendsten — auch für die BASF mehr oder weniger relevanten — Abluftkomponenten.

Das nach Mengenanfall und interregionaler Verbreitung wichtigste Abgas ist das *Schwefeldioxid* (SO_2). Es entsteht nicht nur bei der Verbrennung schwefelhaltiger Brennstoffe in den Kraftwerken (Öl, Kohle), sondern wird insbesondere auch beim Abrösten sulfidischer Erze, bei der Schwefelsäurefabrikation und noch anderen chemischen Prozessen freigesetzt. Wegen seines ubiquitären Charakters dient es als Leitgas zur Beurteilung der Immissionsverhältnisse vorgegebener Regionen. Traditionell wird SO_2 den starken Pflanzengiften zugerechnet. Tatsächlich sind Vegetationsschäden bereits bei Konzentrationen zu beobachten, die vom Menschen geruchlich noch nicht wahrgenommen werden können. Andererseits haben jedoch biostatistische Erhebungen den Beweis erbracht, daß bei längerer Einwirkdauer auch hinsichtlich der Schädigungen des menschlichen Organismus von äußerst restriktiven Annahmen auszugehen ist (Abb. 95 und 96).

---

[155] Als Aerosol bezeichnet man das Gemisch eines Gases (z. B. Luft) mit feinstverteilten festen (z. B. Rauch) oder flüssigen (z. B. Nebel) Schwebstoffen.

Tabelle 94

Kritische Konzentrationswerte luftverunreinigender Immissionsarten

Spurenstoff	Normale Atmosphäre[156]	Ver- unreinigte	MAK-Werte[157]		MIK$_D$-Werte[158]		MIK$_K$-Werte[158]	
	mg/m³	mg/m³	mg/m³	cm³/m³ (ppm)	mg/m³	cm³/m³ (ppm)	mg/m³	cm³/m³ (ppm)
SO_2	0,05—0,02	>0,1	13	5	0,5	0,2	0,75	0,3
H_2S	—		15	10	0,15	0,1	0,3	0,2
CS_2	—		60	20	—[159]	—[159]	—[159]	—[159]
NO_2	<0,005	>0,1	9	5	1	0,5	2	1
Cl_2	—		2	0,5	0,3	0,1	0,6	0,2
Staub	0,02	>0,07						

a) *allgemein*[160]:
 Jahresmittelwert 0,42 g/m² Tag
 Monatsmittelwert 0,65 g/m² Tag
b) *Industrielle Ballungsgebiete*[160]:
 Jahresmittelwert 0,85 g/m² Tag
 Monatsmittelwert 1,30 g/m² Tag

Von den über das SO_2 hinaus emittierten Schwefelverbindungen müssen wegen ihrer Toxizität insbesondere noch der *Schwefelwasserstoff* (H_2S) und der *Schwefelkohlenstoff* (CS_2) genannt werden. Während H_2S nach anfänglichen Reizerscheinungen an den Schleimhäuten mit fortschreitender Einwirkdauer und -konzentration die Zellatmung unmittelbar lähmt und damit unter Extremalbedingungen den „Sekundentod" auslösen

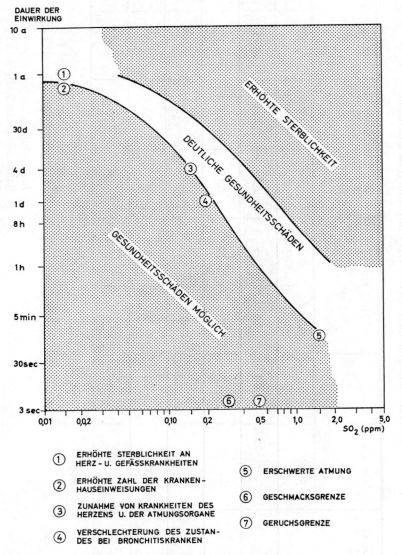

Abb. 95: Einfluß von Schwefeldioxid auf die menschliche Gesundheit[161])

[161]) Zusammenstellung aus: U.S. Department of Health, Education, and Welfare. Public Health Service: Air quality criteria for sulfur oxides. Washington, D. C. March 1967, S. xxx ff.

kann, beruht der gesundheitsschädliche Einfluß des CS_2 auf seiner Lipoidlöslichkeit und der hieraus folgenden Beeinträchtigung des Nervensystems und der hormonalen Drüsen. Beide Emissionsarten sind indes für die BASF weniger charakteristisch, da vornehmlich Viskosebetrieben vorbehalten. Als potentielle H_2S-Emittenten kommen Fabrikationsbetriebe für Farbstoffe sowie petrochemische Anlagen in Betracht.

Zu den typischen Abluftkomponenten eines Chemiegroßbetriebes, wie der BASF, zählen wiederum die *nitrosen Gase*, für deren Emission vornehmlich die Salpetersäure- und Nitratherstellung sowie die vielfältigen Nitrierungsprozesse verantwortlich zu machen sind. Der Nitrosegasauswurf besteht in der Regel aus einem Gemisch von Stickstoffoxiden, wie NO, NO_2; letzteres bildet sich aus dem primär entweichenden Stickstoffmonoxid unter der Einwirkung des Luftsauerstoffs und ist rein optisch bereits in relativ niedriger Konzentration (< 200 ppm $= 0{,}4$ g/Nm^3) an seiner charakteristischen Braunfärbung zu erkennen. Die Stickoxide haben einen stechenden Geruch und gelten als Blut- und Lungengifte.

Die schädlichen Wirkungen der Stickoxide werden noch von den *chlorhaltigen* Emissionen übertroffen. Als stechend riechendes und stark ätzendes Giftgas, das sich mit dem Wasser der Luft zu Chlorwasserstoff bzw. Salzsäurenebel verbinden kann, verursacht das Chlor beim Menschen hochgradige Reizerscheinungen an den Schleimhäuten der Augen sowie der Atemwege und Atmungsorgane. Potentielle Emmissionsquellen sind z. B. Kunststoffabrikationsbetriebe (PVC!), Anlagen der Chloralkalielektrolyse bzw. technischen Chlorierung sowie Rückstandverbrennungsanlagen.

Einen besonderen Platz unter den Abluftkomponenten nehmen die *geruchsintensiven* Stoffe ein. Als mögliche Emissionen bei der Herstellung spezieller organischer Zwischenprodukte machen sie sich in der Umgebung von Chemiewerken noch in extrem hoher Verdünnung unangenehm bemerkbar. So liegt der Geruchsschwellenwert des Trimethylamin ($[CH_3]_3N$) bei $0{,}02$ mg/m^3, der des Äthylmercaptan (C_2H_5SH) sogar bei $0{,}000\,000\,05$ mg/m^3 [163]).

Schließlich sei noch auf die mit der Emission technischer *Stäube* verbundenen Belästigungen hingewiesen, die sich z. B. in Augenentzündungen und — bei lungengängigen

---

[156]) Zusammenstellung aus: Franz Robel: Die Reinhaltung der Luft — eine lebenswichtige Aufgabe. In: Wasser und Abwasser, o. Jg., Nr. 7/1969, S. 202.

[157]) Der Bundesminister für Arbeit und Sozialordnung (Hrsg.): MAK-Werte 1966. In: Arbeitsschutz, o. Jg., Nr. 9/1966, S. 229 ff.

[158]) MIK_D: als Halbstundenmittelwert; MIK_K: zulässige Überschreitung des Dauerwertes für SO_2 innerhalb von 2 Stunden jeweils ein Halbstundenmittelwert und für H_2S, NO_2 und Cl_2 dreimal täglich als Halbstundenmittelwert. Vgl. VDI-Kommission Reinhaltung der Luft (Hrsg.): VDI-Handbuch Reinhaltung der Luft. Stand 1. Oktober 1969. Band 1, Register Nr. 2. Für SO_2: VDI 2108, S. 6; für H_2S: VDI 2107, S. 6; für NO_2: VDI 2105, S. 6; für Cl_2: VDI 2106, S. 6. Die MIK_D- und MIK_K-Werte stimmen mit Ausnahme des MIK_D-Wertes für SO_2 mit den entsprechenden Immissionskenngrößen I_1 und I_2 nach TA-Luft überein. Vgl. Der Bundesminister für Gesundheitswesen: Allgemeine Verwaltungsvorschriften über genehmigungsbedürftige Anlagen nach § 16 der Gewerbeordnung (Technische Anleitung zur Reinhaltung der Luft) vom 8. September 1964. In: Bundesministerium des Innern (Hrsg.): Gemeinsames Ministerialblatt, 15. Jg., Nr. 26 vom 14. September 1964, S. 433 ff.

[159]) Bei Substanzen (besonders organischen Lösemitteln und Zwischenprodukten), für die noch kein MIK-Wert festgelegt wurde, kann zunächst ein Wert von der Größe $1/20$ MAK-Wert angenommen werden, sofern keine besonderen Gründe dagegen sprechen. In: Auergesellschaft GmbH (Hrsg.): Auer-Technikum, 5. Aufl. Berlin 1967, S. 66.

[160]) Vgl. Der Bundesminister für Gesundheitswesen: Allgemeine Verwaltungsvorschriften über genehmigungsbedürftige Anlagen nach § 16 der Gewerbeordnung (Technische Anleitung zur Reinhaltung der Luft) vom 8. September 1964, a. a. O., S. 437.

[163]) Vgl. Auergesellschaft GmbH (Hrsg.): Auer-Technikum, a. a. O., S. 104 bzw. 106.

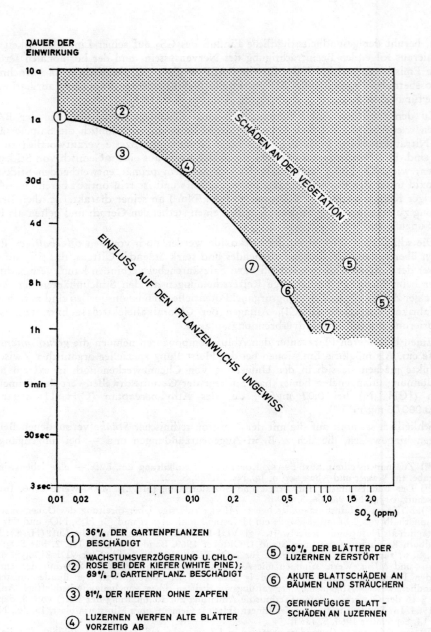

Abb. 96: Schädigung von Pflanzen durch Schwefeldioxid[162]

---

[162] Zusammenstellung aus: U.S. Department of Health, Education, and Welfare, a. a. O., S. xliii ff.

Feinststäuben — auch in entsprechenden Schädigungen des Atemtrakts äußern können. Zu den flugstaubemittierenden Betriebsteilen eines Chemiewerks gehören insbesondere die noch mit Kohle betriebenen Kraftwerke sowie Anlagen zur Herstellung von Farbstoffen, Düngemitteln und anderen anorganischen Produkten.

Für die umwelthygienische Beurteilung staubförmiger Emissionen ist jedoch vor allem das Adsorptionsvermögen der Staubpartikel gegenüber den bereits in der Luft vorhandenen Flüssigkeiten, Gasen und Gerüchen maßgebend, da die oberflächige Anreicherung mit bestimmten Abluftbestandteilen die Toxizität in entsprechender Weise erhöht. Andererseits verursachen sie im Verein mit Aerosolen die bekannten „Dunstglocken", die nicht allein das psychische Wohlbefinden stören, sondern durch Absorption des kurzwelligen Lichts auch den (z. B. für die Synthese des antirachitischen Vitamin D im menschlichen Organismus wichtigen) UV-Strahlungsanteil vermindern. Darüber hinaus erfüllen Staub und Ruß z. B. katalytische Funktionen bei der Oxidierung des SO_2 zum (umwelthygienisch noch bedenklicheren) SO_3, das bei hoher Luftfeuchtigkeit reizstarke Schwefelsäure-Aerosole bilden kann.

Zugleich wird damit deutlich, daß chemiebetriebliche Luftverunreinigung nicht allein an der Schadwirkung *einzelner* Abluftkomponenten gemessen werden darf, da unter bestimmten Voraussetzungen wechselbezügliche Reaktionsmechanismen den Umweltbelastungseffekt noch erhöhen.

5.1.2. *Standortabhängige Bestimmungsfaktoren der Luftverunreinigung*

5.1.2.1. *Immissionsbelastung industrieller Ballungsräume*

Die Verschmutzung der Luft mit chemiebetrieblichen Abgasen ist ein prinzipiell regional und nicht punktuell zu sehendes Phänomen. Anders als beim Abwasser und den Abfallstoffen, bei denen die zentrale Erfassung eine erste Separierung potentieller Schadstoffe ermöglicht, bedingt der flüchtige Charakter von staub- und gasförmigen Emissionen, daß sie gegebenenfalls ungehindert in die Atmosphäre entweichen und damit in den lebensnotwendigen Inhalationsbereich der Einwohner einer ganzen Region gelangen.

Diese Voraussetzungen gelten nicht allein für chemieindustrielle Verhältnisse. Vielmehr beteiligen sich an diesem Umweltbelastungseffekt sowohl die am jeweiligen Standort noch angesiedelten übrigen Industrie- und Gewerbebetriebe als auch der Kraftverkehr und die häuslichen Feuerstellen, so daß sich der betriebsindividuelle Beitrag zur Immissionsbelastung entsprechend relativiert.

Der Anteil von Industrie, Kraftverkehr und Hausbrand an der Luftverschmutzung wird global mit 35, 40 und 25 % angegeben[164]. Örtlich spezifische Gewerbestrukturen, wie z. B. für den Raum Mannheim/Ludwigshafen typische Ballung von Chemiebetrieben, lassen demgegenüber etwas modifiziertere Verhältnisse vermuten, exakt-quantitative Ergebnisse liegen nicht vor. Immerhin konnte mit einem vom Institut für Wasser-, Boden- und Lufthygiene in Berlin auf Antrag der Kommunalen Arbeitsgemeinschaft Rhein-Neckar in Mannheim erstatteten Gutachten nachgewiesen werden, daß auch hier der Hausbrand und der Kraftfahrzeugverkehr wesentlich zur Luftverunreinigung (mit zudem noch steigendem Belastungseffekt) beitragen, während andererseits der

---

[164] Vgl. FRANZ ROBEL: Die Reinhaltung der Luft — eine lebenswichtige Aufgabe, a. a. O., S. 202; vgl. hierzu auch die Feststellungen der staatlichen Gewerbeaufsicht in Nordrhein-Westfalen, wonach die anteilige Luftverschmutzung wie folgt beziffert wird: Kraftfahrzeugverkehr: 42 %, Industrie: 35 % und Hausbrand: 23 %. In: o. V. (hd.): Luftreinhaltung — Neuer Hauptsünder. In: Der Volkswirt. 18. Jg., Nr. 19/1964, S. 833.

Anteil der Großindustrie entsprechend rückläufig ist. Auszunehmen sind hiervon die industriellen Großfeuerungen, wie Dampfkraftwerke, Fernheizwerke, petrochemische Anlagen und Erdölraffinerien: Sie erhöhten ihre SO_2-Emissionen von 1956 bis 1966 um fast 100 %. Technische Verbesserungen der Ableitungsbedingungen, wie teilweise Erhöhung der Kamine, ließen jedoch die Immissionsbelastung nicht ansteigen[165]).

Als großflächige Emissionsquelle ist der *Hausbrand* insbesondere für die Anreicherung der unteren Schichten der Atmosphäre mit SO_2 und Staub verantwortlich. Aus der Entwicklung der Jahresverbräuche an fossilen Brennstoffen ermittelte das genannte Forschungsinstitut für den gleichen Zeitraum eine Emissionssteigerungsrate von etwa 40 % für beide Abluftkomponenten. Weitere hausbrandbedingte Emissionsarten sind die Stickoxide (NO_x) sowie — insbesondere bei feststoffbeheizten Einzelöfen — auch Teer- und Rußbestandteile.

Der lufthygienische Belastungseffekt des *Kraftfahrzeugverkehrs* beruht vor allem auf der toxikologischen Wirkung des in den Auspuffgasen angereicherten Kohlenmonoxids (CO). Mit seiner im Verhältnis zum Luftsauerstoff 300mal größeren Affinität zum Hämoglobin des Blutes kann CO den lebensnotwendigen Sauerstofftransport der Erythrozyten blockieren; es ist daher als schweres Blutgift zu bezeichnen. Seine besondere Gefährlichkeit besteht vor allem darin, daß es weder optisch noch geruchlich oder geschmacklich wahrgenommen werden kann. Weitere Abgasbestandteile mit eindeutig toxikologischer Wirkung sind die Stickoxide, Bleiverbindungen, unverbrannte oder nur unvollständig verbrannte Kohlenwasserstoffe sowie — an Rußpartikel gebunden — auch cancerogene Poly- und Heterocyclen, wie z. B. das 3.4-Benzpyren. Aus der Statistik der für die Städte Mannheim und Ludwigshafen a. Rh. (ohne Landkreise) zugelassenen Kraftfahrzeuge läßt sich unschwer die zunehmende Bedeutung der kraftverkehrsbedingten Luftverschmutzung ableiten:

Tabelle 97

Zugelassene Kraftfahrzeuge in Ludwigshafen a. Rh. und Mannheim[166])			
(Stadtgebiet)	1956	1961	1967
Ludwigshafen a. Rh.	16 639	26 626	40 421
Mannheim	37 960	53 067	79 564
Insgesamt	54 599	79 693	119 985

Zwar sieht die geänderte Straßenverkehrs-Zulassungsordnung ab 1. Oktober 1970 für neue Kraftfahrzeuge eine Begrenzung des CO- und Kohlenwasserstoff-Ausstoßes vor, trotzdem dürfte damit den Bemühungen um örtliche Immissionsverminderung selbst für diese Komponenten nur ein langfristiger Erfolg beschieden sein.

---

[165]) Vgl. Bundesgesundheitsamt, Institut für Wasser-, Boden- und Lufthygiene. Gutachten über Luftverunreinigungen im Raum Mannheim/Ludwigshafen. Teil 1 vom 28. September 1966, Gesch.-Z.: B-B 280; Teil 2 vom 12. März 1968, Gesch.-Z.: B IV — B 60 sowie ERDWIN LAHMANN, WOLFRAM MORGENSTERN und LEONHARD GRUPINSKI: Schwefeldioxid-Immissionen im Raum Mannheim/Ludwigshafen. Stuttgart 1967 (Schriftenreihe des Vereins für Wasser- Boden- und Lufthygiene Berlin-Dahlem, Nr. 25).
[166]) Amt für Stadtforschung, Statistik und Wahlen der Stadt Ludwigshafen a. Rh. (Hrsg.): Statistisches Jahrbuch der Stadt Ludwigshafen a. Rh. 1967. Ludwigshafen a. Rh. 1968, S. 188.

5.1.2.2. *Meteorologische Parameter*

Der bei gegebener Immissionsbelastung zu befürchtende Umwelteinfluß ist nicht allein auf die Schadwirkungen einzelner Emissionsarten und deren wechselbezüglich-physikalisch-chemische Reaktionsmöglichkeit zurückzuführen: Auch die standortspezifischen Witterungsverhältnisse greifen regulierend in den Immissionsanreicherungs- bzw. -verdünnungsprozeß ein, so daß der potentielle Beitrag des Chemiebetriebes zur Luftverschmutzung um eine weitere Dimension zu ergänzen ist.

Von den insgesamt zu beachtenden meteorologischen Parametern sollen hier vor allem

a) die Windverhältnisse sowie
b) die Häufigkeit von Inversionswetterlagen

hervorgehoben werden; sie sind es auch, die den Oberrheingraben und damit den Standort der BASF in lufthygienischer Hinsicht außerordentlich benachteiligen. Während z. B. hohe Windgeschwindigkeiten und die damit verbundene turbulente Luftströmung chemiebetriebliche und andere Emissionen verhältnismäßig rasch verdünnen, ihren Abtransport beschleunigen und damit Immissionskonzentrationsspitzen — wenn überhaupt — nur punktuell und kurzzeitig aufkommen lassen, ist dieser natürliche Selbstreinigungseffekt der Luft bei den im Raum Mannheim/Ludwigshafen gemessenen niedrigen Windgeschwindigkeiten von rd. 2 m/s entsprechend verzögert (Tab. 98):

Tabelle 98

Windgeschwindigkeiten in deutschen Großstädten[167]	
(Jahresmittelwerte in m/s)	
Hamburg	5,6
Berlin	4,6
Dresden	3,7
Mannheim/Ludwigshafen a. Rh.	≈ 2,0
München	1,9

Auch die für jene Region häufigen Inversionswetterlagen begünstigen die Anreicherung der Atmosphäre mit emissionsbedingten Fremdstoffen. Bei dieser Erscheinung wird durch die bevorzugte Lage der Inversion (= Temperaturumkehrschicht oder auch Sperrschicht) am Erdboden bzw. in den untersten Hektometern der Atmosphäre der vertikale Luftaustausch über dem Ballungszentrum unterbunden. Da Inversionswetterlagen in der Regel mit Windstille oder nur unbedeutender Luftbewegung verbunden sind, können die Immissionen hohe Konzentrationswerte erreichen.

5.2. *Möglichkeiten und Grenzen der chemiebetrieblichen Luftreinhaltung*

5.2.1. *Überblick*

Mit der getrennten Darstellung betriebsindividueller und standortabhängiger Bestimmungsfaktoren der Luftverunreinigung konnte deutlich gemacht werden, daß zur umwelthygienischen Beurteilung chemiebetrieblicher Emissionen nicht allein die potentiellen

---

[167] Bis auf Mannheim/Ludwigshafen a. Rh. entnommen einer bildlichen Darstellung aus: EBERHARD SPRENGER (Hrsg.): RECKNAGEL-SPRENGER: Taschenbuch für Heizung, Lüftung und Klimatechnik. 54. Ausgabe. München — Wien 1966, S. 25.

Schadwirkungen denierbarer Abluftkomponenten bekannt sein müssen, sondern ebenso die Verteilungs-, Verdünnungs- und Umsetzungsvorgänge in der gegebenenfalls bereits vorbelasteten Atmosphäre. Erst unter ihrem Einfluß können die Schadstoffe in bodennahe Luftschichten und damit in den Gefährdungsbereich für Mensch, Tier, Pflanze und Sachgut gelangen. Der chemiebetriebliche Immissionsschutz muß sich daher sowohl die

— Begrenzung der schadstoffspezifischen Emmissionen

als auch die

— Verbesserung der Ableitungsbedingungen

zum Ziel setzen.

Wie bei der abwassertechnischen Sanierung ist auch hier das naturgesetzlich determinierte Prozeßgeschehen mit seinem weitgehend vorgegebenen Stoffumsatz ein Branchenspezifikum, das die lufthygienische Dispositionsfähigkeit erheblich einengt. Sie ist daher grundsätzlich nur in zweifacher Weise denkbar:

1. durch Änderung der verfahrenstechnischen Grundlage, indem vornehmlich betriebswirtschaftliche Überlegungen einen effizienteren Stoffumsatz mit verbesserter Emissionssituation zu verbinden verstehen, sowie

2. durch Anwendung spezieller Abgasreinigungsverfahren, indem das betriebswirtschaftliche Kalkül die Beibehaltung des jeweiligen Produktionsverfahresn nahelegt, so daß die prozeßbedingte Abluft einer emissionsvermindernden bzw. die Verteilung und Verdünnung in der Atmosphäre begünstigenden Behandlung unterworfen werden muß.

Wie die folgenden Beispiele zeigen, hat die BASF von beiden Möglichkeiten umfangreichen Gebrauch gemacht.

5.2.2. *Luftreinhaltung durch Verfahrensumstellung*

Der Begriff Verfahrensumstellung soll in diesem Zusammenhang sehr weit, d. h. nicht ausschließlich auf die Erstellung spezifischer Produkte bezogen, verstanden werden. Er umfaßt mithin

1. die grundsätzlich veränderte Reaktionsführung,

2. die Variation bestimmter Reaktionskonstanten,

3. den Wechsel im Rohstoffeinsatz sowie

4. die Umstellung der Primärenergieerzeugung auf neue Brennstoffe.

Zu 1: Das bedeutendste Beispiel aus dem BASF-Bereich für eine Emissionsverminderung durch veränderte Reaktionsführung ist zweifellos der Wechsel vom herkömmlichen Kontaktverfahren zur Doppelkatalyse bei der Schwefelsäurefabrikation[168]). Ausgangsprodukt für beide Verfahren ist das durch Abrösten sulfidischer Erze und/oder Schwefel-

---

[168]) Vgl. H. WERTH: Das Bayer-Doppelkontaktverfahren. In: Wasser, Luft, Betrieb, 9. Jg., Nr. 3/1965, S. 161 f.

verbrennung erzeugte Schwefeldioxid (SO_2), aus dem über die katalytische Luftoxidation zu Schwefeltrioxid (SO_3) und Absorption in Wasser bzw. Pyroschwefelsäure das Endprodukt Schwefelsäure (H_2SO_4) gewonnen wird:

$$S + O_2 - 70,9 \text{ kcal} \rightarrow SO_2 \qquad (a)$$

$$2\, SO_2 + O_2 - 45,9 \text{ kcal} \rightarrow 2\, SO_3 \qquad (b)$$

$$SO_2 + \tfrac{1}{2}O_2 + H_2O - 54,5 \text{ kcal} \rightarrow H_2SO_4 \qquad (c)$$

Reaktion (b) verläuft nicht vollständig, praktisch werden nur 95 % erreicht. Der nicht umgesetzte SO_2-Rest entweicht als gasförmige Emission in die Atmosphäre. Die Doppelkatalyse arbeitet demgegenüber mit einer Zwischenabsorption, indem durch Herausnahme des SO_3 aus den Endgasen im Absorptionsturm und erneute katalytische Oxidation des Rest-SO_2 mit Luftsauerstoff zu SO_3 der Gesamtumsatz auf letztlich 99,5 bis 99,7 % gesteigert werden kann. Gleichzeitig vermindert sich damit die SO_2-Emission auf rd. ein Sechstel des bisherigen Wertes (Tab. 99):

Tabelle 99

Verminderung der SO_2-Emission durch Verfahrensänderung bei der Schwefelsäureherstellung[169])

	SO_2-Gehalt des Endgases (g SO_2/Nm³)	SO_2-Emission (kg SO_2/t H_2SO_4)
Konventionelle Katalyse	≈ 5	17
Doppelkatalyse	0,5 bis 0,7	3

Gesamtemission von SO_2 in der Bundesrepublik 1967: .... 4 Mio. t[170])
                                                       1975: .... 5 Mio. t

Produktionskapazitäten für H_2SO_4 Anfang 1969[171]):
a) Bundesrepublik .... 4 000 000 jato SO_3 (= 5 Mio. t H_2SO_4)
b) BASF .... 465 000 jato SO_3
   (geplanter Ausbau: .... 800 000 jato SO_3)

Betrachtet man das Verhältnis zwischen der Gesamtmission an SO_2 in der Bundesrepublik Deutschland und Schwefelsäureproduktion, so wird deutlich, daß selbst bei verfahrenstechnisch ungünstigsten Bedingungen der Anteil zu gering ist, als daß durch voll-

---

[169]) Zusammengestellt aus WOLFGANG TESKE: Luftreinhaltung in der Chemischen Industrie. In: Zentralblatt für Arbeitsmedizin und Arbeitsschutz, Bd. 19, Nr. 10/1969, S. 290.
[170]) Vgl. Arbeits- und Sozialminister des Landes Nordrhein-Westfalen (Hrsg.): Reinhaltung der Luft in Nordrhein-Westfalen. Bericht zum Kongreß Reinhaltung der Luft in Düsseldorf vom 13. bis 17. Oktober 1969. Essen 1969, S. 786; HEINRICH DRATWA: Verminderung und Beseitigung staub- und gasförmiger Emissionen. In: Wasser, Luft und Betrieb, 13. Jg., Nr. 5/1969, S. 172 sowie B. PIEPER: Emissionen und Verbrennungsrückstände aus Dampfkraftwerken im Jahre 1965. In: Mitteilungen der Vereinigung der Großkesselbesitzer, Heft 108/1967, S. 173.
[171]) Vgl. o. V.: Es tut sich viel bei Schwefelsäure. In: Chemische Industrie, 21. Jg., Nr. 10/1969, S. 691.

ständige Umstellung auf das Doppelkontaktverfahren eine tiefgreifende Verminderung der SO_2-Emission zu erreichen wäre[172]) [173]). Wohl aber können derartige Emissionsverminderungen die *örtlichen* Immissionsverhältnisse spürbar verbessern helfen, worauf noch im Zusammenhang mit der chemiebetrieblichen Überwachung der Abluftsituation einzugehen sein wird.

Zu 2: Auch bei der Herstellung von Salpetersäure (HNO_3), einem ebenso bedeutenden Schlüsselprodukt der Chemischen Industrie, konnten durch Verfahrensänderung die Emissionsverhältnisse verbessert werden. Die traditionelle Stufenfolge des Herstellungsprozesses blieb unverändert, mithin die Ammoniak-Verbrennung, die Weiteroxidation des sich bildenden Stickstoffmonoxids (NO) zu Stickstoffdioxid (NO_2) und dessen Absorption zu Salpetersäure:

$$2\ NH_3 + {}^5/_2\ O_2 - 107\ \text{kcal} \rightarrow 2\ NO + 3\ H_2O$$

$$2\ NO + O_2 - 33{,}4\ \text{kcal} \rightarrow 2\ NO_2$$

$$2\ NO_2 + H_2O \rightarrow HNO_3 + HNO_2$$

$$HNO_2 + NO_2 \rightarrow HNO_3 + NO$$

Das NO läßt sich dabei nicht vollständig zur Säurebildung heranziehen, so daß ein Teil im Abgas erscheint. Erst die Anwendung der Druckabsorption (BASF: 7 bis 9 atü = Hochdruck; 3 bis 4 atü = Mitteldruck), zu der insbesondere die Entwicklung säurefester Legierungen für die Druckgebläse verholfen hat, konnte die Restemissionen an Stickoxiden erheblich senken. So gibt die BASF den für 1969 ermittelten Nitrosegasauswurf mit 50 % des entsprechenden Wertes für 1961 an, obwohl sich im gleichen Zeitraum die Salpetersäureproduktion um mehr als das 1,5fache erhöht hat. Der Gesamtnitrosegehalt im unverdünnten Endgas beträgt für die 1. Ausbaustufe der Druckabsorption 1,1 g/Nm³, für die 2. Ausbaustufe sogar nur noch 0,5 g/Nm³.

Zu 3: Die durch Wechsel im Rohstoffeinsatz gegebenenfalls zu erzielende Emissionsverminderung soll aus dem BASF-Bereich am Beispiel der Acetylenherstellung erläutert werden. Traditioneller Rohstoff war hier bis 1965 das Calcium-Karbid (CaC_2), gemäß

$$CaC_2 + 2\ H_2O - 25\ \text{kcal} \rightarrow C_2H_2 + Ca(OH)_2,$$

das seinerseits in Lichtbogenöfen unter erheblicher Staubemission (Abb. 121), bestehend aus Calciumoxid, Magnesiumoxid, Alkalioxide u. a., erzeugt wurde:

$$CaO + 3\ C + 112\ \text{kcal} \rightarrow CaC_2 + CO$$

---

[172]) Von den 1967 in der BRD insgesamt emittierten 4 Mio. t SO_2 stammen rd. 80 % aus der Verbrennung von Kohle und Öl. Vgl. Arbeits- und Sozialminister des Landes Nordrhein-Westfalen (Hrsg.): Reinhaltung der Luft in Nordrhein-Westfalen. Bericht zum Kongreß Reinhaltung der Luft in Düsseldorf vom 13. bis 17. Oktober 1969. Essen 1969, S. 76.

[173]) 1968 waren in der BRD bereits 18 Doppelkatalyse-Anlagen in Betrieb, 2 weitere im Bau. Vgl. o. V.: Chemische Industrie und Kohlenwertstoffgewinnung. In: Wirtschaftliche Mitteilungen der Niederrheinischen Industrie- und Handelskammer Duisburg-Wesel zu Duisburg, Sonderdruck Oktober 1969, S. 421. Von den 3 Schwefelsäuregroßanlagen der BASF wird eine bereits in Doppelkatalyse betrieben, eine weitere Umstellung ist geplant.

Das Ausweichen auf Erdgas, Rohbenzin bzw. andere Erdölderivate, d. h. die Spaltung von Kohlenwasserstoffen im elektrischen Lichtbogen, z. B. gemäß

$$2\,CH_4 + 93{,}8\ kcal \rightarrow C_2H_2 + 3\,H_2,$$

ließ in der Folgezeit das Staubproblem gegenstandslos werden.

Zu 4: Schließlich sei noch auf den emissionsvermindernden Effekt bei verändertem Brennstoffeinsatz zur Primärenergieerzeugung hingewiesen. Wie bereits mehrfach betont, sind fossile Brennstoffe wegen ihres Schwefelgehalts vornehmlich für die Anreicherung der Luft mit Schwefeldioxid (SO_2) verantwortlich zu machen. Die 1960 begonnene schrittweise Umstellung der BASF-Kraftwerke von Kohle- auf aschefreien Heizölbetrieb (KW Süd und Nord = Öl, KW Mitte = Kohle) reduzierte zwangsläufig den Staubauswurf, die SO_2-Emission hingegen nur bei Verwendung *leichten* Heizöls. Der von der BASF ab 1970 geplante Einsatz von Erdgas wird auch hier eine grundsätzliche Verringerung der betriebsabhängigen Immissionsbelastung ermöglichen (Tab. 100).

Tabelle 100

Schwefel-Immissionen bei festen, flüssigen und gasförmigen Brennstoffen[174]				
	Steinkohle	Heizöl El	Heizöl S	Erdgas
Heizwert kcal/kg bzw. bei Erdgas kcal/m_n^3	7 500	10 200	9 900	8 400
Schwefelgehalt Gew.-%, bei Erdgas g/m_n^3	1,2	0,5	2,2	Spuren
Brennstoffmenge kg/10 000 kcal, bei Erdgas m_n^3/10 000 kcal	1,34	0,98	1,01	1,19
Immittierte Schwefelmenge g/10 000 kcal	161	49	222	—

5.2.3. *Luftreinhaltung durch Abgasreinigung*

Die emissionsvermindernden Verfahrensumstellungen beschränken sich in der Regel auf einige wenige Fabrikationsbetriebe für anorganisch-chemische Schlüsselprodukte. Sie sind zu ergänzen um jene Maßnahmen, welche die Abscheidung und Vernichtung schädlicher Emissionsbestandteile, deren Überführung in luftverwandte Zusammensetzung und/oder verbesserte Ableitungsbedingungen in die Atmosphäre anstreben. Bei der bereits mehrfach betonten Heterogenität des chemiebetrieblichen Produktionsgeschehens fallen sie entsprechend zahlreich aus. Allein der Hinweis, daß die BASF mehr als 700 Einzelmaßnahmen zur Abgas- bzw. Ablufreinigung einsetzt, macht deutlich, vor welchem

---

[174] Zusammengestellt aus: o. V. (Z. G.): Erdgas ist schwefelfrei. In: Die technische Linie, 22. Jg., Nr. 43 vom 15. Oktober 1969, S. 155 (Beilage zu Handelsblatt, 24. Jg., Nr. 198 vom 15. Oktober 1969).

apparativen Hintergrund das Lufthygieneproblem eines Chemiebetriebes zu sehen ist. Auf konstruktive Details kann daher im Rahmen dieser Untersuchung nicht eingegangen werden[175]; es mag genügen, die charakteristischen Emissionsgruppen den ihnen gemäßen — und von der BASF auch genutzten — Abgasreinigungsverfahren gegenüberzustellen (Tab. 104).

Tabelle 104

Systematik der in der BASF zur Luftreinhaltung eingesetzten Verfahren		
Emissionsart	Verfahren	Apparat
Stäube	Niederschlagen	Elektrofilter, Zentrifugalabscheider (Zyklone), Gewebefilter, Naßabscheider
Gase	Verbrennen	Fackel, Brennmuffel
	Absorbieren	Festbettabsorptionsturm, Füllkörperkolonne, Zentrifugalwäscher, Tellerwäscher, Strahlsauger, Venturiwäscher
	Adsorbieren	Aktivkohlefilter
	Mischen / Verdünnen	Kamin
Dämpfe/Aerosole	Niederschlagen	Venturiwäscher, Strahlsauger, Drucksprungabscheider, Elektrofilter
Gerüche	Absorbieren / Verbrennen	Wäscher / Fackel

Zu den am leichtesten abscheidbaren Emissionsarten zählen die *Stäube*. Die mit Kornverteilung, Konzentration, spezifischem Gewicht und erwünschtem Abscheidegrad jeweilig zu charakterisierenden Staubverhältnisse lassen vornehmlich mechanisch wirkende Verfahren zum Einsatz gelangen. So wurden in der BASF zur Flugstaubabscheidung in den drei Kraftwerken zunächst Zentrifugalabscheider (Zyklone) eingesetzt, deren begrenzte Leistungsfähigkeit gegenüber feinen Stäuben jedoch ab 1962 den Einbau von Elektrofiltern bewirkt hat. Die Staub- bzw. Flugascheabscheidung konnte hierdurch bis auf weniger als 0,15 g/Nm³ Luft gesenkt werden (Abb. 101). Die in den anderen Produktionsbetrieben anfallenden Stäube werden entweder nach inniger Berührung mit Waschflüssigkeiten niedergeschlagen (Naßabscheider, Abb. 102) bzw. nach dem Siebprinzip an silikonisierten Glasfasergeweben zurückgehalten (Gewebefilter, Abb. 103).

Bei den *Gasen* entscheidet zunächst ihre Brennbarkeit über das einzusetzende Verfahren, eine Eigenschaft, die für gasförmige Rückstände aus petrochemischen Anlagen im Regelfall gegeben scheint. Soweit geringer Heizwert, Giftigkeit, Explosionsgefahr infolge starker Zerfallsneigung u. a. ihren wirtschaftlichen Einsatz zur Energieerzeugung in Kraftwerken ausschließen, verbleibt nur noch ihr Abfackeln über Dach bzw. ihre Verbrennung in Brennmuffeln. Die BASF hat z. Z. (1969) 85 Abgasfackeln in Betrieb. Nichtbrennbare Abgase werden sowohl absorptiv in Waschflüssigkeiten bzw. adsorptiv an

---

[175] Vgl. W. Knop und W. Teske: Technik der Luftreinigung. Mainz 1965. S. 21 ff.

Abb. 101: Elektrofilter

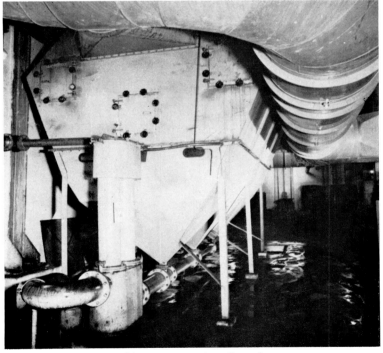

Abb. 102: Intensivnaßwäscher

Abb. 103: Filteranlage für organische Stäube

Abb. 105: Kraftwerk Nord 1942

Abb. 106: Kraftwerk Nord 1967

Abb. 107: Venturiwäscher

Aktivkohlefiltern gebunden. Dagegen sollen die Schornsteinüberhöhungen (Abb. 121), Querschnittsverengungen der Rauchgasrohre (Abb. 106) sowie konstruktive Besonderheiten an den Kaminmündungen (Abb. 121) allein den thermischen und dynamischen Auftrieb der Abgase und ihre Verdünnung in der Atmosphäre verbessern helfen, so daß in diesem Zusammenhang mehr von einem immissions- als emissionsvermindernden Effekt gesprochen werden muß.

Auch für das mit *Dämpfen* und *Aerosolen* behaftete Abgas kommen zunächst Verfahren der Naßabscheidung in Betracht. Hier haben sich insbesondere die Venturiscrubber (Abb. 107) und Strahlsauger (Abb. 108) hervorgetan. Ihr Verfahrensprinzip beruht auf der Beschleunigung des Abgases durch Strahleinschnürung bei gleichzeitiger Wasseraufgabe, der innigen Vermischung beider Komponenten in der Zone der größten Gasgeschwindigkeit mit anschließender Separierung. Diese Anlagen arbeiten mit hohen Druckverlusten und erfordern daher einen erheblichen Energieaufwand. Dagegen beruht der Trenneffekt der bei hartnäckigen Staub/SO_3/HCl/NH_4Cl-Aerosolen eingesetzten Drucksprungabscheider auf der Aufteilung des Gasstromes in dünnste Schichten und dessen Umleitung bei hoher Geschwindigkeit.

Schließlich sei noch auf die mit der Beseitigung von organischen *geruchsintensiven Stoffen*, wie z. B. die bereits erwähnten Amine, hingewiesen. Wegen des begrenzten Trenneffekts herkömmlicher Absorptionsanlagen kann erst die anschließende Verbrennung der Restabgase in einer Fackel, z. B. durch Zumischen von Abfall-Wasserstoff, wirksame Abhilfe schaffen.

5.2.4. *Chemiebetriebliche Überwachung der Abluftsituation*

Die entscheidende Voraussetzung für emissionsvermindernde Maßnahmen im Chemiebetrieb ist die Kenntnis gegebener Abluftverhältnisse. Mit ihr läßt sich der Nachweis erbringen, inwieweit kritische Konzentrationswerte — wie die nach TA-Luft für SO_2, H_2S, NO_x, Cl_2, HCl und Staub — überschritten wurden bzw. wie hoch der immissionsvermindernde Effekt spezieller Luftreinhaltungsmaßnahmen zu veranschlagen ist.

Nun ist die Festsetzung von Immissionsgrenzkonzentrationen nicht nur der Höhe nach problematisch: Auch deren Verwendung als Relativgröße für die betriebsindividuelle Luftüberwachung in industriellen Ballungsräumen läßt nur bedingte Schlußfolgerungen zu, weil die Vielzahl der hier wirksamen Luftverunreinigungsquellen sowie der zwischen Emission und Immission liegenden Transport- und Reaktionsmechanismen eine quantitativ-isolierte Betrachtung einzelner Emittenten außerordentlich erschwert. Trotzdem sind die auch unter derartigen Bedingungen durchgeführten Messungen die z. Z. einzige Möglichkeit, chemiebetriebliche Bemühungen um Verbesserung der Abluftverhältnisse auf eine objektivere Basis zu stellen[176]).

Die BASF bezog ihre Abluftuntersuchungen zunächst auf staubförmige Immissionen. Als Meßverfahren wurden eingesetzt: Ab 1952 das Staubtassenverfahren (BASF-Methode), ab 1961 die Diemsche Haftfolien-Methode sowie ab 1968 das — auch nach der

---

[176]) Gewisse Möglichkeiten der Selektion bieten z. B. SO_2-Konzentrationsmessungen bei gleichzeitiger Berücksichtigung des Windeinflusses sowie der Einsatz der Lidar-Technik bei der Messung von Staubkonzentrationen bestimmter Emissionsquellen auch aus größeren Entfernungen auf Grund rückgestreuten Laser-Lichts. Vgl. KARL-HEINZ PETERS: Der Aussagewert richtungsabhängiger SO_2-Konzentrationen. In: Städtehygiene, 20. Jg., Nr. 10/1969, S. 241 ff., sowie WARREN B. JOHNSON: Lidar applications in air pollution research and control. In: J. Air Pollution Control Association, Bd. 19. Nr. 3/1969, S. 176 ff.

TAL vorgeschriebene — Bergerhoff-Gerät[177]). Die von der BASF inzwischen vorgenommene Umrechnung auf Werte der Diemschen Haftfolienmethode läßt zwar einen unmittelbaren Vergleich mit den entsprechenden Immissionsgrenzwerten nach TAL nicht zu, jedoch haben Untersuchungen des Wetteramtes Freiburg vom Deutschen Wetterdienst im Raum Mannheim/Ludwigshafen gezeigt, daß die Folien z. T. noch höhere Staubkonzentrationen anzeigten als die Bergerhoff-Behälter[178]). Die im Schaubild 110 wiedergegebenen werksinternen Meßergebnisse sind infolge der Mittelung ohnehin weniger mit ihren absoluten Weren als vielmehr in ihrem trendmäßigen Verlauf zu würdigen: Danach kann unter dem Einfluß der bereits erörterten emissionsvermindernden Maßnahmen das Staubproblem als gelöst betrachtet werden. Ein optischer Vergleich der rheinseitigen Werksansicht aus früheren Zeiten mit dem gegenwärtigen Panorama unterstreicht diese Feststellung besonders eindrucksvoll (Abb. 109, 110 und 111).

Auch hinsichtlich der Luftreinhaltung von *Schwefeldioxid* (SO_2) registrieren die nach dem Leitfähigkeitsprinzip kontinuierlich arbeitenden Analysengeräte („Picoflux", „Ultragas-3") zumindest ab 1964 einen leichten Rückgang. Er ist insofern noch höher einzustufen, als sich gleichzeitig der für die Energieerzeugung maßgebliche Verbrauch fossiler Brennstoffe erheblich steigerte (Abb. 112). Der nach TA-Luft mit 0,4 mg SO_2/m^3 ausgewiesene Immissionsgrenzwert wird 1968 selbst durch die Immissionskenngröße I_2 — einem die Spitzenbelastungen erfassenden Durchschnittswert — unterschritten (Tab. 113).

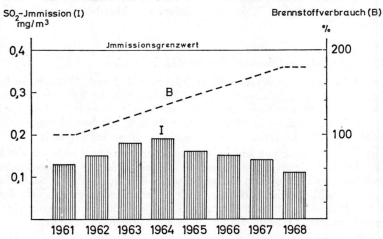

Abb. 112: *Brennstoffverbrauch (Heizwertindizierung) des BASF-Werkes Ludwigshafen und SO_2-Immission*

Für *Chlor* (Cl_2) und *Ammoniak* (NH_3) liegen nach bisherigen Ergebnissen die Konzentrationen noch unterhalb der Erfassungsgrenze der verwendeten Analysengeräte ($< 0,02$ mg/m³). Die entsprechenden Immissionskenngrößen I_1 und I_2 können wegen des noch zu geringen Meßumfanges nicht angegeben werden.

---

[177]) Zu meßtechnischen Einzelheiten vgl. VDI-Kommission Reinhaltung der Luft (Hrsg.): VDI-Handbuch Reinhaltung der Luft. Stand 1969. Bd. 4. VDI 2119: Staubniederschlagsmessungen. Gerätebeschreibungen und Gebrauchsanweisungen. Ausgabe-Datum September 1962.

[178]) Vgl. ROBERT NEUWIRTH: Die Aerosolverhältnisse im Modellraum. In: Die Ansprüche der modernen Industriegesellschaft an den Raum, 1. Teil. Hannover 1967, S. 97 ff. (Forschungs- und Sitzungsberichte der Akademie für Raumforschung und Landesplanung, Bd. XXXIII).

Abb. 108: Strahlsauger

*Abb. 109: Werk Ludwigshafen
(historische Aufnahme)*

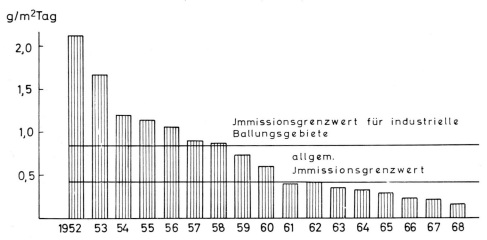

*Abb. 110: Staubniederschlag innerhalb und außerhalb des BASF-Werkes Ludwigshafen
(Jahresmittelwerte)*

Abb. 111: Werk Ludwigshafen 1968

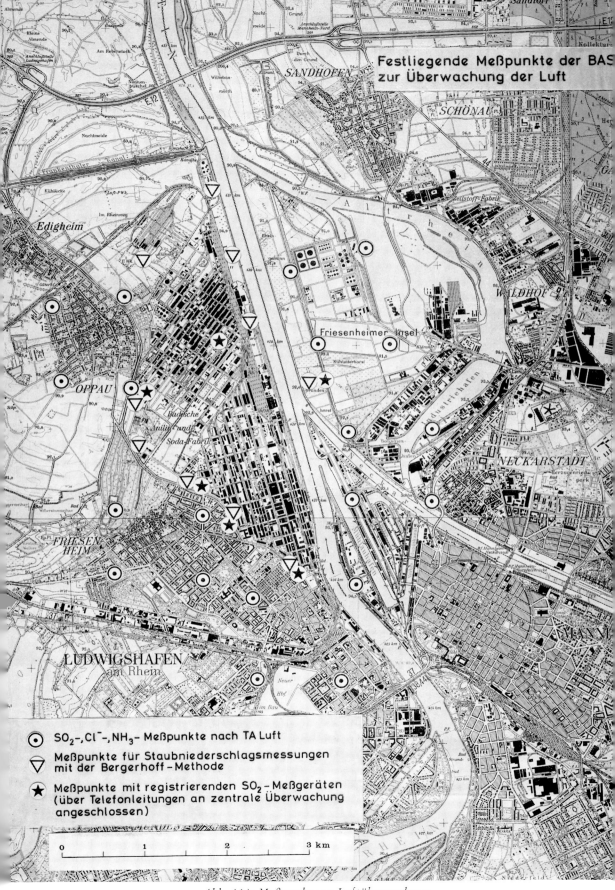

Abb. 114: Meßpunkt zur Luftüberwachung

Abb. 115 u. 116: Luftmeßwagen — mit ausgefahrenem Windmeßgerät; Innenausstattung

Das *Meßstellennetz* der BASF umfaßt die in Abb. 114 wiedergegebenen Meßpunkte. Sie werden entweder zur Probenahme vom werkseigenen *Meßwagen* (Abb. 115 und 116) in bestimmter Zeitfolge abgefahren oder melden — wie im Fall von SO_2 — über Telefonleitungen die jeweiligen Konzentrationen als Halbstunden-Mittelwerte an das Gasanalytische Laboratorium im Werk. Es ist geplant, diese Werte in Verbindung mit den jeweiligen Windverhältnissen sowie sonstigen Wetterdaten durch Computer auszuwerten. Die entsprechenden Einrichtungsarbeiten werden in Kürze abgeschlossen sein. Zu den Aufgaben des ebenfalls mit kontinuierlich arbeitenden Geräten ausgestatteten Meßwagens zählt auch die Quellenermittlung verdächtiger Emissionen — z. T. in Verbindung mit lufthygienischen Arbeitsplatzuntersuchungen (z. B. CO) — sowie gegebenenfalls das Veranlassen von Gegenmaßnahmen.

Der Überwachung sichtbarer Emissionen innerhalb des Werksgeländes dienen zwei mit Variooptik (Gummilinse) ausgerüstete schwenk- und neigbare Fernsehkameras (Abb. 117).

Tabelle 113

Jahr	Jahresmittelwert	Immissionskenngrößen	
		I_1	I_2
1967	0,14	0,11	0,38
1968	0,11	0,09	0,27

SO_2-*Immission innerhalb und außerhalb des BASF-Werkes Ludwigshafen a. Rh.*
(mg/m³)

I_1 = statistisch korrigierter Mittelwert zur Bewertung von Dauerbelastungen,
I_2 = statistisch korrigierter Höchstwert zur Bewertung von Spitzenbelastungen

Unsichtbare Emissionen können nur durch direkte Messungen an der jeweiligen Quelle, wie z. B. laufend am Kamin der Müllverbrennungsanlage, auf ihre Zulässigkeit hin überprüft werden.

5.3. *Kosten der chemiebetrieblichen Luftreinhaltung*

Die Frage nach den im Chemiebetrieb anfallenden Luftreinhaltungskosten ist ungleich schwieriger zu beantworten als für die übrigen beiden Kategorien des Umweltschutzes — der Abwasserreinigung und der Abfallstoffbeseitigung. Das liegt weniger am allgemeinen Problemgehalt dieser Kostenart: „Auflagencharakter", „Betriebsindividualität", „nur bedingt gültiges Kostenverursachungsprinzip und das damit verbundene Entstehen von social costs" sind Stichworte, die auch hier ihre volle Gültigkeit haben. Der Unterschied ist vielmehr in der betriebsräumlichen Verteilung der Entsorgungsmanipulationen zu sehen: Abfallstoffbeseitigung und Abwasserreinigung sind trotz bestimmter Vorreinigungsmaßnahmen in den Betrieben *zentrale* Aufgabenbereiche. Ihre verfahrenstechnische Trennung vom übrigen Produktionsgeschehen begünstigt die Bildung funktionsbezogener Kostenstellen und damit die möglichst verursachungsgerechte Erfassung des jeweiligen Kostenvolumens. Anders bei der Luftreinhaltung: Die hier bereits in den Produktionsbetrieben vorgenommenen Entsorgungsmanipulationen sind zumeist integrierender Bestandteil der technisch-apparativen Reaktionsführung, so daß die in diesem Zusammenhang anfallenden Kosten erst nach entsprechender Aufbereitung zu ermitteln sind. Die BASF hat in der Vergangenheit diesen Weg leider nicht beschritten und damit auf die getrennte Erfassung der in den Produktionsbetrieben anfallenden Luftreinhaltungskosten weitgehend verzichtet.

Aber auch die Frage, *was* überhaupt als kostenmäßig zu erfassende Luftreinhaltungsmaßnahme anzusehen ist, bleibt durchaus problematisch. Vergegenwärtigen wir uns hierzu die lufthygienisch relevanten ingenieurtechnischen Möglichkeiten, so zeigt bereits die Gegenüberstellung von

1. Verfahrensänderungen und
2. Einsatz spezieller Abgasreinigungsverfahren

kostenrechnerische Inkommensurabilität an. Während Abgasreinigungsverfahren wegen ihrer eindeutig abluftbezogenen Funktion eine 100%ige Zuordnung der mit ihrem Einsatz verbundenen Investitions- und Betriebskosten gestatten, ist bei Verfahrensumstellungen eine derartige Möglichkeit nicht ohne weiteres gegeben: Sie entspringen — soweit nicht durch Auflagen erzwungen — primär beschaffungs- und/oder absatzwirtschaftlichen Überlegungen und verbinden Rentabilitätsvorteil mit *gleichfalls* verbesserter Abluftsituation. So wurde der staubemissionsvermindernde Verfahrenswechsel bei der Carbiderzeugung vom herkömmlichen Lichtbogenofen auf die Kohlenwasserstoff-Spaltung (Pyrolyse) erst durchgeführt, als die Rückgriffsmöglichkeit auf kostengünstig im Verbund erzeugte petrochemische Rohstoffe eine derartige Umstellung auch betriebswirtschaftlich interessant machte. Entsprechendes gilt auch für das Ausweichen auf Heizöl als Energieträger (Tab. 118):

Tabelle 118

Rohstoffpreise frei Ludwigshafen a. Rh. für Koks, Rohbenzin und Heizöl[179]) (1967)	Koks	Rohbenzin	Heizöl
DM/t	100,—	85,—	55,—
DM/10⁶ kcal	14,70	7,10	5,60

Ebenso darf die großtechnische Verwirklichung des Prinzips der Doppelkatalyse bei der Schwefelsäurefabrikation, deren physiko-chemische Gesetzmäßigkeiten schon seit langem bekannt waren, mit ihrem zusätzlichen Investitionsbedarf an Reaktionsöfen, Wärmeaustauschern und Absorptionstürmen nicht losgelöst vom marktbedingten Kapazitätsausbau und den damit veränderten Amortisationsmöglichkeiten gesehen werden.

Vor diesem Hintergrund wird verständlich, weshalb die BASF die insgesamt anfallenden Luftreinhaltungskosten z. Z. nicht anzugeben vermag. Ausgenommen hiervon sind Einzelmaßnahmen, wie z. B. die mit rd. 40 Mio. DM bezifferten Bemühungen um die Verminderung der Nitrosefahne oder die Entstaubung des noch mit Kohle betriebenen Kraftwerks Mitte, die allein 3,85 Mio. DM verursachte. Der abluftbezogene Investitionsbedarf für petrochemische Neuanlagen wird mit 2 bis 7 % der Gesamtinvestition angegeben.

---

[179]) BERNHARD TIMM: Wettbewerb zwischen Kohle und Erdöl bei der Rohstoffversorgung der chemischen Großindustrie. In: Chemie-Ingenieur-Technik, 40. Jg., Nr. 1/2/1968, S. 1.

Einen ersten Anhaltspunkt zumindest für die Größenordnungen der baulichen Maßnahmen zum betrieblichen Immissionsschutz geben die nach § 51 Abs. 1 Ziff. 2 o EStG bzw. § 82 EStDV steuerlich genutzten Sonderabschreibungsmöglichkeiten (Tab. 119). Sie sollen sich nach dem Steueränderungsgesetz 1969[180]) auf „bewegliche Wirtschaftsgüter des Anlagevermögens (beziehen), die unmittelbar und ausschließlich dazu dienen, die Verunreinigung der Luft zu verhindern, zu beseitigen oder zu verringern". Ergänzend heißt es jedoch, daß sie „auch (dann) zugelassen werden, wenn auf Grund behördlicher Anordnung ausschließlich aus Gründen der Luftreinhaltung bei... Anlagen, bei denen durch chemische Verfahren Luftverunreinigungen entstehen, Umstellungen und Veränderungen vorgenommen... werden". Ein gewisser Zuordnungsspielraum ist damit auch hier gegeben.

Tabelle 119

Sonderabschreibungen für Maßnahmen der BASF zur Luftreinhaltung (in 1 000 DM/Jahr)				
1964	1965	1966	1967	1968
673	1 641	3 133	5 912	2 745

Zu den vom Bund darüber hinaus gewährten finanziellen Hilfen zum Bau von Anlagen zur Reinhaltung der Luft zählen insbesondere noch die Kredite aus dem ERP-Sondervermögen sowie als Ergänzung hierzu die Übernahme von Bürgschaften durch die Kreditanstalt für Wiederaufbau, Frankfurt a. M., mit Rückbürgschaft des Bundes. Die den Unternehmen auferlegte Pflicht, sich an der Finanzierung der entsprechenden Maßnahmen gemäß ihrer Vermögens-, Liquiditäts- und Ertragslage zu beteiligen, sowie die nur im geringen Umfang zur Verfügung stehenden Mittel lassen die Kreditbedürftigkeit chemischer Großbetriebe jedoch in der Regel verneinen[181]).

6. Zusammenfassung

Gemäß der einleitend vermerkten Zielsetzung wurde mit dieser Analyse der Versuch unternommen, die Probleme der chemieindustriellen Wasserversorgung und Umwelthygiene als Teilaspekte des betrieblichen Standortproblems darzustellen. Die hinsichtlich Leistungsprogramm, Fertigungsorganisation und Prozeßführung bestehenden Besonderheiten der Chemischen Industrie legten es nahe, dabei nicht nur die betriebsindividuellen Anforderungskategorien an den Raum quantitativ und qualitativ zu formulieren, sondern zugleich die in diesem Zusammenhang zu beobachtenden Wechselwirkungen zwischen chemieindustrieller Zivilisation und natürlicher Umwelt einschließlich ihrer reaktions- und verfahrenstechnischen Sachzwänge aufzuzeigen.

Am Beispiel der Badischen Anilin- & Soda-Fabrik AG (Werk Ludwigshafen a. Rh.) konnte nachgewiesen werden, daß sowohl die Wasserversorgung als auch die Abwasser-

---

[180]) Gesetz über die Gewährung von Investitionszulagen und zur Änderung steuerrechtlicher und prämienrechtlicher Vorschriften (Steueränderungsgesetz 1969) vom 18. August 1969. BGBl I S. 1211.
[181]) Vgl. Bundesschatzministerium (Hrsg.): ERP-Kredite für die deutsche Wirtschaft 1969, a. a. O., S. 105.

reinigung, Abfallstoffbeseitigung und Luftreinhaltung einen standörtlichen Bedeutungswandel erfahren haben. Die produktionswirtschaftliche Dynamik des historisch gewachsenen Unternehmens erzwang nicht nur einen verstärkten Rückgriff auf das natürliche bzw. in kommunaler Regie bereitgestellte Wasser- und Landangebot, sondern bewirkte zugleich vielfältige Beeinträchtigungen der Umwelthygiene, die es nach Maßgabe behördlicher Auflagen nunmehr einzuschränken gilt.

Die von der traditionellen Standortlehre bei derartigen Veränderungen regionalwirtschaftlicher Datenkonstellationen aufgezeigten *räumlichen* Reaktionsmöglichkeiten (Standortspaltung, Standortverlagerung) sind für einen Chemiebetrieb von der dargestellten Größenordnung der BASF nur partiell durchführbar[182]). Der Betrieb wird statt dessen bestrebt sein, durch innerbetriebliche Maßnahmen, wie produktionstechnische Umstrukturierungen bzw. spezifische Entsorgungsmanipulationen, die auferlegten Bedingungen zu erfüllen. Soweit nicht zwingend vorgeschrieben, orientieren sich diese Maßnahmen am Kriterium ihrer technisch-wirtschaftlichen Vertretbarkeit.

Das gilt auch für den geplanten Einsatz der Kernenergie als Primärenergiequelle. Von ihm ist eine spürbare Entlastung der regionalen Immissionsverhältnisse von typischen Abluftkomponenten der noch mit fossilen Brennstoffen arbeitenden Kraftwerke zu erwarten (SO_2, Staub, Ruß). Die Umstellung auf Kernenergie entspringt jedoch rein wirtschaftlichen Überlegungen (Tab. 120):

Tabelle 120

Kostenvergleich verschiedener Kraftwerkstypen[183])*)			
	Kohle-kraftwerk	Öl-kraftwerk	Kernkraftwerk (Leichtwasser-reaktor)
Investitionen	100	90	110
Brennstoff- und Betriebskosten**) ...	100	70	30
Kosten pro kWh***)	100	75	55

*) Die Vergleichszahlen gelten jeweils für Gegendruckkraftwerke mit 600 MW elektrischer Leistung und für den Standort Ludwigshafen a. Rh. Die Investitionssumme für das Kernkraftwerk umfaßt die bisher üblichen Sicherheitseinrichtungen.
**) Ein Reaktor für 600 MW elektrische Leistung enthält etwa 1,5 t spaltbares Uran. Die daraus gewinnbare Energie entspricht dem Heizwert von etwa 4 Mio. t Steinkohle oder 3 Mio. t Heizöl. Aus diesem geringen Brennstoffbedarf eines Kernreaktors ergibt sich, daß trotz des relativ hohen Uranpreises die Brennstoffkosten je kWh in einem Kernkraftwerk nur etwa halb so hoch sind wie in einem Ölkraftwerk und nur etwa ein Drittel so hoch wie in einem mit Steinkohle betriebenen Kraftwerk.
***) Einschließlich Kapitalzinsen und Amortisation.

---

[182]) Für die Standortwahl der nach dem Stammwerk Ludwigshafen a. Rh. bedeutendsten Produktionsstätte im Hafen- und Industriegebiet von Antwerpen („BASF Antwerpen N. V.") sprachen u. a. auch die verminderten Anforderungen an den chemiebetrieblichen Umweltschutz hinsichtlich Abluft und Abwasser; letztlich entscheidend waren jedoch die dortigen Betriebsraumverhältnisse, das Energiepreisniveau und Arbeitskräftepotential, die Transportkostensituation auf der Beschaffungs- und Absatzseite sowie steuerliche Gesichtspunkte.

Abb. 121: Werk Ludwigshafen (Gesamtansicht als Luftaufnahme mit markierten Einrichtungen zur Wasserversorgung, Abwasserreinigung, Abfallstoffbeseitigung und Lufreinhaltung

Praktisch bedeutungslos werdende Transport- bzw. Förderkosten des Brennstoffeinsatzes, ein extrem hoher Strom- und Dampfbedarf[184] der Chemieproduktion und damit die Chance zur optimalen Kapazitätsauslastung bzw. Fixkostendegression haben auch die BASF veranlaßt, ein *Kernkraftwerk* zu projektieren und (wegen der Transportempfindlichkeit von Prozeßdampf) standortlich in den bestehenden Industriekomplex zu integrieren (Abb. 121). Ausgestattet mit zwei Siemens-Druckwasserreaktoren, die eine thermische Leistung von je 2 000 MW_{th} entwickeln, soll die Reaktoranlage eine Prozeßdampfmenge von 2 × 1 000 t/h sowie eine elektrische Leistung von 2 × 481 MW_e, insgesamt mithin 2 × 600 MW erzeugen. Das geplante Vorhaben stellt damit eines der größten Kernkraftwerksprojekte der Bundesrepublik Deutschland dar[185].

Wenn auch mit dem Betrieb eines Kernkraftwerks herkömmliche Emmissionen vermieden werden können, so ergeben sich andererseits allein aus dem Einsatz spaltbaren Materials völlig neuartige abfallwirtschaftliche Probleme mit den entsprechenden Gefahren einer radiotoxischen Umweltbelastung. Sie zu verhindern bzw. innerhalb höchstzulässiger Aktivitätskonzentrationen zu halten ist das Ziel spezieller Abschirmungs-, Reinigungs- und Aufbereitungsmaßnahmen einschließlich der schadlosen Endablagerung der aus dem Abwasser bzw. der Abluft isolierten und in Abluftfiltern, in Verdampfungsrückständen, auf Ionenaustauscherharzen usw. angereicherten radioaktiven Spalt- und Aktivierungsprodukte.

Für das BASF-Projekt ergeben sich aus der Großstadtnähe erhöhte Sicherheitsanforderungen gegenüber möglichen Störfällen im Reaktorbetrieb. Die vom Institut für Reaktorsicherheit der Technischen Überwachungs-Vereine e. V. Köln 1969 erarbeitete „Störanfallanalyse" kommt zwar zu dem Ergebnis, „daß die im Kernkraftwerk möglichen Störfälle ... innerhalb zulässiger oder zumutbarer Grenzen beherrschbar sind bzw. durch geeignete Maßnahmen mit hinreichender Sicherheit ausgeschlossen werden können". Die im Gegensatz hierzu von zahlreichen Fachleuten vorgetragenen Bedenken sowie die noch zu geringen Erfahrungen mit Kernkraftwerken innerhalb dichtbesiedelter Gebiete veranlaßten jedoch das im Genehmigungsverfahren neben Landesregierung, Gemeinde und anderen Gebietskörperschaften ebenfalls beteiligte Bundeswissenschaftsministerium, seine Entscheidung über die endgültige atomrechtliche Genehmigung für etwa zwei Jahre zurückzustellen (Beschluß vom 17. August 1970). Mit dem Bau des Kernkraftwerks sollte im Frühjahr 1971 begonnen werden, die Inbetriebnahme war für 1975 geplant.

Ein nicht weniger spektakuläres Problem ist der enorme *Kühlwasserbedarf* eines Kernkraftwerks. Die anfallenden Abwärmemengen sind hier nicht nur absolut, sondern auch spezifisch größer als bei konventionellen Dampf-Stromerzeugungsanlagen. Allein die BASF beziffert den zusätzlichen Kühlwasserbedarf mit rd. 1 Mrd. m³/a, was praktisch einer Verdopplung des gegenwärtigen Gesamtwasserverbrauchs gleichkommt.

---

[183] Entnommen aus: WILLI DANZ: Darlegung und Begründung des Projekts zur Errichtung eines Kernkraftwerks im Verbund mit der BASF in Ludwigshafen. Vortrag einer Veranstaltung der Industrie- und Handelskammer für die Pfalz, Ludwigshafen a. Rh. am 3. Juni 1969. BASF-Sonderdruck, S. 7.
[184] Von den Fertigungskosten des Werkes Ludwigshafen a. Rh. entfielen 1968 rd. 30 % (= 400 Mio. DM) auf Energiekosten.
[185] Vgl. o. V.: Die deutschen Kernkraftwerksprojekte. In: Atomwirtschaft, 15. Jg., Nr. 4/1970, S. 166 ff.

Isoliert betrachtet, mag auch hier die hohe Wasserführung des Rheins den thermischen Belastungseffekt in vertretbaren Grenzen halten. Berücksichtigt man jedoch zusätzlich die in Standortnähe projektierten Kernkraftwerke[186], so werden allein wegen der nur langsam verlaufenden Wiederabkühlung des erwärmten Flußwassers[187] schwere Schädigungen des ökologischen Gleichgewichts nicht auszuschließen sein. Wasserwirtschaftler fordern daher eine konsequente Abkehr von der bisherigen Flußfrischwasserkühlung nach dem Durchflußsystem. Stattdessen sollen im Kreislauf betriebene Rückkühlanlagen den natürlichen Vorfluter von zusätzlichen Wärmemengen freihalten. Die mit dem Bau von Kühltürmen bzw. Luftkühlaggregaten verbundenen Investitions- und Betriebskosten senken zwar kurzfristig die Wirtschaftlichkeit der Kernenergieerzeugung[188]; langfristig wären sie bei der begrenzten Kühlkapazität des Rheins ohnehin nicht zu vermeiden.

Es mag der Chemischen Industrie — und nicht nur ihr — anzulasten sein, daß sie die Fragen des Umweltschutzes weniger unter dem Blickwinkel *gesellschaftlicher Daseinsvorsorge* als vielmehr *betriebswirtschaftlicher Zweckmäßigkeit* zu sehen bereit ist. Solange jedoch Gesetzgebung und gebietskörperschaftliche Exekutive ihr diesen Ermessensspielraum zubilligen, bewegt sie sich nur im Rahmen der Rechtsordnung.

---

[186]) So die Kernkraftwerke Biblis (bei Worms), Mannheim Nord (Kirschgartshausen, nördlich Mannheim) und KBE (Philippsburg/Rhein, Rheinschanzinsel). Vgl. o. V.: Die deutschen Kernkraftwerksprojekte, a. a. O., S. 166 f., und o. V.: Neue deutsche Kernkraftwerke — Anlagen in Bau. In: Atomwirtschaft, 15. Jg., Nr. 4/1970, S. 170.

[187]) Vgl. hierzu die Ergebnisse einer Untersuchung der Bundesanstalt für Gewässerkunde in Koblenz über die Auswirkungen der Einleitung von Warmwasser auf die Gewässer. Auszugsweise wiedergegeben in o. V. (Sr.): Stets auf der Suche nach Kühlmitteln. In: Zeitung für kommunale Wirtschaft (ZfK), o. Jg., Nr. 9/1969, S. 14.

[188]) Vgl. OTTO WOLFSKEHL: Wasser und Kraftwirtschaft. Referat der Gas- und Wassertagung vom 12. bis 14. Mai 1970 in Essen. Zitiert in: O. V. (GB): Kühlen wird kostspielig. In: Zeitung für Kommunale Wirtschaft (ZfK), o. Jg., Nr. 5/1970 vom 16. Mai 1970, S. 1 f.

7. Anhang

Zu Abb. 6 (S. 24)

Anteil der Chemischen Industrie am gesamten und industriellen Wasseraufkommen der Bundesrepublik Deutschland[1])[2])

Jahr	Gesamt-wasser-aufkommen	Industrielles Wasseraufkommen		Wasseraufkommen der Chemischen Industrie		
			Anteil am Gesamt-wasser-aufkommen		Anteil am	
					Gesamt-wasser-aufkommen	industr. Wasser-aufkommen
	Mrd. m³/a	Mio. m³/a	%	Mio. m³/a	%	%
1951[3])	6,6	4 399	66,6	1 135	17,2	25,8
1952[4])	6,9	4 576	66,4	1 168	16,9	25,6
1955[5])	8,4	5 956	70,9	1 617	19,2	27,2
1957[6])	10,0	7 644	76,4	1 978	19,8	25,9
1959[7])	12,3	9 679	78,7	2 402	19,5	24,8
1961[8])	12,8	10 438	81,6	2 549	19,9	24,4
1963[9])	13,3	10 733	80,7	2 756	20,7	25,6
1965[10])	13,8	11 390	82,4	3 003	21,7	26,4
1967						

[1]) In das industrielle Wasseraufkommen wurden die öffentlichen Betriebe der Elektrizitäts-, Gas- und Wasserversorgung nicht mit einbezogen.

[2]) Die Lückenhaftigkeit des statistischen Nachweises konnte vom Verfasser nur teilweise behoben werden, so daß sich obengenannte Zahlenangaben wie folgt verstehen:
1951 bis 1957 Bundesgebiet ohne Saarland und Berlin (West), 1959 bis 1965 Bundesgebiet einschließlich Saarland und Berlin (West). Die zusätzliche Berücksichtigung des Saarlandes und Berlins (West) im Zeitraum 1959 bis 1965 läßt das industrielle Wasseraufkommen nur in der Größenordnung von 0,5 Mrd. m³/a anwachsen. Auf die Prozentsätze des Wasseraufkommens der Chemischen Industrie wirkt sich allerdings der extrem geringe Anteil der saarländischen chemischen Industrie am gesamten Industriewasseraufkommen dieses Landes (< 0,1 %) mit einer durchschnittlichen Senkung von 1,8 % aus.

[3]) Errechnet bzw. übernommen aus: Bundesministerium für Wirtschaft (Hrsg.): Die Wasserversorgung der Industrie im Bundesgebiet 1951, a. a. O. Für Bremen und Hessen, die sich an der Zusatzerhebung zum Industriebericht 1952 nicht beteiligten, wurde der Industriewasserverbrauch vom Bundesministerium für Wirtschaft zu 170 Mio. m³/a geschätzt. Der Anteil der Chemischen Industrie in diesen Ländern wurde vom Verfasser nach Maßgabe der sich für 1952 ergebenden Anteile auf rd. 29 % = 50 Mio. m³/a geschätzt.

[4]) Errechnet bzw. übernommen aus: Bundesministerium für Wirtschaft (Hrsg.): Die Wasserversorgung der Industrie im Bundesgebiet 1952. Als Manuskript vervielfältigt. Bonn 1954. Für Baden-Württemberg und Bayern, die sich an der Zusatzerhebung zum Industriebericht 1953 nicht beteiligten, wurde der Industriewasserverbrauch vom Bundesministerium für Wirtschaft zu 920 Mio. m³/a geschätzt. Der Anteil der Chemischen Industrie in diesen Ländern wurde vom Verfasser nach Maßgabe der sich für 1951 ergebenden Anteile auf rd. 24 % = 220 Mio. m³/a geschätzt.

[5]) Errechnet bzw. übernommen aus: Bundesministerium für Wirtschaft (Hrsg.): Die Wasserversorgung der Industrie im Bundesgebiet 1955. Als Manuskript vervielfältigt. Bonn 1957.

[6]) Errechnet bzw. übernommen aus: Bundesministerium für Atomkernenergie und Wasserwirtschaft (Hrsg.): Die Wasserversorgung der Industrie im Bundesgebiet 1957. Als Manuskript vervielfältigt. Bad Godesberg 1960.

[7]) Errechnet bzw. übernommen aus: Bundesministerium für Gesundheitswesen (Hrsg.): Die Wasserversorgung der Industrie im Bundesgebiet 1959. Als Manuskript vervielfältigt. Bad Godesberg 1963. Da in diesem Bericht der Anteil öffentlicher Wasserversorgung von Berlin (West) unberücksichtigt blieb, wurde er folgender Quelle mit 137 458 Mio. m³/a entnommen: Deutscher Verein von Gas- und Wasserfachmänner e. V. (DVGW), Verband der Deutschen Gas- und Wasserwerke e. V. (VGW) (Hrsg.): 70. und 71. Wasserstatistik. Berichtsjahre 1958 und 1959. Frankfurt a. Main 1961, S. 16. Wegen fehlender Unterlagen beim Statistischen Landesamt Berlin, Abt. Industrieberichterstattung, wurde auch das industrielle Wasseraufkommen von Berlin (West) bzw. der auf die Chemische Industrie entfallende Teil durch Rückrechnung auf 55 Mio. m³ bzw. 11 Mio. m³ geschätzt.

[8]) Errechnet bzw. übernommen aus: Bundesministerium für Gesundheitswesen (Hrsg.): Die Wasserversorgung der Industrie im Bundesgebiet 1961. Als Manuskript vervielfältigt. Bad Godesberg 1965.

[9]) Errechnet bzw. übernommen aus: Bundesministerium für Gesundheitswesen (Hrsg.): Die Wasserversorgung der Industrie im Bundesgebiet 1963. Als Manuskript vervielfältigt. Bad Godesberg 1966.

[10]) Errechnet bzw. übernommen aus: Bundesministerium für Gesundheitswesen (Hrsg.): Die Wasserversorgung der Industrie im Bundesgebiet 1965. Bad Godesberg 1968. — Im Gegensatz zu den Veröffentlichungen der Vorjahre enthält obengenannte Quelle erstmalig keine Angaben zum Gesamtwasseraufkommen (Industrie + öffentliche Wasserwerke) der Bundesrepublik Deutschland im Jahre 1965. Auch die schriftliche Anfrage beim Bundesminister für Gesundheitswesen, Referat III A 3 (Wasserversorgung), blieb ohne Erfolg, da „auch (dort) keine statistischen Unterlagen über das Gesamtwasseraufkommen in der Bundesrepublik vor(liegen)" (!) (Dr. DIESEL). Abweichend vom Grundsatz der Quellenkontinuität muß daher auf die DVGW/VGW-Statistik zurückgegriffen werden, die für das 1965 erfaßten 1 217 öffentlichen Wasserwerke eine Gesamtwasserabgabe von 3,6 Mrd. m³ ausweist. Unter Berücksichtigung des industriellen Fremdbezuges von 1,2 Mrd. m³, der im wesentlichen von den öffentlichen Wasserwerken stammen dürfte, ergibt sich als Gesamtwasseraufkommen 1965: (3,6 — 1,2) + 11,4 = 13,8 Mrd. m³. Vgl. Deutscher Verein von Gas- und Wasserfachmänner e. V. (DVGW), Verband der Deutschen Gas- und Wasserwerke e. V. (VGW) (Hrsg.): 76. und 77. Wasserstatistik. Berichtsjahre 1964 und 1965. Frankfurt a. Main 1967, S. 17*).

Zu Abb. 7 (S. 24)

Das Wasseraufkommen der Industrie nach Industriezweigen*)

(1965)

Industriezweig	1 000 m³/a	%
1. Chemische Industrie (ohne Kohlenwertstoffindustrie)	3 003 125	26,4
2. Kohlenbergbau	2 895 440	25,4
3. Eisenschaffende Industrie	1 796 188	15,8
4. Holzschliff, Zellstoff, Papier und Pappe erzeugende Industrie	828 602	7,3
5. Mineralölverarbeitung	437 601	3,8
6. Industrie der Steine und Erden	332 809	2,9
7. Textilindustrie	248 160	2,2
8. Straßenfahrzeugbau	219 931	1,9
Übrige Industriezweige	1 628 343	14,3
Insgesamt	11 390 199	100,0

*) Errechnet bzw. übernommen aus: Statistisches Bundesamt, Wiesbaden (Hrsg.): Wasserversorgung der Industrie 1965, a. a. O., S. 5.

Zu Abb. 8 (S. 25)

Anteil der chemischen Industrie am industriellen Wasserverbrauch der Bundesländer*)
(1965)

Bundesland	Industrieller Wasserverbrauch		Anteil der chemischen Industrie	
	1 000 m³	%	1 000 m³	%
Nordrhein-Westfalen	5 741 712	50,5	1 240 707	21,6
Rheinland-Pfalz	1 063 605	9,3	869 314	81,7
Bayern	964 918	8,5	250 794	26,0
Hessen	906 652	8,0	392 647	43,4
Baden-Württemberg	840 388	7,4	**)	18,4 (?)
Saarland	664 180	5,8	476	0,1
Niedersachsen	518 175	4,5	47 405	9,2
Hamburg	314 943	2,7	17 376	5,5
Bremen	188 965	1,7	**)	0,3 (?)
Schleswig-Holstein	115 352	1,0	11 205	9,7
Berlin (West)	71 309	0,6	15 192	21,3
Bundesgebiet	11 390 199	100,0	3 003 125	26,4

*) Errechnet bzw. übernommen aus: Bundesministerium für Gesundheitswesen (Hrsg.): Die Wasserversorgung der Industrie im Bundesgebiet 1965, a. a. O., S. 24 ff.

**) Aus Gründen der Geheimhaltung von Einzelangaben nicht veröffentlicht, aber in der Gesamtsumme enthalten. Damit ergibt sich zur Summe des chemieindustriellen Wasseraufkommens eine Differenz von 158,009 Mio. m³. Zur Berechnung des Chemieanteils mußten daher die entsprechenden Angaben für 1963 herangezogen werden: Baden-Württemberg: Gesamte Industrie = 823,885 Mio. m³, Chemieanteil = 151,040 Mio. m³ (= 18,4 %), Bremen: Gesamte Industrie = 166,893 Mio. m³, Chemieanteil = 0,496 Mio. m³ (= 0,3 %).

Zu Abb. 20 (S. 38)

| \multicolumn{8}{c}{*Flußwasserförderung der BASF*} |
Jahr	Mio. m³	Jahr	Mio. m³	Jahr	Mio. m³	Jahr	Mio. m³
1870		1896	13,6	1921	151,1	1946[1])	180
1871	0,8	1897	15,2	1922	182,9	1947[1])	220
1872	0,9	1898	16,5	1923	80,6	1948	239
1873	1,2	1899	20,0	1924	155,3	1949	232
1874	1,4	1900	23,9	1925	212,7	1950	286
1875	1,5	1901	32,5	1926	243,5	1951	334
1876	1,6	1902	35,7	1927	274,8	1952	353
1877	2,1	1903	41,3	1928	281,9	1953	399
1878	2,4	1904	30,6	1929	281,5	1954	507
1879	2,6	1905*)	29,2	1930	188,3	1955	563
1880	2,8	1906	34,4	1931	123,7	1956	644
1881	3,0	1907	35,2	1932	115,8	1957	706
1882	3,7	1908	35,2	1933	137,3	1958	741
1883	4,4	1909	44,4	1934	179,6	1959	773
1884	4,6	1910	44,7	1935	224,6	1960	733
1885	4,9	1911	48,1	1936	285,4	1961	712
1886	5,2	1912	55,2	1937	316,6	1962	706
1887	5,5	1913	62,2	1938	332,3	1963	742
1888	5,9	1914	59,9	1939	372,5	1964	804
1889	7,2	1915	57,8	1940	387,5	1965	772
1890	8,0	1916	98,5	1941*)	415	1966	863
1891	8,4	1917	120,9	1942*)	450	1967	913
1892	9,5	1918	130,5	1943*)	420	1968	1 001
1893	9,9	1919	48,5	1944*)	295	1969	1 066
1894	10,5	1920	134,5	1945	48	1970	
1895	12,0						

*) Ab 1905 sichere Angaben. Für die Jahre 1941 bis 1944, 1946 und 1947 mußten die Werte schätzungsweise einem Diagramm im unveröffentlichten Bericht zur „Geschichte der Energieabteilung 1956 bis 1960" der BASF entnommen werden.

Zu Abb. 27 (S. 40)

Flußwasserförderung der BASF und Wassertemperaturen des Rheins
(Monatswerte)

	Flußwasserförderung (1 000 m³)			Rheinwassertemperatur 1956—1965*) (°C als arithmetisches Mittel, Pegel: Maxau)
	1966	1967	1968	
Januar	64 344	65 133	68 797	3,9
Februar	63 896	60 563	65 514	3,9
März	68 898	69 129	73 500	6,4
April	69 045	70 945	77 570	9,8
Mai	74 336	78 378	81 452	13,5
Juni	73 188	77 780	87 768	17,0
Juli	79 521	90 334	100 306	19,4
August	78 124	91 057	99 330	19,3
September	79 327	81 304	94 158	17,4
Oktober	81 267	82 192	90 537	13,1
November	65 546	74 188	83 852	8,7
Dezember	65 201	72 004	79 566	5,4
	862 693	913 007	1 001 350	11,5

*) Landesamt für Gewässerkunde Rheinland-Pfalz in Mainz (Hrsg.): Deutsches Gewässerkundliches Jahrbuch, a. a. O., S. 214.

Zu Abb. 32 (S. 46)

Jahr	*Grundwasserförderung der BASF* (m³/a)		
	Flachbrunnen	Tiefbrunnen	Insgesamt
1950	1 740 000	—	1 740 000
1951	1 740 000	—	1 740 000
1952	2 180 000	—	2 180 000
1953	2 900 000	435 000	3 335 000
1954	2 900 000	870 000	3 770 000
1955	2 900 000	1 305 000	4 205 000
1956	2 900 000	1 740 000	4 640 000
1957	2 900 000	3 045 000	5 945 000
1958	2 900 000	3 480 000	6 380 000
1959	3 480 000	7 300 000	10 780 000
1960	3 920 000	10 500 000	14 420 000
1961	2 190 000	10 120 000	12 310 000
1962	2 000 000	11 881 000	13 881 000
1963	1 576 800	16 541 352	18 118 152
1964	1 756 800	17 814 968	19 571 768
1965	1 489 200	19 132 848	20 622 048
1966	1 503 360	20 975 472	22 478 832
1967	1 699 200	20 262 432	21 961 632
1968	1 512 000	21 402 000	22 914 000
1969	1 051 200	21 348 120	22 399 320
1970			

Zu Abb. 34 (S. 50)

Jahr	Anteil der BASF am Trinkwasserverbrauch der Stadt Ludwigshafen a. Rh. (Mio. m³)					
	Stadt Ludwigshafen a. Rh.					
	insgesamt	davon:				
		Haus-halte	Gewerbe	Sonderabnehmer		Abgabe an Stadt und Selbstverbrauch
				insgesamt	davon: BASF	
1953	6,4	3,2	0,7	1,9	1,4	0,6
1954	7,0	3,2	0,9	2,4	1,9	0,6
1955	7,5	3,4	1,0	2,5	2,1	0,6
1956	8,5	3,5	1,1	3,1	2,4	0,7
1957	9,7	4,0	0,9	3,9	3,1	0,8
1958	10,1	4,2	0,9	4,1	3,2	0,9
1959	11,7	4,8	1,0	4,7	3,6	1,1
1960	11,9	4,7	1,1	5,1	4,2	1,0
1961	12,6	5,1	1,2	5,3	4,4	1,0
1962	12,8	5,4	1,2	5,1	4,2	1,0
1963	13,4	5,6	1,4	5,4	4,5	1,0
1964	15,3	6,2	1,4	6,5	5,2	1,2
1965	14,9	5,9	1,2	6,8	5,5	1,0
1966	15,9	6,4	1,2	7,1	5,7	1,2
1967	16,4	6,4	1,3	6,9	5,5	1,8
1968	16,0	6,4	1,2	7,0	5,4	1,5
1969	17,3	6,6	1,1	7,9	6,1	1,7
1970						

Zu Abb. 35 (S. 52)

Die Entwicklung des spezifischen Belegschaftswasserbedarfs der BASF

Jahr	Trinkwasserverbrauch (Mio. m³)	Belegschaft	Liter je Mitarbeiter und Jahr*)
1953	1,4	27 962	137
1954	1,9	29 956	174
1955	2,1	33 319	173
1956	2,4	36 625	180
1957	3,1	38 381	221
1958	3,2	41 135	213
1959	3,6	43 635	226
1960	4,2	46 189	249
1961	4,4	46 710	258
1962	4,2	45 030	256
1963	4,5	45 793	269
1964	5,2	47 255	301
1965	5,5	47 840	315
1966	5,7	48 148	325
1967	5,5	47 124	320
1968	5,4	46 929	316
1969	6,1	49 624	337
1970			

*) Vgl. hierzu die einschränkenden Anmerkungen im laufenden Text!

Zu Abb. 40 (S. 55)

	Flußwasserverbrauch und Umsatzsteigerung der BASF			
Jahr	Flußwasserförderung		Umsatz der BASF AG*)**)	
	Mio. m³	%	Mio. DM	%
1950	286	100	482	100
1951	334	117	679	141
1952	353	123	661	137
1953	399	140	885	183
1954	507	177	1 050	218
1955	563	197	1 261	262
1956	644	225	≈ 1 400***)	290
1957	706	247	1 622	336
1958	741	259	1 753	364
1959	773	270	2 054	425
1960	733	256	2 356	488
1961	712	249	2 264	469
1962	706	247	2 412	499
1963	742	259	2 649	549
1964	804	281	3 031	628
1965	772	270	3 261	676
1966	863	302	3 440	713
1967	913	319	3 670	761
1968	1 001	349	4 057	841
1969	1 066	374	4 516	939
1970				

*) Werk Ludwigshafen a. Rh. und BASF-Magnetbandfabrik Willstätt bei Kehl (Produktionsbeginn: Ende 1966; Umsatzbeteiligung 1968: rd. 3 %).
**) Bis einschließlich 1965 Bruttowerte ohne Preisnachlässe und zurückgewährte Entgelte. Ab 1968 ohne Umsatzsteuer.
***) Geschätzt, da im entsprechenden Geschäftsbericht nur als BASF-Gruppenumsatz (einschließlich Tochter- und Beteiligungsgesellschaften) = rd. 1,5 Mrd. DM und mit einer Steigerungsrate gegenüber dem Vorjahr von knapp 10 % angegeben.

Zu Abb. 110 (nach S. 140)

Staubniederschlag innerhalb und außerhalb des BASF-Werkes Ludwigshafen a. Rh. (Jahresmittelwerte in g/m² · Tag)	
1952	2,14
1953	1,66
1954	1,20
1955	1,15
1956	1,08
1957	0,90
1958	0,87
1959	0,70*)
1960	0,60*)
1961	0,40
1962	0,42
1963	0,36
1964	0,34
1965	0,29
1966	0,23
1967	0,22
1968	0,17
1969	
1970	

*) Schätz (= Interpolations)-Werte.

Zu Abb. 113 (S. 141)

SO_2-Immission innerhalb und außerhalb des BASF-Werkes Ludwigshafen a. Rh. (Jahresmittelwerte in mg SO_2/m³)	
1961	0,13
1962	0,15
1963	0,18
1964	0,19
1965	0,16
1966	0,15
1967	0,14
1968	0,11
1969	
1970	

8. Literaturverzeichnis

1. *Selbständige Bücher und Schriften*

Arbeitsgemeinschaft der Länder zur Reinhaltung des Rheins (Hrsg.): Die Verunreinigung des Rheins und seiner wichtigsten Nebenflüsse in der Bundesrepublik Deutschland. Stand Ende 1965. O. O. u. J.

Arbeits- und Sozialminiser des Landes Nordrhein-Westfalen (Hrsg.): Reinhaltung der Luft in Nordrhein-Westfalen. Bericht zum Kongreß Reinhaltung der Luft in Düsseldorf vom 13. bis 17. Oktober 1969. Essen 1969.

Badische Anilin- & Soda-Fabrik AG (Hrsg.): Im Reiche der Chemie. Düsseldorf/Wien 1965.

BANSBACH, W.: Mannheim als Standort der Industrie. Diplomarbeit, Mannheim 1921.

BEHRENS, KARL CHRISTIAN: Allgemeine Standortbestimmungslehre. Köln und Opladen 1961.

Bürgermeisteramt von der Stadt Ludwigshafen (Hrsg.): Geschichte der Stadt Ludwigshafen am Rhein. Entstehung und Entwicklung einer Industrie- und Handelsstadt in fünfzig Jahren. 1853 bis 1903. Ludwigshafen am Rhein. 1903.

Bundesgesundheitsamt, Institut für Wasser-, Boden- und Lufthygiene: Gutachten über Luftverunreinigungen im Raum Mannheim/Ludwigshafen. Teil 1 vom 28. September 1966, Gesch.-Z.: B-B 280; Teil 2 vom 12. März 1968, Gesch.-Z.: B IV — B 60.

Der Bundesminister des Innern (Hrsg.): Empfehlungen des Beirats für Raumordnung beim Bundesminister des Innern. Bonn 1968.

Der Bundesminister des Innern (Hrsg.): Empfehlungen des Beirats für Raumordnung beim Bundesminister des Innern. Folge 2. Bonn 1969.

Bundesministerium für Atomkernenergie und Wasserwirtschaft (Hrsg.): Die Wasserversorgung der Industrie im Bundesgebiet 1957. Als Manuskript vervielfältigt. Bad Godesberg 1960.

Bundesministerium für Gesundheitswesen (Hrsg.): Die Wasserversorgung der Industrie im Bundesgebiet 1959. Als Manuskript vervielfältigt. Bad Godesberg 1963.

Bundesministerium für Gesundheitswesen (Hrsg.): Die Wasserversorgung der Industrie im Bundesgebiet 1961. Als Manuskript vervielfältigt. Bad Godesberg 1965.

Bundesministerium für Gesundheitswesen (Hrsg.): Die Wasserversorgung der Industrie im Bundesgebiet 1963. Als Manuskript vervielfältigt. Bad Godesberg 1966.

Bundesministerium für Gesundheitswesen (Hrsg.): Die Wasserversorgung der Industrie im Bundesgebiet 1965. Bad Godesberg 1968.

Bundesministerium für Wirtschaft (Hrsg.): Die Wasserversorgung der Industrie im Bundesgebiet 1951. Als Manuskript vervielfältigt. Bonn 1953.

Bundesministerium für Wirtschaft (Hrsg.): Die Wasserversorgung der Industrie im Bundesgebiet 1952. Als Manuskript vervielfältigt. Bonn 1954.

Bundesministerium für Wirtschaft (Hrsg.): Die Wasserversorgung der Industrie im Bundesgebiet 1955. Als Manuskript vervielfältigt. Bonn 1957.

Bundesschatzministerium (Hrsg.): ERP-Kredite für die deutsche Wirtschaft. Bühl/Baden 1969.

CHRISTIANSEN, CARL C.: Chemische und Farben-Industrie. Tübingen 1914.

Deutscher Verein von Gas- und Wasserfachmänner (DVGW) (Hrsg.): Leitsätze für die Trinkwasserversorgung. DIN 2000. Fassung Mai 1959.

Deutscher Verein von Gas- und Wasserfachmänner e. V. (DVGW), Verband der Deutschen Gas- und Wasserwerke e. V. (VGW) (Hrsg.): 70. und 71. Wasserstatistik. Berichtsjahre 1958 und 1959. Frankfurt/Main 1961.

EHRENHEIM, JULIUS: Die Industrie der Pfalz in ihren Standortgrundlagen. Diss. Heidelberg 1925.

EULENBERG, JOS.: Der Standort der chemischen Industrie von Mannheim-Ludwigshafen. Diss. Heidelberg 1924.

FELD, ERICH und KNOP, WILHELM: Technik der Abfallbeseitigung. Mainz 1967.

FERBER, KOLKENBROCK und NEUKIRCHEN: Müll-Anfall, Abfuhr und Beseitigung in Zahlen. Stuttgarter Berichte zur Siedlungswasserwirtschaft. Nr. 12. München 1964.

FREIER, ROLF: Kesselspeisewasser — Kühlwasser. Technologie — Betriebsanalyse. 2., verbesserte und erweiterte Auflage. Berlin 1963.

Gerber, Friedrich Julius: Mannheim als Industrie-Standort. Diss. Heidelberg 1931.
Hechelhammer, Fritz: Ludwigshafen am Rhein als Industrie-Standort. Diplomarbeit Mannheim 1922.
Henglein, F. A.: Grundriß der Chemischen Technik. 11., neu bearbeitete und erweiterte Auflage. Weinheim/Bergstr. 1963.
Husmann, Wilhelm: Chemische und biologische Auswirkungen der Abwasserbelastung des Rheines und Feststellung der Minderung seiner Selbstreinigungskraft. Köln und Opladen 1963 (Forschungsberichte des Landes Nordrhein-Westfalen, Nr. 1136).
Imhoff, Karl: Taschenbuch der Stadtentwässerung. 22., verbesserte Auflage. München — Wien 1969.
Jacobitz, K.-H.: Die Ableitung industrieller Abwässer in öffentliche Entwässerungen und die gemeinsame Behandlung mit häuslichem Abwasser. Diss. TH Darmstadt 1965.
Keller, R., Grahmann, R. Wund, W.: Das Wasserdargebot in der Bundesrepublik Deutschland. Teil II: Die Grundwasser in der Bundesrepublik Deutschland und ihre Nutzung (R. Grahmann). Remagen/Rhein 1958.
Knop, W. und Teske, W.: Technik der Luftreinhaltung. Mainz 1965.
Kruse, Heinrich: Einheitliche Anforderungen an die Trinkwasserbeschaffenheit und Untersuchungsverfahren in Europa. Vorschlag einer vom Europäischen Büro der Weltgesundheitsorganisation einberufenen Studiengruppe. Schriftenreihe des Vereins für Wasser-, Boden- und Lufthygiene. Heft 14a. Stuttgart 1960.
Kube, Helga: Die Industrieansiedlung in Ludwigshafen am Rhein bis 1892 (Chemie und Metallverarbeitung). Diss. Heidelberg 1962.
Kurz, Hans: Die Entwicklung der chemischen Industrie von Mannheim-Ludwigshafen. Diplomarbeit Heidelberg 1945.
Länderarbeitsgemeinschaft Wasser (LAWA) (Hrsg.): Normalanforderungen für Abwasserreinigungsverfahren. Stand 1966. Unveränderte 2. Aufl. Hamburg 1969.
Lahmann, Erdwin, Morgenstern, Wolfram und Grupinski, Leonhard: Schwefeldioxid-Immissionen im Raum Mannheim/Ludwigshafen. Stuttgart 1967 (Schriftenreihe des Vereins für Wasser-, Boden- und Lufthygiene Berlin-Dahlem. Bd. 25).
Laible, Werner: Die Entwicklung der Badischen Anilin- und Sodafabrik mit besonderer Berücksichtigung der Kriegs- und Nachkriegszeit, sowie ihre Bedeutung für die deutsche Volkswirtschaft und den deutschen Außenhandel. Diss. Erlangen 1924.
Landesamt für Gewässerkunde Rheinland-Pfalz, Mainz (Hrsg.): Deutsches Gewässerkundliches Jahrbuch. Rheingebiet. Abflußjahr 1965. Mainz 1968.
Liebmann, Hans: Handbuch der Frischwasser- und Abwasser-Biologie. Bd. II. München 1958.
Meinck, F., Stoof, H. und Kohlschütter, H.: Industrie-Abwässer. 4., völlig neubearbeitete Auflage von Nr. 6 der Schriftenreihe des Vereins für Wasser-, Boden- und Lufthygiene, Berlin-Dahlem. Stuttgart 1968.
Meyer-Lindemann, Hans Ulrich: Typologie der Theorien des Industriestandortes. Bremen-Horn 1951.
Roscher, Wilhelm: System der Volkswirtschaft. 3. Bd. Stuttgart 1881.
Rüschenpöhler, Hans: Der Standort industrieller Unternehmungen als betriebswirtschaftliches Problem. Berlin 1958.
Schäffle, Albert: Das gesellschaftliche System der menschlichen Wirtschaft. 3. Aufl. Tübingen 1873.
Schall, Horst: Die chemische Industrie Deutschlands. Nürnberg 1959.
Schreck, Wolfgang: Standortbedingungen der chemischen Industrie Westdeutschlands. Diss. Graz 1956.
Schworm, Klaus: Chemische Industrie. Berlin 1967.
Statistisches Bundesamt, Wiesbaden (Hrsg.): Öffentliche Wasserversorgung und öffentliches Abwasserwesen 1963. Fachserie D, Reihe 5, III. Stuttgart und Mainz 1966.
Statistisches Bundesamt, Wiesbaden (Hrsg.): Wasserversorgung der Industrie 1965. Fachserie D, Reihe 5, II. Stuttgart und Mainz 1968.
Statistisches Bundesamt, Wiesbaden (Hrsg.): Regionale Verteilung der Industriebetriebe und deren Beschäftigte nach Industriegruppen. September 1966. Fachserie D, Reihe 4. Stuttgart und Mainz 1968.

STRAUB, HANS: Die Beseitigung der festen Abfallstoffe von Gemeinden und der Industrie. Gutachten für das Bundesministerium für Atomkernenergie, Bad Godesberg. Vervielfältigtes Manuskript. O. O. 1961.

U.S. Department of Health, Education, and Welfare. Public Health Service: Air quality criteria for sulfur oxides. Washington, D. C., March 1967.

U.S. Department of Health, Education, and Welfare. Public Health Service: Air quality criteria for sulfur oxides. Washington, D. C., January 1969.

Vereinigung der Großkesselbesitzer e. V. (VGB) (Hrsg.): Richtlinien für die Aufbereitung von Kesselspeisewasser und Kühlwasser. 5., neubearbeitete Auflage. Essen 1958.

WEBER, ALFRED: Über den Standort der Industrien. 1. Teil: Reine Theorie des Standorts. Tübingen 1909.

2. Beiträge in Sammelwerken

EIGENBRODT, ARNOLD: Entwicklungstendenzen in der Wasserversorgung der Bevölkerung. In: Kongreß und Ausstellung Wasser Berlin e. V. (Hrsg.): Kongreß und Ausstellung Wasser Berlin 1968, Vorträge, Berlin 1969.

FERBER, MICHAEL: Menge der festen Abfallstoffe. In: Kumpf, W., Maas, K. und Straub, H. (Hrsg.): Handbuch der Müll- und Abfallbeseitigung, Bd. 1, Berlin, Ausgabe 1969/70, Kennzahl 1740.

HORAK, HANS: Die Ludwigshafener Wirtschaft. In: Stadtverwaltung Ludwigshafen am Rhein (Hrsg.): Ludwigshafen am Rhein — Stadt der Chemie, Hanau 1963.

KLOTTER, HANS-ERICH und LANGER, WILHELM: Beispiele von Grundwasserverunreinigungen. In: Kumpf, W., Maas, K. und Straub, H. (Hrsg.): Handbuch der Müll- und Abfallbeseitigung, Bd. 1, Berlin, Ausgabe 1969/70, Kennzahl 4515.

KOLKENBROCK, BERNHARD: Müllabfuhr 1965. In: Deutscher Städtetag (Hrsg.): Statistisches Jahrbuch Deutscher Gemeinden, 54. Jg., Braunschweig 1966.

ISENBERG, GERHARD: Ballungsgebiete in der Bundesrepublik Deutschland. In: Handwörterbuch der Raumforschung und Raumordnung, hrsg. von der Akademie für Raumforschung und Landesplanung, Hannover 1966.

MOSER, HEINZ: Hydrologische Untersuchungen im Oberrheintal (Ballungsraum Rhein-Neckar). In: Verein Kongreß und Ausstellung Wasser Berlin e. V. (Hrsg.): Festschrift zu Kongreß und Ausstellung Wasser Berlin 1968, München o. J. (1968).

NEUWIRTH, ROBERT: Die Aerosolverhältnisse im Modellraum. In: Die Ansprüche der modernen Industriegesellschaft an den Raum, 1. Teil, Hannover 1967 (Forschungs- und Sitzungsberichte der Akademie für Raumforschung und Landesplanung, Bd. XXXIII).

PLOETZ, THEODOR: Wasser in der Industrie. In: Kongreß und Ausstellung Wasser Berlin e. V. (Hrsg.): Kongreß und Ausstellung Wasser Berlin 1968, Vorträge, Berlin 1969.

SCHREWE, HEINRICH: Entwicklungstendenzen in der Wasserversorgung gewerblicher Betriebe. In: Kongreß und Ausstellung Berlin e. V. (Hrsg.): Kongreß und Ausstellung Wasser Berlin 1968, Vorträge.

SCHULTZE, JOACHIM HEINRICH: Die geographische Struktur des Modellgebietes in den Rhein-Neckar-Landen. In: Die Ansprüche der modernen Industriegesellschaft an den Raum, 1. Teil, Hannover 1967 (Forschungs- und Sitzungsberichte der Akademie für Raumforschung und Landesplanung, Bd. XXXIII).

WINTER, HEINZ: Bewährte Verfahren der neuzeitlichen Wasseraufbereitung für Haushalt und Industrie. In: Hübner, H. (Hrsg.): Wasser-Kalender 1968, Jahrbuch für das gesamte Wasserfach, Berlin 1967.

WURZSCHMITT, BERNHARD: Die Industrie und das Abwasserproblem. In: Verband der Chemischen Industrie e. V., Frankfurt/M. (Hrsg.): Wasserprobleme? Diskussionsbeiträge aus dem Gebiet der Wasserwirtschaft und des Wasserrechts, Folge 2, o. O. 1956.

3. Beiträge in Zeitschriften und Zeitungen

ADAM, ROBERT: Probleme der Müllbeseitigung in USA. In: Wasser, Luft und Betrieb, 12. Jg., Nr. 3/1968.

Bansemir, R.: Standortfaktoren der Chemischen Industrie. In: Statistische Rundschau für das Land Nordrhein-Westfalen, 2. Jg., Nr. 9/1950.

Behrens, Karl Christian: Bedeutungswandel der Faktoren. In: Der Volkswirt, 20. Jg., Nr. 14/1966.

Birkhofer, A., Braun, W., Koch, E. H., Kellermann, O., Lindackers, K. H. und Smidt, D.: Reaktorsicherheit in der Bundesrepublik Deutschland. In: Atomwirtschaft, 15. Jg., Nr. 9/10/1970.

Bucksteeg, Wilhelm: Abfalldeponien und ihre Auswirkungen auf Grund- und Oberflächenwasser. In: Das Gas- und Wasserfach, 110. Jg., Nr. 20/1969.

Der Bundesminister für Arbeit und Sozialordnung (Hrsg.): MAK-Werte 1966. In: Arbeitsschutz, o. Jg., Nr. 9/1966.

Caro, H.: Über die Entwicklung der chemischen Industrie von Mannheim-Ludwigshafen a. Rh. In: Zeitschrift für angewandte Chemie, 17. Jg., Nr. 37/1904.

Dittrich, Viktor: Erläuterungen und Begriffsbestimmungen bei der Abwasserbehandlung. In: Wasser, Luft und Betrieb, 11. Jg., Nr. 8/1967 und Nr. 11/1967.

Dratwa, Heinrich: Verminderung und Beseitigung staub- und gasförmiger Emissionen. In: Wasser, Luft und Betrieb, 13. Jg., Nr. 5/1969.

Engelhardt, H. und Haltrich, W.: Vorarbeiten für die Gemeinschaftskläranlage der BASF und der Stadt Ludwigshafen am Rhein. In: Chemie-Ingenieur-Technik, 40. Jg., Nr. 6/1968.

Finkbeiner, Fritz: Organisation und Kosten der Abfallbeseitigung. In: V.I.K.-Berichte, Nr. 163/1966.

Frank, B.: Erfahrungen mit der Verbrennung von Industrie-Abfällen in der BASF. In: Chemie-Ingenieur-Technik, 36. Jg., Nr. 11/1964.

Heinicke, D.: Möglichkeiten und Grenzen der biologischen Reinigung von Abwässern der chemischen Industrie. In: Chemie-Ingenieur-Technik, 39. Jg., Nr. 4/1967.

Herold, Georg: Die steuerlichen Abschreibungsmöglichkeiten für Abwasserbehandlungsanlagen. In: Die Wasserwirtschaft, 55. Jg., Nr. 7/1965.

Der Hessische Minister für Landwirtschaft und Forsten, Abt. Landeskultur und Wasserwirtschaft, Wiesbaden: Jahresbericht der Wasserwirtschaft, Rechnungsjahr 1965, Einzelmaßnahmen: Die Abwasserbehandlungsanlage der Firma E. Merck AG, Darmstadt. In: Wasser und Boden, 18. Jg., Nr. 6/7/1966.

Holluta, J., Bauer, L. und Kölle, W.: Über die Einwirkung steigender Flußwasserverschmutzung auf die Wasserqualität und die Kapazität der Uferfiltrate. In: gwf (Wasser — Abwasser), 109. Jg., Nr. 50/1968.

Jäger, Bernhard und Haltrich, Walter: Erfahrungen mit dem Betrieb von Versuchanlagen zur biologischen Reinigung industrieller Abwässer nach dem Belebtschlammverfahren. In: Das Gas- und Wasserfach, 104. Jg., Nr. 36/1963.

Jaeschke, L. und Trobisch, K.: Halbtechnische biologische Abwasserbehandlung Kohlenwasserstoff-haltiger Produktionsabwässer. In: Chemie-Ingenieur-Technik, 38. Jg., Nr. 3/1966.

Johnson, Warren B.: Lidar applications in air pollution research and control. In: J. Air Pollution Control Association, Vol. 19, Nr. 3/1969.

Keune, H.: Die Abwasserwirtschaft der Chemischen Industrie und die Wasserrechtsordnung der BRD. In: Chemie-Ingenieur-Technik, 40. Jg., Nr. 6/1968.

Klotter, Hans-Erich: Abfallbeseitigung und Grundwasserschutz. In: Müll und Abfall, 1. Jg., Nr. 1/1969.

Kludig, Karl Heinz: Ermittlung des Anteils von Uferfiltrat bei Mischgrundwasser. In: gwf (Wasser-Abwasser), 111. Jg., Nr. 2/1970.

Knoll, E.: Planung der Müllverbrennungs- und Müllsinteranlage Berlin-Ruhleben. In: Mitteilungen der Vereinigung der Großkesselbesitzer (VGB), 45. Jg., Nr. 96/1965.

Kölbel, Herbert und Schultze, Joachim: Die Entwicklung der Betriebswirtschaftslehre der chemischen Industrie (1. und 2. Teil). In: Betriebswirtschaftliche Forschung und Praxis, 16. Jg., Nr. 1 und 2/1964.

Koppernock, F.: Reinigung stark wechselnder Abwässer der pharmazeutischen Chemie bei der Merck AG. In: Chemie-Ingenieur-Technik, 40. Jg., Nr. 6/1968.

KROLEWSKI, HARRY: Die künstliche Erwärmung des Flußwassers und deren Auswirkungen. In: Die Wasserwirtschaft, 57 Jg., Nr. 8/1967.

KRONER, GÜNTER: Die Stadtregion Mannheim-Ludwigshafen. In: Informationen (Institut für Raumforschung), 15. Jg., Nr. 10/1965.

KRONER, GÜNTER: Wasserwirtschaftliche Probleme in Ballungsräumen. In: Informationen (Institut für Raumforschung), 16. Jg., Nr. 2/1966.

LANG, MAXIMILIAN: Die Wasserversorgung des industriellen Betriebes vom Blickpunkt energiewirtschaftlicher Belange (Teil 1 und 2). In: Wasser, Luft und Betrieb, 6. Jg., Nr. 1/1962 und 2/1962.

LAUNHARDT, WILHELM: Die Bestimmung des zweckmäßigsten Standorts einer gewerblichen Anlage. In: Zeitschrift des VDI, Jg. 1882.

MAIER, EBERHARD: Müllverbrennung mit Wärmeverwertung. In: Neue Kraftwerke in der Bundesrepublik, Handelsblatt — die technische Linie, 22. Jg., Nr. 8 vom 19. Februar 1969 (Beilage zum Handelsblatt, 24. Jg., Nr. 35 vom 19. Februar 1969).

MATTHESS, GEORG: Das Grundwasser in der östlichen Vorderpfalz zwischen Worms und Speyer. In: Mitteilungen der Pollichia des Pfälzischen Vereins für Naturkunde und Naturschutz, III. Reihe, 5. Bd., 119. Vereinsjahr 1958.

MUSKAT, J.: Grundprinzipien der biologischen Abwasserreinigung. In: Chemie-Ingenieur-Technik, 39. Jg., Nr. 4/1967.

ODENTHAL, A. und SPANGEMACHER, K.: Der Kühlturm im Dampfkraftprozeß. In: BWK (Brennstoff — Kraft — Wärme), 11. Jg., Nr. 12/1959.

PETERS, KARL-HEINZ: Der Aussagewert richtungsabhänigiger SO_2-Konzentrationen. In: Städtehygiene, 20. Jg., Nr. 10/1969.

PIEPER, B.: Emissionen und Verbrennungsrückstände aus Dampfkraftwerken im Jahre 1965. In: Mitteilungen der Vereinigung der Großkesselbesitzer, Heft 108/1967.

PLATZ, R. u. a.: Verfahren zur Herstellung petrochemischer Grundstoffe (II). In: Chemische Industrie, 22. Jg., Nr. 1/1970.

POWELL, S. T. und VON LOSSBERG, L. G.: Relation of Water Supply to Chemical Plant Location. In: Chemical Engineering Progress, Vol. 45, Nr. 5/1949.

QUIDDE, FRITZ: Das Problem der Müllablagerungsflächen. In: Informationen (Institut für Raumforschung), 15. Jg., Nr. 7/1965.

RASCH, R.: Müll- und Abfallverbrennung. In: Chemiker-Zeitung/Chemische Apparatur, 93. Jg., Nr. 10/1969.

RIEBEL, PAUL: Mechanisch-technologische und chemisch-technologische Industrien in ihren betriebswirtschaftlichen Eigenarten. In: Zeitschrift für handelswissenschaftliche Forschung, Neue Folge, 6. Jg., Nr. 9/1954.

ROBEL, FRANZ: Die Reinhaltung der Luft — eine lebenswichtige Aufgabe. In: Wasser und Abwasser, o. Jg., Nr. 7/1969.

V. SCHLIPPENBACH, STEFAN GRAF: Abfallsäure ins Meer — Entsalzung des Rheins. In: Technik und Forschung, 21. Jg., Nr. 48/1968.

SCHWARZMANN, HERBERT: War die Tullasche Oberrheinkorrektion eine Fehlleistung im Hinblick auf ihre Auswirkungen? In: Die Wasserwirtschaft, 54. Jg., Nr. 10/1964.

STRATMANN, H., BUCK, M. und PRINZ, B.: Maßstäbe für die Begrenzung der Luftverunreinigung und ihre Bedeutung. In: Schriftenreihe der Landesanstalt für Immissions- und Bodennutzungsschutz des Landes Nordrhein-Westfalen in Essen, Heft 12/1968.

STREIBEL, GÜNTER: Die Bedeutung der Gebietsressource Wasser für die perspektivische Standortverteilung der Produktivkräfte in der DDR. In: Wissenschaftliche Zeitschrift der Hochschule für Ökonomie, Berlin-Karlshorst, 11. Jg., Nr. 2/1966.

TESKE, WOLFGANG: Abwasserreinigung in der chemischen Industrie als technische und wirtschaftliche Integrationsaufgabe. In: Wasser, Luft und Betrieb, 12. Jg., Nr. 3/1968.

TESKE, WOLFGANG: Luftreinhaltung in der Chemischen Industrie. In: Zentralblatt für Arbeitsmedizin und Arbeitsschutz, Bd. 19, Nr. 10/1969.

TIMM, B.: Wettbewerb zwischen Kohle und Erdöl bei der Rohstoffversorgung der chemischen Großindustrie. In: Chemie-Ingenieur-Technik, 40. Jg., Nr. 1/2/1968.

Trobisch, K. und Bauer, A.: Großanlage der Farbwerke Hoechst AG zur biologischen Reinigung von Betriebsabwässern. In: Chemie-Ingenieur-Technik, 40. Jg., Nr. 6/1968.

Viehl, K.: Über den Einfluß der Temperatur auf die biologischen Umsetzungen im Wasser und Schlamm unter besonderer Berücksichtigung der Wirkung von Warmwassereinleitungen auf Vorfluter. In: Gesundheits-Ingenieur, 71. Jg., Nr. 21/22/1950.

Vogel, H. E.: Lufthygieneprobleme in Westeuropa und den USA. In: Plan, 27. Jg., Nr. 1/1970.

Weber, Hans H. und Mersch, F.: Vorarbeiten zur Gemeinschaftskläranlage der Farbenfabriken Bayer AG und des Wupperverbandes. In: Chemie-Ingenieur-Technik, 40. Jg., Nr. 6/1968.

Werth, H.: Das Bayer-Doppelkontaktverfahren. In: Wasser, Luft und Betrieb, 9. Jg., Nr. 3/1965.

Wilck, A.-F.: Gesichtspunkte für Bau und Betrieb von Kernkraftwerken zur Prozeßdampferzeugung. In: Atomwirtschaft, 14. Jg., Nr. 8/1969.

Wurzschmitt, Bernhard: Wie können wir die Abwässer reinigen? In: Wasserwirtschaft, Beilage zur „Der Volkswirt", Nr. 18/1955.

o. V.: Die deutschen Kernkraftwerksprojekte. In: Atomwirtschaft, 15. Jg., Nr. 4/1970.

o. v.: Neue deutsche Kernkraftwerke — Anlagen im Bau. In: Atomwirtschaft, 15. Jg., Nr. 4/1970.

o. V.: Neue Wege zur Abluft- und Abwasserreinigung in Hoechst. In: Chemie-Ingenieur-Technik, 37. Jg., Nr. 10/1965.

o. V.: Neue Standorte der deutschen Großchemie. In: Chemie-Ingenieur-Technik, 40. Jg., Nr. 12/1968.

o. V.: Es tut sich viel bei Schwefelsäure. In: Chemische Industrie, 21. Jg., Nr. 10/1969.

o. V:. Erdgas ist schwefelfrei. In: Die technische Linie, 22. Jg., Nr. 43 vom 15. Oktober 1969 (Beilage zu Handelsblatt. 24. Jg., Nr. 198 vom 15. Oktober 1969).

o. V. (hd): Luftreinhaltung — Neuer Hauptsünder. In: Der Volkswirt, 18. Jg., Nr. 19/1964.

o. V. (H. W. H.): Gemeinschaftswerk zur Reinhaltung von Rhein und Wupper. In: Wasser, Luft und Betrieb, 10. Jg., Nr. 9/1966.

o. V.: Chemische Industrie und Kohlenwertstoffgewinnung. In: Wirtschaftliche Mitteilungen der Niederrheinischen Industrie- und Handelskammer Duisburg-Wesel zu Duisburg, Sonderdruck Oktober 1969.

o. V. (Sr.): Stets auf der Suche nach Kühlmitteln. In: Zeitung für kommunale Wirtschaft (ZfK), o. Jg., Nr. 9/1969.

o. V. (GB): Kühlen wird kostspielig. In: Zeitung für Kommunale Wirtschaft (ZfK), o. Jg., Nr. 5/1970.

4. Nachschlagewerke

Amt für Stadtforschung, Statistik und Wahlen der Stadt Ludwigshafen am Rhein (Hrsg.): Statistisches Jahrbuch der Stadt Ludwigshafen am Rhein 1967.

Auergesellschaft GmbH (Hrsg.): Auer-Technikum. 5. Aufl. Berlin 1967.

Foerst, Wilhelm (Hrsg.): Ullmanns Encyklopädie der technischen Chemie. 3., völlig neu gestaltete Auflage. Bd. 1: Chemischer Apparatebau und Verfahrenstechnik. München — Berlin 1951.

Sprenger, Eberhard (Hrsg.): Recknagel-Sprenger. Taschenbuch für Heizung, Lüftung und Klimatechnik. 54. Ausgabe. München — Wien 1966.

VDI-Kommission Reinhaltung der Luft (Hrsg.): VDI-Handbuch Reinhaltung der Luft. Stand 1. Oktober 1969. Bd. 1 und 4. VDI 2105, 2106, 2107, 2108 und 2119.

5. Gesetze und Verordnungen

Reichsnaturschutzgesetz vom 26. Juni 1935 (RGBl 1 S. 821).

Gesetz über die Statistik für Bundeszwecke (StatGes) vom 3. September 1953 (BGBl I S. 1314).

Gesetz über die Allgemeine Statistik in der Industrie und im Bauhauptgewerbe vom 15. Juli 1957 (BGBl I S. 720) in der Fassung vom 26. April 1961 (BGBl I S. 477), zuletzt geändert durch die Fassung v. 24. April 1963 (BGBl I S. 202).

Gesetz zur Ordnung des Wasserhaushalts (Wasserhaushaltsgesetz) vom 27. Juli 1957 (BGBl I S. 1110).

Gesetz zur Änderung der Gewerbeordnung und Ergänzung des Bürgerlichen Gesetzbuches vom 22. Dezember 1959 (BGBl I S. 781).

Gesetz über die friedliche Verwendung der Kernenergie und den Schutz gegen ihre Gefahren (Atomgesetz) vom 23. Dezember 1959 (BGBl I S. 814).

Bundesbaugesetz vom 23. Juni 1960 (BGBl I S. 341).

Landeswassergesetz Rheinland-Pfalz vom 1. August 1960 (GVBl S. 153).

Gesetz über Detergentien in Wasch- und Reinigungsmitteln vom 5. September 1961 (BGBl I S. 1653).

Gesetz zur Verhütung und Bekämpfung übertragbarer Krankheiten beim Menschen (Bundes-Seuchen-Gesetz) vom 18. Juli 1961 (BGBl I S. 1012).

Raumordnungsgesetz des Bundes vom 8. April 1965 (BGBl I S. 306).

Gesetz über Vorsorgemaßnahmen zur Luftreinhaltung vom 17. Mai 1965 (BGBl I S. 413).

Immissionsschutzgesetz Rheinland-Pfalz vom 28. Juli 1966 (GVOBl S. 211).

Gesetz über Maßnahmen zur Sicherung der Altölbeseitigung (Altölgesetz) vom 23. Dezember 1968 (BGBl I S. 1419).

Gesetz über die Gewährung von Investitionszulagen und zur Änderung steuerrechtlicher und prämienrechtlicher Vorschriften (Steueränderungsgesetz 1969) vom 18. August 1969 (BGBl I S. 1211).

Einkommensteuergesetz (EStG 1969) vom 12. Dezember 1969 (BGBl I S. 2265).

Verordnung über das Verfahren bei der Genehmigung von Anlagen nach § 7 des Atomgesetzes (Atomanlagen-Verordnung) vom 20. Mai 1960 (BGBl I S. 310).

Erste Verordnung über den Schutz vor Schäden durch Strahlen radioaktiver Stoffe (Erste Strahlenschutzverordnung) vom 24. Juni 1960 (BGBl I S. 430).

Verordnung über genehmigungspflichtige Anlagen nach § 16 der Gewerbeordnung vom 4. August 1960 (BGBl I S. 690).

Verordnung über die Abbaubarkeit von Detergentien in Wasch- und Reinigungsmitteln vom 1. Dezember 1962 (BGBl I S. 698).

Einkommensteuer-Durchführungsverordnung (EStDV 1969) in der Fassung der VO vom 21. April 1970 (BGBl I S. 373).

Allgemeine Verwaltungsvorschriften über genehmigungsbedürftige Anlagen nach § 16 der Gewerbeordnung (Technische Anleitung zur Reinhaltung der Luft) vom 8. September 1964 (GMBl S. 433).

6. Sonstige Quellen

Arbeitsgemeinschaft für industrielle und gewerbliche Abfallfragen (AfiA) (Hrsg.): Merkblatt G 27. Die geordnete und kontrollierte Ablagerung von industriellen und gewerblichen Abfällen. O. O. u. J.

Der Bundesminister des Innern (Hrsg.): Raumordnungsbericht 1968 der Bundesregierung vom 12. März 1969. Bundestagsdrucksache V/3958.

Der Bundesminister des Innern (Hrsg.): Raumordnungsbericht 1970 der Bundesregierung vom 4. November 1970. Bundestagsdrucksache VI/1340.

Bundesministerium für Wirtschaft — Hydrogeologischer Arbeitskreis (Hrsg.): Hydrogeologische Übersichtskarte 1 : 500 000. Erläuterungen zu Blatt Stuttgart. Bearbeitet von W. Carlé und D. Pfeiffer, Remagen 1952.

DANZ, WILLI: Darlegung und Begründung des Projekts zur Errichtung eines Kernkraftwerks im Verbund mit der BASF in Ludwigshafen. Vortrag einer Veranstaltung der Industrie- und Handelskammer für die Pfalz, Ludwigshafen a. Rh. am 3. Juni 1969 (BASF-Sonderdruck).

HUNKEN, H.: Stand der Realisierung von Abwasserreinigungs- und Wasserkreislaufanlagen bei der Industrie in Deutschland. Vortrag der Fachtagung Pro Aqua 69 in Basel am 28. Mai 1969.

Statistisches Bundesamt, Institut für Landeskunde, Institut für Raumforschung (Hrsg.): Die Bundesrepublik Deutschland in Karten. Kartenblatt 4311/3 (Beschäftigte in der chemischen Industrie und in der Mineralölverarbeitung in den kreisfreien Städten und Landkreisen). Mainz o. J.

Teske, Wolfgang: Wasserversorgung und Abwasserbeseitigung in der Chemischen Industrie in Deutschland. Vortrag der Fachtagung Pro Aqua 69 in Basel am 30. Mai 1969.

Beuth-Vertrieb: DIN 4045: Abwasserwesen (Fachausdrücke und Begriffsklärungen). Berlin und Köln 1964.

Beuth-Vertrieb: DIN 4046: Wasserversorgung (Fachausdrücke und Begriffserklärungen). Berlin und Köln 1960.

Beuth-Vertrieb: DIN 4049: Gewässerkunde (Fachausdrücke und Begriffsbestimmungen, Teil I: quantitativ). Berlin und Köln 1954.

Beuth-Vertrieb: DIN 4049: Gewässerkunde (Fachausdrücke und Begriffserklärungen, Teil II: qualitativ). Berlin und Köln 1960.

Haus- bzw. Werkzeitschriften der BASF AG:
 „Vereinsblatt der Badischen Anilin- & Soda-Fabrik Ludwigshafen a. Rh.", 1. Jg., 1913 ff.
 „Werkzeitung der Badischen Anilin- & Soda-Fabrik Ludwigshafen a. Rh.", 6. Jg., 1918 ff.
 „Werkzeitung der I. G. Farbenindustrie Aktiengesellschaft, Ludwigshafen a. Rh.", 14. Jg., 1926 ff.
 „Von Werk zu Werk", 24. Jg., 1935 ff.
 „Die BASF", 1. Jg., 1951 ff.
 „BASF-Nachrichten", o. Jg., 1951 ff.
 „BASF-Information", o. Jg., 1968 ff.

Broschüre „Erzeugnisse der BASF", Ausgabe Dezember 1967.

Broschüre „Daten und Fakten" (BASF). Ausgabe 1970.

Broschüre „Kernkraftwerk der BASF". O. J. (1970).

Historisches und unveröffentlichtes Quellenmaterial der BASF, wie insbesondere Voigtländer-Tetzner, Walter: Geschichte der BASF 1865 bis 1914. O. J. und ders.: Chronik der BASF 1865 bis 1939. O. J. sowie zur „Geschichte der Energieabteilung 1865 bis 1960", „Geschichte der Abteilung Verkehrswesen 1939 bis 1960" und „Bedeutung der BASF für die Volkswirtschaft 1865 bis 1914".

Geschäftsberichte der BASF AG 1952 ff.

Forschungs- und Sitzungsberichte
der Akademie für Raumforschung und Landesplanung

Band 74: Raum und Natur 2

Die Ansprüche der modernen Industriegesellschaft an den Raum
(2. Teil)

— dargestellt am Beispiel des Modellgebietes Rhein-Neckar —

Aus dem Inhalt:

		Seite
Friedrich Gunkel, Berlin	Fragen der grenzüberschreitenden Planung	1
Kurt Becker-Marx, Mannheim	Probleme der grenzüberschreitenden Planung	23
Klaus-Achim Boesler, Berlin	Wandlungen in der räumlichen Struktur der Standortqualitäten durch die öffentlichen Finanzen im Nordteil des Modellgebietes	31
Ernst Wolfgang Buchholz, Stuttgart-Hohenheim	Soziologische Bemerkungen zum Thema: „Die Ansprüche der modernen Industriegesellschaft an den Raum"	81
Karl-Josef Nick, Neustadt a. d. Weinstraße	Landschaftsplan für das Erholungsgebiet in den Rheinauen zwischen Mannheim—Ludwigshafen und Speyer	95
Hans Kiemstedt, Berlin	Bewertung der natürlichen Landschaftselemente für Freizeit und Erholung im Modellgebiet	105
Rolf Zundel, Freiburg i. Br.	Die Ansprüche der modernen Industriegesellschaft an den Wald im Modellgebiet Rhein—Neckar	121
Peter Loest, Düsseldorf	Zur Entwicklung der Kulturlandschaft Rhein—Neckar 1850/1961 — Rückblick und Ausblick aufgrund einer Karten-Studie	167

Der gesamte Band umfaßt 180 Seiten; Format DIN B 5; 1972; Preis 36,— DM

GEBRÜDER JÄNECKE VERLAG · HANNOVER